高等职业技术教育通信类"十三五"规划教材

光传输网络和设备——SDH 与 PTN

主　编　王碧芳　　杜玉红

副主编　曹　艳　许红梅　张　帆

主　审　李　雪

西南交通大学出版社

·成　都·

图书在版编目（ＣＩＰ）数据

光传输网络和设备：SDH 与 PTN / 王碧芳，杜玉红主编. —成都：西南交通大学出版社，2017.8（2021.8 重印）
高等职业技术教育通信类"十三五"规划教材
ISBN 978-7-5643-5698-9

Ⅰ. ①光… Ⅱ. ①王… ②杜… Ⅲ. ①光纤通信 – 同步通信网 – 高等职业教育 – 教材②光纤通信 – 通信设备 – 高等职业教育 – 教材 Ⅳ. ①TN929.11

中国版本图书馆 CIP 数据核字（2017）第 211376 号

高等职业技术教育通信类"十三五"规划教材

光传输网络和设备——SDH 与 PTN

主编　王碧芳　杜玉红

责任编辑	穆　丰
特邀编辑	蒋　蓉
封面设计	何东琳设计工作室

出版发行	西南交通大学出版社
	（四川省成都市金牛区二环路北一段 111 号
	西南交通大学创新大厦 21 楼）
邮政编码	610031
发行部电话	028-87600564　　87600533
官网	http://www.xnjdcbs.com
印刷	成都蓉军广告印务有限责任公司

成品尺寸	185 mm×260 mm
印张	17.75
字数	442 千
版次	2017 年 8 月第 1 版
印次	2021 年 8 月第 4 次
书号	ISBN 978-7-5643-5698-9
定价	39.80 元

前　言

　　信息技术是当今世界各领域中最有活力、发展最为迅速的高新技术，新概念、新技术、新设备层出不穷，其中通信网的发展也日新月异，提供的业务也越来越丰富。为满足通信网高速化、数字化、综合化及智能化发展的需要，光传输网 SDH、PTN 应运而生。SDH 技术具有同步复用、标准的光接口及强大的网管能力，在通信网中得到广泛应用。随着数据业务逐渐成为通信网的主要业务，在 SDH 技术基础上衍生的 MSTP 技术，能够提供丰富的业务接口，并具有强大的数据处理能力。MSTP 技术的应用，使 SDH 成为真正意义上的公共传输平台。随后 PTN 技术兴起，作为 IP 技术与 MPLS 相结合的产物，PTN 吸取了 IP 技术的组网优势以及 MPLS 的基于标签交换的技术优势，继承了 SDH 的分层管理能力，使 PTN 作为一种光传输网表现出强大的生命力。

　　本书凝聚了作者多年的学习体会和教学积累。在编写过程中，作者参照了 ITU-T 的协议和大量的国内外参考文献。全书共分 10 章，主要介绍 SDH 和 PTN 两种传输网络及设备。第 1 章介绍光通信技术，对光通信的发展及现有的几种光通信技术进行介绍。第 2 章介绍 SDH 基本原理，包括 SDH 的帧结构、SDH 常见网元、组网的拓扑结构以及电信管理网。第 3 章至第 5 章采用任务驱动方式进行内容编排，结合理论与实际操作进行讲解。第 3 章的任务为传输网的建立，所必备的知识点包括对设备的认识，段开销的字节功能等。本书针对中兴通讯的 ZXMP S325 和 ZXMP S320 传输设备进行详细的介绍。第 4 章的任务为电路业务的配置、以太网业务的配置以及时钟公务的配置。所必须掌握的理论包括 PDH 信号复用映射过程，MSTP 概述及其关键技术：封装技术、级联技术和 LCAS 技术，SDH 网同步的定时方式介绍等。第 5 章的任务为通道保护和复用段保护的配置。所必须掌握的理论包括网络生存性概念、通道保护倒换机制、复用段保护的机制等。

　　第 6~9 章进入 PTN 分组传送网的介绍。第 6 章任务为 PTN 设备的开局操作，所必须的知识点为数据通信基础，包括 IPv4 网络规划，VLAN 技术，ACL 访问控制列表，MPLS 多协议标记交换技术。第 7 章任务为传输网络的建立，所需知识点为 PTN 设备组成，此章具体讲解了 ZXTN 6200、ZXTN 9004 两种 PTN 设备。第 8 章任务为 PTN 传输网络的以太网业务配置，所需知识点为 PTN 的关键技术——MPLS-TP 技术、PWE3 技术以及 MPLS OAM 技术。第 9 章任务为 PTN 网络保护配置，所需知识点为 PTN 分组传送网的网络保护技术，包括端口保护、线网保护、环网保护以及双归保护，同时还介绍了 PTN 的同步技术。

第 10 章对于上述介绍的 SDH 网络以及 PTN 网络进行了网络维护以及故障排查的讲解，分别对网络故障定位方法、网络故障排除方法进行了介绍，对 SDH 网络和 PTN 网络也进行了故障排查的单独介绍，作为前 9 章的理论补充。

全书力求系统性强，突出基本概念、基本原理的阐述，通俗易懂，理论联系实际，注重传输网技术在通信网中的应用。

本书由武汉职业技术学院、山东电子职业技术学院的几位老师联合编写完成。王碧芳（武汉职业技术学院）、杜玉红（山东电子职业技术学院）任主编，曹艳（武汉职业技术学院）、许红梅（武汉职业技术学院）、张帆（武汉职业技术学院）任副主编，李雪（武汉职业技术学院）任主审。第 1 章由许红梅编写，第 2 章由曹艳编写，第 3~5 章、第 9 章由王碧芳编写，第 6~8 章由杜玉红编写，第 10 章由张帆编写。本书在编写过程中，得到了武汉邮电科学研究院肖萍萍的悉心指导以及武汉职业技术学院通信教研室全体教师、山东电子职业技术学院通信教研室全体教师的大力支持和帮助，在此深表谢意。

作者希望本书能全面准确地反映 SDH 及 PTN 技术全貌，但由于传输网技术发展迅速，作者的水平和精力有限，书中不当或谬误之处在所难免，恳请广大读者批评指正。

编 者

2017 年 5 月

目　录

第 1 章　光传输技术概述

【内容概述】

光纤通信作为现代通信的主要传输手段,在现网中具有非常重要的作用。光纤通信与生活是息息相关的。本章介绍了光纤通信的发展概述、光纤通信的特点和系统分类、典型光传输技术及光网络在通信网中的地位和作用。

【学习目标】

熟知光纤通信的优缺点,掌握典型的光传输技术。

【知识要点】

(1)光纤通信特点。
(2)典型光传输技术。

1.1　光纤通信的发展概述

1960 年,美国人梅曼(Maiman)发明了第一台红宝石激光器,给光通信带来了新的希望。1966 年,英籍华裔学者高锟(C.K.Kao)和霍克哈姆(C.K.Hockham)发表了关于传输介质新概念的论文,指出利用光纤(Optical Fiber)进行信息传输的可能性和技术途径,奠定了现代光通信——光纤通信的基础。当时石英纤维的损耗高达 1 000 dB/km 以上,高锟等人指出:这样大的损耗不是石英纤维固有的特性,而是由于材料中的杂质造成的,材料本身固有的损耗基本上由瑞利(Rayleigh)散射决定,它随波长的 4 次方而下降,其损耗很小。因此有可能通过原材料的提纯制造出适合长距离通信使用的低损耗光纤。1979 年,光纤损耗降低到 0.2 dB/km,1984 年是 0.157 dB/km,1986 年是 0.154 dB/km,接近了光纤最低损耗的理论极限。

1976 年,美国在亚特兰大进行了世界上第一个实用光纤通信系统的现场试验,采用 GaAlAs 激光器作光源,多模光纤作传输介质,速率为 44.7 Mb/s,传输距离约 10 km。随后美国很快敷设了东西干线和南北干线,并相继于 1988 年和 1989 年建成了第一条横跨大西洋和太平洋的海底光缆通信系统。

自从 1966 年高锟提出光纤作为传输介质的概念以来,光纤通信从研究到应用,发展非常迅速:技术上不断更新换代,通信能力(传输速率和中继距离)不断提高,应用范围不断扩大。光纤通信的发展可以粗略地分为 4 个阶段:

第一阶段（1966 年至 1976 年），这是从基础研究到商业应用的开发时期。在这个时期，实现了短波长（0.85 μm）低速率（45 Mb/s 或 34 Mb/s）的多模光纤通信系统，无中继传输距离约 10 km。

第二阶段（1976 年至 1986 年），这是以提高传输速率和增加传输距离为研究目标和大力推广应用的大发展时期。在这个时期，光纤从多模发展到单模，工作波长从短波长（0.85 μm）发展到长波长（1.31 μm 和 1.55 μm），实现了工作波长为 1.31 μm、传输速率为 140~565 Mb/s 的单模光纤通信系统，无中继传输距离为 50~100 km。

第三阶段（1986 年至 1996 年），这是以超大容量和超长距离为目标，全面深入开展新技术研究的时期。在这个时期，实现了 1.55 μm 色散移位单模光纤通信系统。采用外调制技术，传输速率可达 2.5~10 Gb/s，无中继传输距离可达 100~150 km。实验室可以达到更高水平。光纤通信的廉价、优良的带宽特性正使之成为电信网的主要传输手段。

第四阶段（1997 年至今）光纤通信由准同步数字系列（PDH）向同步数字系列（SDH）以及分组传送网过渡，光纤通信系统的传输速率进一步提高。特别是 EDFA（掺铒光纤放大器）的应用解决了长途光纤传输信号的放大问题。随着各种新技术、新器件、新工艺的深入研究，光纤通信将进入光放大、光交叉连接和光交换的全光网时代。

尤其是 20 世纪 90 年代以来，通信技术的高速迅猛发展，移动通信、卫星传输和光纤通信将通信演变为高速、大容量、数字化和综合的多媒体业务。在国际电信联盟的推动下，光纤通信的一系列标准纷纷制定，有 PDH、SDH、波分复用（WDM）、自动交换光网络（ASON）等。美国最先提出建立国家信息高速公路，即国家信息基础建设，后续其他国家陆续制定相关计划，并一起推出全球的信息技术建设计划。

1.2 光纤通信的特点和系统分类

1.2.1 光纤通信的特点

1. 光纤通信的优点

与其他通信技术相比，光纤通信技术有其无与伦比的优越性，具体如下。

1）频带宽、通信容量大

一根光纤的带宽在理论上能容纳 10^7 路 4 MHz 的视频或 10^{10} 路的 4 kHz 的音频，而同轴电缆带宽为 60 MHz，能传输 10^4 路的 4 kHz，光纤带宽为同轴电缆的 10^6 倍。按话路计算，一对光纤按常见的 2.5 Gb/s 的通信系统计算，可达到 28 800 个话路，加上密集波分技术后话路容量将非常可观。

2）损耗低、传输距离远

目前，光纤采用的石英玻璃，纯净度很高，光纤损耗极低。光纤平均损耗在 0.2~0.4 dB/km，中继距离达几十至上百千米。

3）信号串扰小、保密性能高

由于光波具有良好的相干性，随着光器件的不断改进，不同光纤的光信号、同根光纤的不同波长不会产生干扰，因此，光纤通信比传统的无线和其他有线通信具有更好的保密效果。

4）抗电磁干扰，传输质量佳

光纤是非金属的介质材料，且传输的是光信号，因此，它不受电磁干扰，传输质量较好。

5）尺寸小、质量轻、便于铺设与运输

光纤的纤芯直径仅 125 μm，经过表面涂覆后尺寸为 0.25 mm，制成光缆后，直径一般为十几毫米；要比电缆线直径细、质量轻，这样在长途干线或市内线路上，空间利用率高，且便于制造多芯光缆。

6）材料来源丰富、环境适应性强

光纤的制造材料石英玻璃在自然界中的含量非常丰富，这与电缆制造中大量消耗有色金属铜有着天壤之别。石英玻璃的熔点在 2 000 ℃ 以上，而一般明火的温度在 1 000 ℃ 左右，因此光纤耐高温，化学稳定性好，抗腐蚀能力强，不怕潮湿，可在有害气体环境下工作。

2. 光纤通信的缺点

光纤通信与传统的电缆通信相比，也存在以下缺点。

（1）光线性质脆，需要涂覆加以保护。此外，为了能承受一定的敷设张力，在光纤结构上需要多加考虑。

（2）切断和连接光纤时，需要高精度技术和仪表器具。

（3）光路的分路、耦合不方便。

（4）光纤不能输送中继器所需要的电能。

（5）弯曲半径不宜太小。

尽管存在上述缺陷，但从目前的技术来说，都是可以克服的，不会影响光纤的广泛应用。

1.2.2　光纤通信系统的分类

光纤通信是以光（波）作为信息载体，以光纤作为传输介质的通信方式。从原理上看，构成光纤通信的基本物质要素有：光纤、光源和光电检测器。光纤通信系统可根据所使用的光传输波长、调制信号形式、传输信号的调制方式、光纤传导模式数量的不同，分成不同类型。

1. 按传输光波长划分

根据传输波长，可以将光纤通信系统分为短波长光纤通信系统、长波长光纤通信系统以及超长波长光纤通信系统。短波长光纤通信系统的工作波长为 0.7~0.9 μm，中继距离小于或等于 10 km；长波长光纤通信系统的工作波长为 1.1~1.6 μm，中继距离大于 100 km，是现在普遍采用的光纤通信系统，其损耗小，中继距离长；超长波长光纤通信系统的工作波长不小于 2 μm，中继距离不小于 100 km，采用非石英光纤，具有损耗极低、中继距离极长的优点，是光纤通信的发展方向。

2. 按调制信号形式划分

根据调制信号的形式，可以将光纤通信系统分为模拟光纤通信系统和数字光纤通信系统。模拟光纤通信系统使用的调制信号为模拟信号，它具有设备简单的特点，一般多用于广电系统传送视频信号，如有线电视的 HFC 网。数字光纤通信系统使用的调制信号为数字信号，它具有传输质量高、通信距离长等特点，几乎适用于各种信号的传输，目前已得到广泛应用。

3. 按传输信号的调制方式划分

根据光源的调制方式，可以将光纤通信系统分为直接调制光纤通信系统和间接调制光纤通信系统。直接调制光纤通信系统具有设备简单的特点，在目前的光纤通信中得到了广泛的应用。间接调制光纤通信系统具有调制速率高的特点，是一种有发展前途的光纤通信系统，在实际中已得到了部分应用。

4. 按光纤的传导模式数量划分

根据光纤的传导模式数量，可以将光纤通信系统分为多模光纤通信系统和单模光纤通信系统。多模光纤通信系统是早期采用的光纤通信系统，目前主要用于计算机局域网中。单模光纤通信系统是目前广泛应用的光纤通信系统，它具有传输衰减小、高带宽等特点，目前被广泛应用于长途以及大容量的通信系统中。

5. 其他划分

主要有：相干光通信系统、光波分复用通信系统、光频分复用通信系统、光时分复用通信系统、全光通信系统、载波复用光纤通信系统、光孤子通信系统、量子光通信系统。

1.3　光传输技术

光传输技术在通信网中发挥着非常重要的作用，它的发展影响着通信网的发展。目前，大容量的数字光纤通信系统均采用同步时分复用（TDM）技术，并且存在着两种传输体制：准同步数字复接系列（PDH）通信系统和同步数字复接系列（SDH）通信系统。

1.3.1　PDH 准同步数字复接系列

准同步数字复接系列（PDH）有两种基础速率：一种是以 1.544 Mb/s 为一次群（或称基群）速率，采用的国家有北美和日本；另一种是以 2.048 Mb/s 为一次群速率，采用的国家有欧洲和中国。对于以 2.048 Mb/s 为基础速率的制式，各次群的话路数按 4 倍递增，速率的关系略大于 4 倍，这是因为复接时插入了一些相关的比特。对于以 1.544 Mb/s 为基础速率的制式，在 3 次群以上，日本和北美各国又不相同，如表 1-1 所示。

表 1-1　CCITT 推荐的数字速率系列和数字复接等级

系列	地区与国家		一次群	二次群		三次群		四次群		五次群	
1	北美	话路数	24	×4	96	×7	672	×6	4 032		
		数码率	1.544	6.312		44.736		274.176			
	日本	话路数	24	×4	96	×5	480	×3	1 440	×4	5 760
		数码率	1.544	6.312		32.064		97.728		397.2	
2	欧洲	话路数	30	×4	120	×4	480	×4	1 920	×4	7 680
		数码率	2.048	8.448		34.368		139.264		564.992	

（数码率的单位：Mb/s）

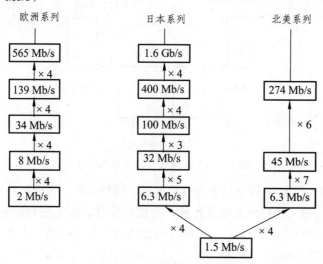

图 1-1　PDH 准同步数字复接系列国际标准

　　PDH 各次群比特率相对于其标准值有一个规定的容差，而且是异源的，通常采用正码速调整方法实现准同步复用。PDH 主要适用于中、低速率点对点传输。随着技术的进步和社会对信息需求的增加，数字系统传输容量不断提高，网管管理和控制的要求日益重要，宽带综合业务数字网和计算机网络迅速发展，迫切需要在世界范围内建立统一的通信网络。在这种形势下，现有 PDH 的许多缺点也逐步暴露出来，主要有：

　　（1）只有地区性的电接口规范，不存在世界性标准。目前，国际上通行有 3 种信号速率等级，即：欧洲系列、北美系列与日本系列。三者互不兼容，如图 1-1 所示。这种局面造成了国际互通的困难。

　　（2）没有世界性的标准光接口规范。各个厂家采用自行开发的线路码型，使得在同一数字等级上光接口的信号速率不一样，致使不同厂家的设备无法实现横向兼容，即在同一传输线路必须采用同一厂家、同一型号的设备，这就给组网、管理及网络互通，特别是国际互通带来很大的困难。

　　（3）PDH 系列只有 1.544 Mb/s 和 2.048 Mb/s 的基群速率的信号（包括日本系列的 6.3 Mb/s 的二次群）是同步复用的，其他从低次群到高次群是采用异步复接，需通过码速调整来达到速率的匹配和容纳时钟频率的偏差，而且每提高一个次群，都要经历复杂的码变换、码速调整、定时、复接/分接过程。这样，为了上下电路，就得将整个高速线路信号一步一步地分接到所要取出的低速支路等级信号，上下支路信号后，再一步一步地复用到高速线路信号进行传输，因而在节点处需配备所有的相关复接设备，硬件数量大，缺乏灵活性，上下业务费用高，功能实现复杂。并且，随着通信容量越来越大，要求传输信号的速率越来越高，使异步复接的层次越来越多，使传输性能劣化。同时，在高速率上实现异步复接/分接需采用大量的高速电路，使设备的成本、体积和功耗很大，降低设备的可靠性，并使信号产生损伤。如图1-2 所示给出了从一个 140 Mb/s 信号中分出一个 2 Mb/s 信号所需的设备配置。

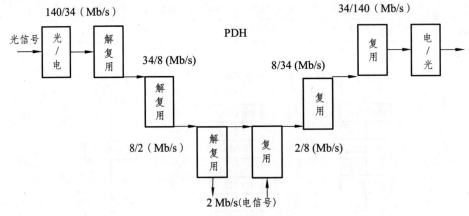

图 1-2　PDH 分叉支路信号的过程

（4）准同步复用信号帧结构中没有安排很多用于网络运行、管理和维护（OAM）的比特，只有在线路编码中用插入比特的方法来传输一些监控信号，故无法对传输网实现分层管理和对通道的传输性能实现端对端的监控。这种辅助比特的严重缺乏已成了进一步改进网络 OAM能力的重要障碍。

（5）对传输系统进行管理都是由各厂家自行开发的管理系统来实现，这些管理系统没有规范的接口进行互连，不利于形成一个统一的电信管理网。

（6）准同步系统的网络运行和管理主要靠人工对数字信号交叉连接，无法经济地对网络组织、电路带宽和业务提供在线实时控制，难以满足用户对网络动态组网和新业务接入的要求。

为了解决以上这些问题，美国贝尔通信研究所（Bellcore）首先提出了用一整套分等级的准数字传递结构组成的同步光网络（SONET），而后，原国际电报电话咨询委员会（CCITT）于 1988 年接受 SONET 概念，并重新命名为同步数字体系（SDH），使之成为不仅适用于光纤也适用于微波和卫星传输的通用技术体制。总的来说，与 PDH 相比 SDH 在技术体制上进行了根本的改革。

1.3.2　SDH 同步数字复接系列

SDH 同步数字复接系列传输网络是由一些 SDH 网元（NE）组成的，在光纤上进行同步信息传输、复用、分插和交叉连接的网络。它有全世界统一的网络节点接口（NNI），简化了信号的互通以及信号的传输、复用、交叉连接和交换过程；它有一套标准化的信息结构等级，称为同步传送模块 STM-N，并具有块状帧结构，允许安排丰富的开销比特（即网络节点接口比特流中扣除净荷后的剩余部分）用于网络的 OAM；它的基本网元有终端复用器（TM）、再生中继器（REG）、分插复用器（ADM）和数字交叉连接设备（DXC）等，它们的功能各异，但都有统一的标准光接口，能够在基本光缆段上实现横向兼容，即允许不同厂家设备在光路上互通；它有一套特殊的复用结构，允许现存的准同步数字体系、同步数字体系和 B-ISDN 信号都能进入其帧结构，因而具有广泛的适应性；它大量采用软件进行网络配置和控制，使得新功能和新特性的增加比较方便，适于将来的不断发展。

以上这些特点可以从以下几个方面进一步说明。

（1）对网络节点接口进行了统一的规范。其中包括数字速率等级、帧结构、复接方法、线路接口、监控管理等，这就使得 SDH 易于实现在多厂商环境下操作，即同一条线路上可以安装不同厂家的设备，体现了横向兼容性。

（2）SDH 信号的基本传输模块可以容纳北美、日本和欧洲的准同步数字系列。包括 1.5 Mb/s、2 Mb/s、6.3 Mb/s、34 Mb/s、45 Mb/s 及 140 Mb/s 在内的 PDH 速率信号均可装入"虚容器"，然后经复接安排到 155.520 Mb/s 的 SDH STM-1 信号帧的净荷内，使新的 SDH 能支持现有的 PDH，顺利地从 PDH 向 SDH 过渡，体现了后向兼容性。

（3）采用了同步复用方式和灵活的复用映射结构。因而只需利用软件即可使高速信号一次直接分插出低速支路信号，既不影响别的支路信号，又避免了需要对全部高速复用信号进行解复用的做法，省去了全套背靠背复用设备，使上、下业务十分容易，并省去了大量的电接口，简化了运营操作。

（4）SDH 的网同步和灵活的复用方式大大简化了数字交叉连接功能的实现。利用同步分叉能力使网络增强了自愈能力，便于根据用户的需要进行动态组网，便于各种新业务的接入。

（5）SDH 帧结构中安排了丰富的开销比特。这些开销比特包括了段开销（SOH）和通道开销（POH），使网络的 OAM 能力大大加强，例如故障检测、区段定位、端到端性能监视、单端维护能力等。

（6）SDH 设备是智能化的设备，兼有终结、分叉复用和交叉连接功能，它可以通过远程控制灵活地组网和管理。由于对网管设备的接口进行了规范，使不同厂家的网管系统互联成为可能。因此 SDH 十分适合智能化的电信管理网络（TMN），网络中的每一个 SDH 的 NE 可通过软件进行本地或远程操作，包括性能监测，服务（或带宽）的管理，业务量调度，路由选择及改变，故障、告警、网络恢复或自愈等。这种网管不仅简单而且几乎是实时的，因此不仅降低了网络维护管理的费用，而且大大提高了网络的效率、灵活性、可靠性与生存性。

SDH 不仅构成了世界性统一的 NNI 接口的基础，也能与世界性统一的 UNI 接口协调。因为 SDH 除了支持基于电路交换的同步转移模式（STM）外，还可支持基于分组交换的异步转移模式（ATM）。在 ATM 中，信息以信元（Cell）为单元来组织，UNI 的方案之一是将信元复接安排到 SDH STM-N 帧的净荷中，这样，SDH 适用于从 STM 向 ATM 过渡，体现了前向兼容性。

上述特点体现了 SDH 的 3 大核心能力：同步复用、标准光接口和强大的网管能力。当然，SDH 也有一些不足之处。

（1）频带利用率不如传统的 PDH 系统。

PDH 的 139.264 Mb/s 可以容纳 64 个 2.048 Mb/s 支路信号，而 SDH 的 155.520 Mb/s 却只能容纳 63 个 2.048 Mb/s 支路信号，频带利用率从 PDH 的 94%下降到 83%；PDH 的 139.264 Mb/s 可以容纳 4 个 34.368 Mb/s 支路信号，而 SDH 的 155.520 Mb/s 却只能容纳 3 个，频带利用率

从 PDH 的 99%下降到 66%。可见，上述安排虽然换来网络运用上的一些灵活性，但毕竟使频带利用率降低了。

（2）指针调整机理复杂。

SDH 体制可"一步到位"地从高速信号（如 STM-1）中直接下低速信号（如 2 Mb/s）省去了逐级复用/解复用过程，而这种功能的实现是通过指针调整机理来完成的。指针的作用就是时刻指示低速信号的位置，以便在"拆包"时能正确的拆分出所需要的低速信号，保证了 SDH 从高速信号中直接分支低速信号的功能实现。指针技术是 SDH 体系的一大特色，但是指针功能的实现增加了系统的复杂性，由于指针调整会引起抖动。这种抖动多发于网络边界处（SDH/PDH），其频率低，幅度大，会导致低速信号在分支拆离后传输性能劣化，这种抖动的滤除又比较困难。

（3）软件的大量使用对系统安全性产生影响。

由于 SDH 的 OAM 自动化程度高，这就意味软件在系统中占相当大的比重。一方面，这使系统很容易受到计算机病毒的侵害，尤其在计算机病毒无处不在的今天；另一方面，在网络层上认为的错误操作、软件故障，对系统的影响也是致命的。由于 SDH 系统对软件的依赖性很大，导致 SDH 系统运行的安全性就成了很重要的课题。

1.3.3 WDM 技术

WDM（Wavelength Division Multiplexing，波分复用）是指在单根光纤上承载多个波长（信道）的系统，将单根光纤转换为多根"虚拟"光纤，每根虚拟光纤独立工作于不同波长上。WDM 系统技术的经济性与有效性，使之成为当前贡献通信网络最广泛使用的光波复用技术。

WDM 通常有 3 种复用方式，即 1 310 nm 和 1 550 nm 波长的波分复用（WDM）、粗波分复用（CWDM）和密集波分复用（DWDM）。

1. 1 310 nm 和 1 550 nm 波长的波分复用

这种复用技术在 20 世纪 70 年代时仅用两个波长，1 310 nm 窗口一个波长，1 550 nm 窗口一个波长，利用 WDM 技术实现单纤双窗口传输，这是最初的波分复用的使用。

2. 粗波分复用

CWDM 技术是指相邻波长间隔较大的 WDM 技术，相邻信道的间距一般大于等于 20 nm，波长数目一般为 4 波或 8 波，最多 16 波。CWDM 使用 1 200~1 700 nm 窗口。CWDM 采用非制冷激光器，无光放大器件，成本较 DWDM 低，缺点是容量小、传输距离短。因此，CWDM 技术适用于短距离、高带宽、接入点密集的通信应用场合，如大楼内或大楼之间的网络通信。

3. 密集波分复用

DWDM 技术是指相邻波长间隔较小的 WDM 技术，工作波长位于 1 550 nm 窗口，可以在一根光纤上承载 8~160 个波长，主要应用于长距离传输。

波分复用的优势体现在其关键协议和传输速率是不相关的。基于 DWDM 的网络可以采用 IP 协议、ATM、SDH、以太网协议来传输数据，处理的数据流量在 100 Mb/s 和 2.5 Gb/s 之间。这样，基于 DWDM 的网络可以在一个激光信道上以不同的速度传输不同类型的数据流量。从

QoS（质量服务）的观点看，基于 DWDM 的网络以低成本的方式来快速响应客户的带宽需求和协议改变。科技在日益更新，现在国家干线、省级干线以及市级干线用 1 600 Gb/s、800 Gb/s 以及 400 Gb/s 的也比比皆是。以 1 600 Gb/s 为例，理论上，在光缆完全具备的情况下，一根光纤能走 160 条 10 Gb/s 业务，大大提高了光纤利用率。当然对光缆的要求也很高，理论值和实际值是有偏差的，实际应用中为了避免故障率，很少在同一根光纤上用百个信道的业务。

1.3.4　ASON 技术

自动交换光网络（Automatic Switch Optical Network，ASON）主要是以环网为主、链形为辅，承载业务为传统的 TDM 电路业务，其安全性和 QoS 均有良好的保障。

随着数据业务的迅速发展，尤其是 IP 业务呈爆炸式增长态势，业务需求呈现出带宽越来越多、颗粒越来越大、带宽要求越来越高、提供方式也越来越灵活的状态。

近年来，随着 ASON 技术日趋成熟，国外已建设了 ASON 体系结构，国内在省内干线网和城域网中也相继引入了 ASON 技术。

与传统传输技术相比，ASON 具有明显的技术优势，主要有以下几点。

（1）ASON 引入交换的概念。核心骨干网中的传统环网结构将逐步转为更为灵活的网状网结构。

（2）ASON 可实现动态按需分配带宽，从而提高网络资源利用率，全面降低组网成本。

（3）ASON 采用控制面的协议作为标准，可实现在各厂商环境下，业务的连接、呼叫控制及快速恢复等。

（4）ASON 提供不同的网络保护恢复方式。根据用户对不同层面、不同业务质量等级要求，制定不同的保护恢复方式。

（5）ASON 具有资源及拓扑自动发现、快速建立业务的能力。

1.3.5　PTN 技术

分组传送网（Packet Transport Network，PTN）是一种光传输网络架构和具体技术，结合网间互联协议（Internet Protocol，IP）、多协议标记交换（Multi-Protocol Label Switching，MPLS）和光传送网技术的优点而形成的新型传送网技术。在 IP 业务和底层光传输媒质之间设置了一个层面，它针对分组业务流量的突发性和统计复用传送的要求而设计，以分组业务为核心并支持多业务提供，具有更低的总体使用成本（Total Cost of Ownership，TCO），同时秉承光传输的传统优势，包括高可用性和可靠性、高效的带宽管理机制和流量工程、便捷的 OAM 和网管、可扩展、较高的安全性等。

PTN 支持多种基于分组交换业务的双向点对点连接通道，具有适合各种粗细颗粒业务、端到端的组网能力，提供了更加适合于 IP 业务特性的"柔性"传输管道；具备丰富的保护方式，遇到网络故障时能够实现基于 50 ms 的电信级业务保护倒换，实现传输级别的业务保护和恢复；继承了 SDH 技术的操作、管理和维护机制（OAM），具有点对点连接的完美 OAM 体系，保证网络具备保护切换、错误检测和通道监控能力；完成了与 IP/MPLS 多种方式的互联互通，无缝承载核心 IP 业务；网管系统可以控制连接信道的建立和设置，实现了业务 QoS 的区分和保证灵活提供 SLA 等优点。

另外，它可利用各种底层传输通道（如 SDH/Ethernet/OTN）。总之，它具有完善的 OAM 机制，精确的故障定位和严格的业务隔离功能，最大限度地管理和利用光纤资源，保证了业务安全性，在结合 GMPLS 后，可实现资源的自动配置及网状网的高生存性。

PTN 网络的关键技术具有以下特征：

（1）采用面向连接的分组交换（CO-PS）技术，基于分组交换内核，支持多业务承载。

（2）严格面向连接。该连接应能长期存在，可由网管手工配置。

（3）提供可靠的网络保护机制，并可应用于 PTN 的各个网络分层和各种网络拓扑。

（4）为多种业务提供差异化的服务质量保障。

（5）具有完善的 OAM 故障治理和性能治理功能。

（6）基于标签进行分组转发。OAM 报文的封装、传送和处理不依靠于 IP 封装和 IP 处理。保护机制也不依靠于 IP 分组。

（7）支持双向点到点传送路径，支持单向点到多点传送路径，也支持点到点（P2P）和点到多点（P2MP）传送路径的流量工程控制能力。

思考与拓展

（1）简述目前现网中采用了哪几种传输网络。

（2）SDH 技术的优缺点有哪些？

（3）PTN 网络的特点有哪些？

（4）举例说明 DWDM 技术的传输网应用（可列举具体实例）。

第 2 章　SDH 原理简介

【内容概述】

本章节介绍了 SDH 的基本原理，包括 SDH 的帧结构、SDH 的复用方式以及 SDH 常见网元，介绍了由 SDH 构成传输网的拓扑结构。

【学习目标】

掌握 SDH 的基本原理，明晰其帧结构、复用路线图，能够用 SDH 网元构建传输网。

【知识要点】

（1）SDH 信号的帧结构。
（2）SDH 复用方式。
（3）常见网元类型。
（4）基本网络拓扑结构。

2.1　SDH 基本原理

SDH 信号在传输过程中，是以帧为基本单元进行传送的。下面将详细介绍 SDH 帧结构中各组成部分，以及基本网络拓扑。

2.1.1　SDH 帧结构

1. SDH 帧结构

STM-N 信号帧结构的安排应尽可能使支路低速信号在一帧内均匀、有规律地分布，以便实现支路信号的同步复用、交叉连接（DXC）、分/插和交换，说到底就是为了方便地从高速信号中直接上/下低速支路信号。因此，ITU-T 规定 STM-N 的帧是以字节（8 bit）为单位的矩形块状帧结构，如图 2-1 所示。

从图 2-1 可知，STM-N 的信号是 9 行×270×N 列的帧结构。此处的 N 与 STM-N 的 N 相一致，取值范围：1，4，16，64，表示此信号由 N 个 STM-1 信号通过字节间插复用而成。由此可知，STM-1 信号的帧结构是 9 行×270 列的块状帧。并且，当 N 个 STM-1 信号通过字节间插复用成 STM-N 信号时，仅仅是将 STM-1 信号的列按字节间插复用，行数恒定为 9 行不变。信号在线路上串行传输时是逐个比特（bit）地进行的，STM-N 信号的传输也遵循按比特的传输方式，SDH 信号帧传输的原则是：按帧结构的顺序从左到右，从上到下逐个字节，并且逐个比特地传输，传完一行再传下一行，传完一帧再传下一帧。

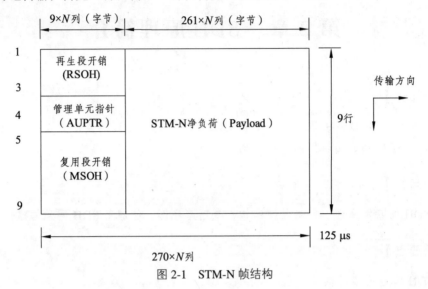

图 2-1 STM-N 帧结构

ITU-T 规定对于任何级别的 STM-N 帧，帧频都是 8 000 帧/秒，也就是帧的周期为恒定的 125 μs（PDH 的 E1 信号帧频也是 8 000 帧/秒）。

STM-1 的传送速率为：

270(每帧 270 列)×9(共 9 行)×8 bit(每个字节 8 bit)×8 000(每秒 8 000 帧)

= 155 520 kb/s = 155.520 Mb/s

由于帧周期的恒定使 STM-N 信号的速率有其规律性。例如 STM-4 的传输数率恒定的等于 STM-1 信号传输数率的 4 倍，STM-16 恒定等于 STM-1 的 16 倍。而 PDH 中的 E2 信号速率≠E1 信号速率的 4 倍。SDH 信号的这种规律性，使得可以便捷地将低速支路信号从高速 STM-N 码流中直接分/插出来，这就是 SDH 按字节同步复用的优越性。SDH 速率等级如表 2-1 所示。

表 2-1 SDH 速率等级

信号等级	STM-1	STM-4	STM-16	STM-64	STM-256
速率	155.520 Mb/s	622.080 Mb/s	2 488.320 Mb/s	9 953.280 Mb/s	39 813.120 Mb/s

由图 2-1 可知，STM-N 的帧结构由 3 部分组成：段开销，包括再生段开销（RSOH）和复用段开销（MSOH）、管理单元指针（AU-PTR）、信息净负荷（payload）。下面分别阐述这三大部分的具体功能。

2. 信息净负荷（Payload）

信息净负荷是在 STM-N 帧结构中存放将由 STM-N 传送的各种用户信息码块的地方。信息净负荷区相当于 STM-N 这辆运货车的车厢，车厢内装载的货物就是经过打包的低速信号——待运输的货物。为了实时监测货物（打包的低速信号）在传输过程中是否有损坏，在将低速信号打包的过程中加入了监控开销字节——通道开销（POH）字节。POH 作为净负荷的一部分与信息码块一起装载在 STM-N 这辆货车上在 SDH 网中传送，它负责对打包的货物（低阶通道）进行通道性能监视、管理和控制。

3. 段开销（SOH）

段开销是为了保证信息净负荷正常传送所必须附加的网络运行、管理和维护（OAM）字节。例如段开销可进行对 STM-N 这辆运货车中的所有货物在运输中是否有损坏进行监控，而通道开销（POH）的作用是当车上有货物损坏时，通过它来判定具体是哪一件货物出现损坏。也就是说 SOH 完成对货物整体的监控，POH 是完成对某一件特定的货物进行监控，当然，SOH 和 POH 还有一些其他管理功能。

段开销又分为再生段开销（RSOH）和复用段开销（MSOH），可分别对相应的段层进行监控。段，其实也相当于一条大的传输通道，RSOH 和 MSOH 的作用也就是对这一条大的传输通道进行监控。二者的区别在于它们的监管范围不同。例如，若光纤上传输的是 2.5 G 信号，那么，RSOH 监控的是 STM-16 整体的传输性能，而 MSOH 则是监控 STM-16 信号中每一个 STM-1 的性能情况。

再生段开销在 STM-N 帧中的位置是第一到第三行的第一到第 9×N 列，共 3×9×N 个字节；复用段开销在 STM-N 帧中的位置是第 5 到第 9 行的第一到第 9×N 列，共 5×9×N 个字节。

4. 管理单元指针（AU-PTR）

管理单元指针位于 STM-N 帧中第 4 行的 9×N 列，共 9×N 个字节。SDH 能够从高速信号中直接分/插出低速支路信号（如 2 Mb/s），是因为低速支路信号在高速 SDH 信号帧中的位置有预见性，也就是有规律性。预见性的实现就在于 SDH 帧结构中指针字节功能。AU-PTR 是用来指示信息净负荷的第一个字节在 STM-N 帧内的准确位置的指示符，以便接收端能根据这个位置指示符的值（指针值）准确分离信息净负荷。指针也有高、低阶之分，高阶指针是 AU-PTR，低阶指针是 TU-PTR（支路单元指针），TU-PTR 的作用类似于 AU-PTR，比 AU-PTR 指示的信息负荷更小。

2.1.2　复用方式

SDH 的复用包括两种情况：一种是由 STM-1 信号复用成 STM-N 信号；另一种是由 PDH 支路信号（如 2 Mb/s、34 Mb/s、140 Mb/s）复用成 SDH 信号 STM-N。第一种情况在前面已有所提及，复用的方法主要通过字节间插的同步复用方式来完成的，复用的基数是 4，即 4×STM-1→STM-4，4×STM-4→STM-16。在复用过程中保持帧频不变（8 000 帧/秒），这就意味着高一级的 STM-N 信号是低一级的 STM-N 信号速率的 4 倍。在进行字节间插复用过程中，各帧的信息净负荷和指针字节按原值进行字节间插复用，而段开销则 ITU-T 另有规范。在同步复用形成的 STM-N 帧中，STM-N 的段开销并不是所有低阶 STM-N 帧中的段开销间插复用而成，而是舍弃了某些低阶帧中的段开销，另作详尽规定。关于各级 STM-N 帧中段开销细节将在下一章中讲述。

第二种情况就是将各级 PDH 支路信号复用进 STM-N 信号中去。

SDH 网的兼容性要求 SDH 的复用方式既能满足异步复用（例如：将 PDH 支路信号复用

进 STM-N），又能满足同步复用（如 STM-1→STM-4），而且能方便地由高速 STM-N 信号分/插出低速信号，同时不造成较大的信号时延和滑动损伤，这就要求 SDH 需采用自己独特的一套复用步骤和复用结构。在这种复用结构中，通过指针调整定位技术来取代 125 μs 缓存器用以校正支路信号频差和实现相位对准，各种业务信号复用进 STM-N 帧的过程都要经历映射（相当于信号打包）、定位（伴随与指针调整）、复用（相当于字节间插复用）三个步骤。

ITU-T 规定了一整套完整的映射复用结构（也就是映射复用路线），通过这些路线可将 PDH 的 3 个系列的数字信号以多种方法复用成 STM-N 信号。ITU-T 规定的复用路线如图 2-2 所示。

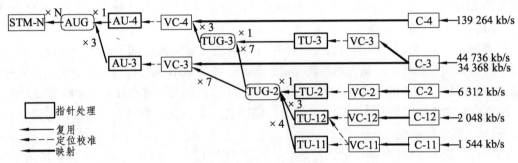

图 2-2　国际复用路线图

从图 2-2 中可以看到此复用结构包括了一些基本的复用单元：C（容器）、VC（虚容器）、TU（支路单元）、TUG（支路单元组）、AU（管理单元）、AUG（管理单元组），这些复用单元的下标表示与此复用单元相应的信号级别。在图 2-2 中从一个有效负荷到 STM-N 的复用路线不是唯一的，有多条路线（也就是说有多种复用方法）。例如 2 Mb/s 的信号有两条复用路线，也就是说可用两种方法复用成 STM-N 信号。需说明，8 Mb/s 的 PDH 支路信号是无法复用成 STM-N 信号的。

尽管一种信号复用成 SDH 的 STM-N 信号的路线有多种，但我国的光同步传输网技术体制规定了以 2 Mb/s 信号为基础的 PDH 系列作为 SDH 的有效负荷，并选用 AU-4 的复用路线，其结构如图 2-3 所示。

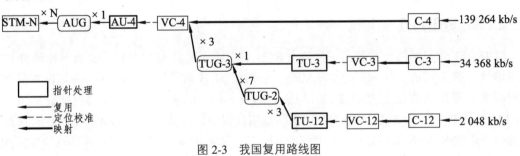

图 2-3　我国复用路线图

2.2　SDH 网络常见网元

SDH 传输网是由不同类型的网元设备通过光缆线路的连接组成的，通过不同的网元完成

SDH 网的传送功能：上/下业务、交叉连接业务、网络故障自愈等。下面介绍 SDH 网中常见网元终端复用器（TM）、分/插复用器（ADM）、再生中继器（REG）及数字交叉连接设备（DXC）的特点和基本功能。

2.2.1　终端复用器（TM）

TM 终端复用器位于网络的终端站点上，例如一条链的两个端点上，它是具有两个侧面的设备，如图 2-4 所示。

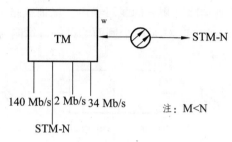

注：M<N

图 2-4　终端复用器

它的作用是将支路端口的低速信号复用到线路端口的高速信号 STM-N 中，或从 STM-N 的信号中分出低速支路信号。请注意它的线路端口输入/输出一路 STM-N 信号，而支路端口却可以输出/输入多路低速支路信号。在将低速支路信号复用进 STM-N 帧（将低速信号复用到线路）时，有一个交叉的功能。例如：可将支路的一个 STM-1 信号复用进线路上的 STM-16 信号中的任意位置上，也就是指复用在 1~16 个 STM-1 的任一个位置上。将支路的 2 Mb/s 信号可复用到一个 STM-1 中 63 个 VC-12 的任一个位置上去。

2.2.2　分/插复用器（ADM）

ADM 分/插复用器用于 SDH 传输网络的转接站点处，例如链的中间节点或环上节点，是 SDH 网上使用最多、最重要的一种网元设备，它是一种具有三个侧面的设备，如图 2-5 所示。

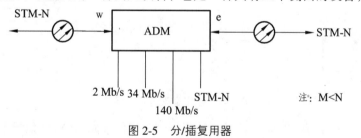

注：M<N

图 2-5　分/插复用器

ADM 有两个线路侧面和一个支路侧面。两个线路侧面，分别各接一侧的光缆（每侧收/发共两根光纤），为了描述方便我们将其分为西（w）向、东向（e）两侧线路端口。ADM 的一个支路侧面连接的都是支路端口，这些支路端口信号都是从线路侧 STM-N 中分支得到的和将要插入到 STM-N 线路码流中去的"落地"业务。因此，ADM 的作用是将低速支路信号交叉复用进东或西向线路上去，或从东或西侧线路端口接收的线路信号中拆分出低速支路信号。另外，还可将东/西向线路侧的 STM-N 信号进行交叉连接，例如将东向 STM-16 中的 3#STM-1 与西向 STM-16 中的 15#STM-1 相连接。

ADM 是 SDH 最重要的一种网元设备，它可等效成其他网元，即能完成其他网元设备的功能。例如：一个 ADM 可等效成两个 TM 设备。

2.2.3 再生中继器（REG）

REG 的最大特点是不上下（分/插）电路业务，只放大或再生光信号。SDH 光传输网中的再生中继器有两种：一种是纯光的再生中继器，主要对光信号进行功率放大以延长光传输距离；另一种是用于脉冲再生整形的电再生中继器，主要通过光/电变换、电信号抽样、判决、再生整形、电/光变换，以达到消除已积累的线路噪声，保证线路上传送信号波形的完好性。在此介绍的是后一种再生中继器，REG 是两个侧面的设备，每侧与一个线路端口——w、e 相接，如图 2-6 所示。

图 2-6 再生中继器

REG 的作用是将 w/e 两侧的光信号经 O/E、抽样、判决、再生整形、E/O 在 e 或 w 侧发出。实际上，REG 与 ADM 相比仅少了支路端口的侧面，所以 ADM 若不上/下本地业务电路时，完全可以等效为一个 REG。单纯的 REG 只需处理 STM-N 帧中的 RSOH，且不需要交叉连接功能（w/e 直通即可），而 ADM 和 TM 因为要完成将低速支路信号分/插到 STM-N 中，所以不仅要处理 RSOH，而且还要处理 MSOH；另外 ADM 和 TM 都具有交叉复用能力（有交叉连接功能），因此用 ADM 来等效 REG 有点大材小用了。

2.2.4 数字交叉连接设备（DXC）

数字交叉连接设备 DXC 完成的主要是 STM-N 信号的交叉连接功能，它是一个多端口器件，它实际上相当于一个交叉矩阵，完成各个信号间的交叉连接，如图 2-7 所示。

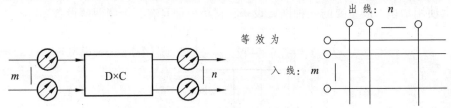

图 2-7 数字交叉连接设备

DXC 可将输入的 m 路 STM-N 信号交叉连接到输出的 n 路 STM-N 信号上，如图 2-7 所示有 m 条输入光纤和 n 条输出光纤。DXC 的核心功能是交叉连接，功能强的 DXC 能完成高速（如 STM-16）信号在交叉矩阵内的低级别交叉（如 VC-4 和 VC-12 级别的交叉）。

通常用 DXCm/n 来表示一个 DXC 的类型和性能（$m \geq n$），m 表示可接入 DXC 的最高速率等级，n 表示在交叉矩阵中能够进行交叉连接的最低速率级别。m 越大表示 DXC 的承载容量越大，n 越小表示 DXC 的交叉灵活性越大。数字 0 表示 64 kb/s 电路速率，数字 1，2，3，4 分别表示 PDH 体制中的 1 至 4 次群速率，其中 4 也代表 SDH 体制中的 STM-1 等级，数字 5 和 6 分别代表 SDH 体制中的 STM-4 和 STM-16 等级。例如 DXC1/0 表示接入端口的最高速率为 PDH 一次群信号，而交叉连接的最低速率为 64 kb/s；DXC4/1 表示接入端口的最高速率为 STM-1，而交叉连接的最低速率为 PDH 一次群信号。

m 和 n 的相应数值的含义如表 2-2 所示。

表 2-2 m、n 群次与速率对应表

m 或 n	0	1	2	3	4		5	6
速率	64 kb/s	2 Mb/s	8 Mb/s	34 Mb/s	140 Mb/s	155 Mb/s	622 Mb/s	2.5 Gb/s

2.3 SDH 网络拓扑结构

SDH 网是由 SDH 网元设备通过光缆互连而成的，网络节点设备（网元）和传输线路的几何排列就构成了网络的拓扑结构。网络的有效性（信道的利用率）、可靠性和经济性在很大程度上与其拓扑结构有关。网络拓扑的基本结构有链形、星形、树形、环形和网孔形，如图 2-8 所示。

1. 链形网

链形网络拓扑是将网中的所有节点一一串联，而首尾两端开放。这种拓扑的特点是较经济，在 SDH 网的早期用得较多，主要用于专网（如铁路网）中。

2. 星形网

星形网络拓扑是将网中一网元作为中心节点设备与其他各网元节点相连，其他各网元节点之间互不相连，网元节点的业务都要经过这个特殊节点转接。这种网络拓扑的特点是可通过中心节点来统一管理其他网络节点，利于分配带宽，节约成本，但存在中心特殊节点的安全保障和处理能力的潜在瓶颈问题。中心节点的作用类似交换网的汇接局，此种拓扑多用于本地网（接入网和用户网）。

3. 树形网

树形网络拓扑可看成是链形拓扑和星形拓扑的结合，也存在中心节点的安全保障和处理能力的潜在瓶颈问题。

4. 环形网

环形网拓扑实际上是指将链形拓扑首尾相连，从而使网上任何一个网元节点都不对外开放的网络拓扑形式。这是当前使用最多的网络拓扑形式，主要是因为它具有很强的生存性，即自愈功能较强。环形网常用于本地网（接入网和用户网）、局间中继网等。

5. 网孔形网

将所有网元节点两两相连，就形成了网孔形网络。这种网络拓扑为两网元节点间提供多个传输路由，使网络的可靠更强，不存在瓶颈问题和失效问题。但是由于系统的冗余度高，必会使系统有效性降低，成本高且结构复杂。网孔形网主要用于长途网中，以提供网络的高可靠性。

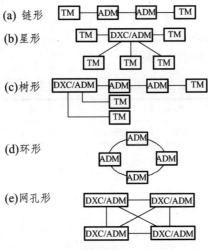

图 2-8　基本网络拓扑图

当前用得最多的网络拓扑是链形和环形，通过它们的灵活组合，可构成更加复杂的网络。本书主要介绍链网的组成和特点，以及环网的几种主要的自愈形式（自愈环）的工作机理及特点。

2.4　电信管理网

随着通信网高速发展以及网络覆盖面的延伸，通信设备数量剧增，分布更加广泛，网络结构也趋于多样，因此了解网络运行状态，进行故障定位及潜在故障探测，成为保障网络可靠性的重点及难点。网络管理系统对网络运行状态进行基准检测，提供配置管理、性能管理、故障定位与告警、状态检测与统计、安全管理与计费等功能，为网络安全与可靠运行提供了保障。

2.4.1　电信管理网（TMN）管理框架

为对电信网实施集成、统一、高效的管理，国际电联（ITU-T）提出了电信管理网（TMN）概念。TMN 的基本概念是提供一个有组织的体系结构，以达到各种类型的操作系统（网管系统）和电信设备之间的互通，并且使用一种具有标准接口（包括协议和信息规定）的统一体系结构来交换管理信息，从而实现电信网的自动化和标准化管理，并提供

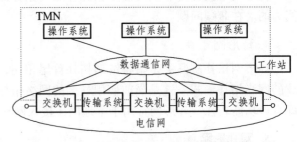

图 2-9　TMN 和电信网的关系示意图

各种管理功能。TMN 在概念上是一种独立于电信网而专职进行网络管理的网络，它与电信网有若干不同的接口，可以接收来自电信网的信息并控制电信网的运行。TMN 也常常利用电信网的部分设施来提供通信联络，因而两者可以有部分重叠。TMN 和电信网的关系如图 2-9 所示。

2.4.2　电信管理网（TMN）的层次划分

TMN 的管理层模型依照 ITU-T 规范划分为：网元层（NEL）、网元管理层（EML）、网络管理层（NML）、业务管理层（SML）、事务管理层（BML）。如图 2-10 所示显示了最高到业务管理层的 TMN 的管理层次划分。其中，NE 可为 SDH 设备，也可为 PDH 或交换机等任何可被管理的设备。

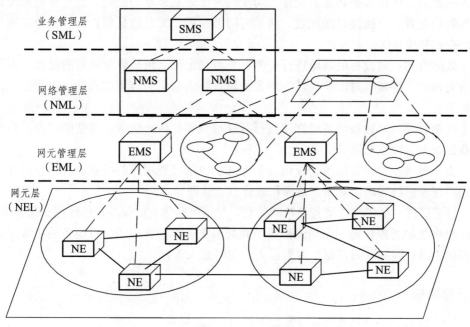

图 2-10　电信管理网分层

2.4.3　SDH　管理网（SMN）

SDH 管理网（SMN）实际就是管理 SDH 网络单元的 TMN 的子集。它可以细分为一系列的 SDH 管理子网（SMS），这些 SMS 由一系列分离的 ECC 及站内数据通信链路组成，并构成整个 TMN 的有机部分。具有智能的网络单元和采用嵌入的 ECC 是 SMN 的重要特点，这两者的结合使 TMN 信息的传送和响应时间大大缩短，而且可以将网管功能经 ECC 下载给网络单元，从而实现分布式管理。具有强大的、有效的网络管理能力是 SDH 的基本特点。

TMN、SMN 和 SMS 的关系如图 2-11 所示。

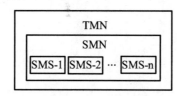

图 2-11　SMS、SMN、TMN 的关系图

与 SDH 管理网有关的主要操作运行接口为 Qx 接口和 F 接口。SMS 将通过 Qx 接口与 TMN 通信。

2.4.4　SDH 管理功能

ITU-T 规定了网管系统的五大功能：配置管理（Configuration Management），故障管理（Fault Management），性能管理（Performance Management），安全管理（Security Management），计费管理（Accounting Management）。

（1）配置管理：对传输网络的资源和业务配置。包括网络数据的配置，设备数据的配置，链路通道的配置，保护倒换功能的配置，同步时钟源分配策略的配置，公务设备的配置，线路接口参数的配置，支路接口的配置，网元时间的配置，配置信息的查询、备份、恢复，通路资源的查询和统计等。

（2）故障管理：对设备的故障进行检测、分析和定位。包括告警级别的设置，告警实时显示，告警确认、屏蔽、过滤、反转、声音的设置，当前历史告警的查询，告警定位，告警统计分析等。

（3）性能管理：对设备的各种性能进行有效检测和分析。包括设置性能门限，当前和历史性能数据查询，性能数据分析等。

（4）安全管理：对设备的维护提供安全保证。包括设置用户的级别、操作权限和管理区域，对用户登录进行管理，对用户的操作进行日志管理等。

（5）计费管理：提供与计费有关基础信息。包括电路建立时间、持续时间、服务质量等。

有时也将维护管理作为一个功能模块单独列出来。维护管理用于对设备的正常运行和问题定位提供手段，包括环回控制、告警插入、误码插入等。

思考与拓展

（1）简述 SDH 的几种网元及其功能。

（2）图解说明 STM-1 的帧结构。

（3）简要说明 SDH 网络的几种组网结构。

第 3 章　SDH 传输网的组建

【内容概述】

本章以中兴通讯公司 **ZXMP** 系列光传输设备为例,介绍 **SDH** 光传输设备的系统结构。分别介绍 **ZXMP S325** 和 **ZXMP S320** 两种设备的构造及单板功能。读者可以根据需要选取一个设备(S325 或 S320)学习。SDH 的强大管理功能得益于其丰富的开销字节。本章对于 **SDH** 的段开销字节、通道开销字节功能进行了详细讲解。分别以链形网、环形网为例介绍了网络的创建配置过程。

【学习目标】

通过本章节学习,读者可以掌握 **SDH** 设备的系统结构及单板功能,掌握 **SDH** 开销字节功能,能够进行 **SDH** 设备的硬件配置;通过分析传输网络业务需求来完成 **SDH** 网络的规划及组网。

【知识要点】

(1)ZXMP S325 硬件及其工作原理、单板功能。
(2)ZXMP S320 硬件及其工作原理、单板功能。
(3)SDH 段开销字节功能。
(4)SDH 通道开销字节功能。

3.1　SDH 网络设备 ZXMP S325 介绍

3.1.1　ZXMP S325 系统总体介绍

ZXMP S325 是最高速率为 STM-16 的综合业务接入 SDH 产品。ZXMP S325 主要应用于网络的接入层。设备可接入 E1、T1、E3、T3 等业务,特别适合于业务种类多、业务量较小、对业务质量要求较高的场合。

ZXMP S325 采用模块化设计,将整个系统划分为不同的单板,每个单板包含特定的功能模块,各个单板通过子架的背板总线相互连接,这样可以根据不同的组网需求,选择不同的单板配置来构成满足不同功能要求的网元,不仅提高了设备配置应用的灵活性,同时也提高了系统的可维护性。

1. 信号处理流程

ZXMP S325 设备的信号处理流程如图 3-1 所示。

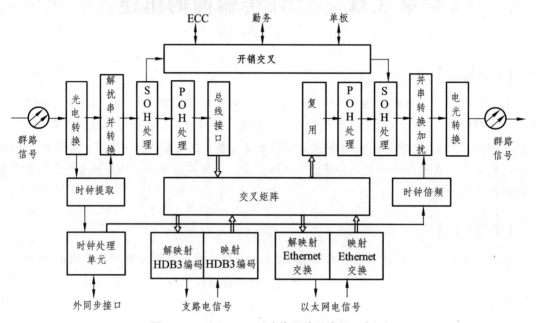

图 3-1　ZXMP S325 系统信号处理流程示意图

PDH 支路接口信号经过接口匹配以及适配、映射后转换为 VC-4 或 VC-3 信号，在交叉矩阵内完成各个线路方向和各个接口的业务交叉。

以太网接口信号经过交换、封装，通过虚级联方式映射到 VC，送入交叉矩阵。在群路信号方向完成开销字节处理、公务字节传递等。

时钟信号可以由线路信号提取，也可由外同步接口接入的外时钟源提供，并且支持 2 Mb/s 支路时钟作为定时基准，系统时钟的选择由时钟处理单元完成。

2. 工作原理

ZXMP S325 在实际应用中，根据所能提供的 SDH 光接口最高速率等级不同，可分为两种应用方式：STM-4 系统和 STM-16 系统。对于这两种应用，系统的工作原理是一致的，其原理框图如图 3-2 所示。

SDH 接口、PDH 接口、Ethernet 接口信号经过各自的接口处理后，转换为 VC-4 或 VC-3 信号，其中 Ethernet 接口信号封装映射进 VC-4，在业务交叉单元完成各个线路方向和各个接口的业务交叉。在开销处理单元分离段开销与净负荷数据后，将部分开销字节与来自辅助接口单元的开销字节一起进入开销交叉单元，实现各个方向的开销字节直通、上下和读写。

定时处理单元在整个业务流程中将系统时钟分配至各个单元，可确保网络设备的同步运行。控制管理单元处理网元控制信息的开销字节，经开销处理单元提取网元运行信息下发网元控制、配置命令。

设备采用背板+单板插件的实现方式，每种单板上承载图 3-2 所示的功能单元，各种单板之间通过背板相互连接，实现多种业务功能。各功能单元的具体说明如下。

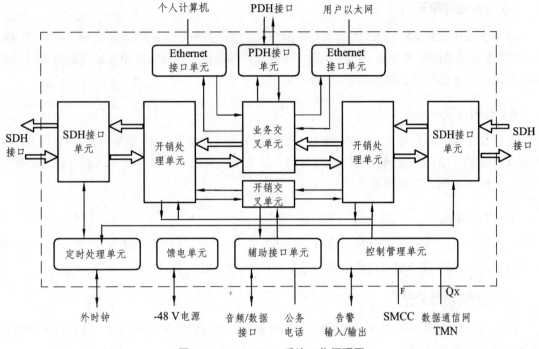

图 3-2　ZXMP S325 系统工作原理图

1）定时处理单元

定时处理单元由时钟板（SCB）实现，为设备提供系统时钟，实现网络同步。定时处理单元的时钟源可有多种选择：跟踪外部定时基准（BITS）、锁定某一方向的线路或支路时钟、在可用参考定时基准发生故障时进入保持或自由振荡模式。定时处理单元可以依据定时基准的状态信息实现定时基准的自动倒换，还能为其他设备提供标准的参考基准。

2）控制管理单元

控制管理单元由网元控制板（NCP）实现，完成网元设备的配置与管理，并通过数据通信链路实现网元间消息的收发和传递。控制管理单元提供与后台网管的多种接口，通过此单元可以上报和处理设备的运行、告警信息，下发网管对网元设备的控制、配置命令，实现传输网络的集中管理。

3）SDH 接口单元

ZXMP S325 的 SDH 接口可实现 STM-4、STM-16 两种接口速率，由 SDH 光/电接口板实现。SDH 接口可作为设备的群路或支路接口，完成接口的电/光转换和光/电转换、接收数据和时钟恢复、发送数据成帧。

4）开销处理单元

开销处理单元在 ZXMP S325 中主要由各个 SDH 接口板及勤务板（OW）实现。开销处理单元用于分离 SDH 帧结构中的段开销和净负荷，实现开销插入和提取，并对开销字节进行相应的处理。

5）业务处理单元

业务交叉单元是 ZXMP S325 的核心功能单元，由交叉板（CSB）实现，完成 AU-4、TU-3、TU12 等业务信号的交叉连接、倒换处理、通道保护等功能。业务交叉单元还是群路接口与支路接口之间业务信号的连接纽带。

6）开销交叉单元

开销交叉单元由勤务板（OW）实现，完成段开销 E1 字节、E2 字节、F1 字节以及一些未定义的开销字节间的交换功能。通过开销交叉单元，可以将开销字节送入其他段开销继续传输，也能实现网元的辅助功能。

7）PDH 单元

PDH 接口用于实现设备的局内接口，包括 E1、T1、E3、T3 等 PDH 电接口，由各种支路接口板实现。PDH 接口单元完成电信号的异步映射/去映射后将信号送入交叉单元。

8）以太网接口单元

以太网接口实现 100 Mb/s、1 Gb/s Ethernet 接口，由智能以太网板实现，完成以太网数据的透传以及二层交换功能。

9）辅助接口单元

辅助接口由音频板和数据板实现，利用开销字节提供辅助的传输通道，实现话音和数据传输。

10）馈电单元

馈电单元完成一次电源的保护、滤波和分配，为设备各单元提供工作电源。

3.1.2　ZXMP S325 硬件结构

ZXMP S325 整机采用标准机柜，设备机柜及子架均基于前安装、前维护的思想进行设计。子架可以在机柜正面固定，且不影响子架的布线，满足前维护、设备机柜靠墙安装、背靠背安装的要求。

ZXMP S325 设备结构紧凑，体积小巧，安装灵活方便，其子架结构如图 3-3 所示。

1. 子 架

子架由侧板、横梁和金属导轨等组成，可完成散热、屏蔽功能。子架分为接口板区和处理板区两部分。处理板区安插各种功能板、业务板，接口板区安插接口板，两区域信号经由背板连接。处理板区的面板出线可以沿走线区引出，接口板区的各种线缆可以从上走线区引出。这样的结构紧凑而且防尘效果好。设备还配置了可拆卸防尘单元、可拆卸风扇单元，方便故障时及时更换。子架各插板槽位如图 3-4 所示。

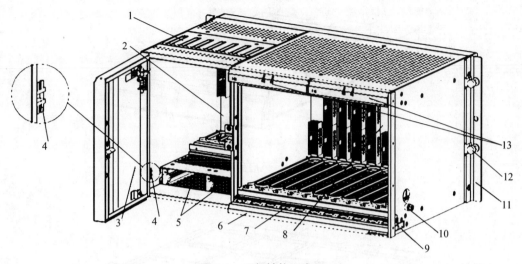

图 3-3　子架结构示意图

1—上走线区；2—接口板区；3—小门；4—电源出线口；5—电源板区；6—防尘单元；7—走线区；
8—业务/功能板区；9—出线口；10—接地柱；11—安装支耳；12—松不脱螺钉；13—风扇单元

出线区							风扇单元						风扇单元				
系统接口板	业务接口板	业务接口板	业务接口板	业务接口板	业务接口板	业务接口板	业务处理板	业务处理板	业务处理板	业务处理板	业务处理板	业务处理板	交叉时钟线路板	交叉时钟线路板	业务处理板	业务处理板	网元控制板
SAI	L1	L2	L3	L4	L5	L6											
电源板			电源板				1	2	3	4	5	6	7	8	11	12	17

图 3-4　子架插板区槽位排列示意图

2. 风扇单元

ZXMP S325 的风扇单元是散热降温部件。风扇单元在 ZXMP S325 的位置如图 3-3 所示。每个子架配置 1 个风扇单元，风扇单元里面装有 2 个独立的风扇盒，风扇盒的结构如图 3-5 所示。每个风扇盒通过风扇盒后面的插座和背板进行电气连接。风扇盒面板上有运行、告警指示灯。

3. 防尘单元

防尘单元如图 3-6 所示。采用全新的防尘设计方法，不需要单独的防尘插箱。防尘单元安装在子架右侧底部，可以起到过滤空气、阻止颗粒较大的灰尘进入子架影响电性能的作用。防尘单元设计为抽拉方式，方便定期清洗，在正面有清洗标志。

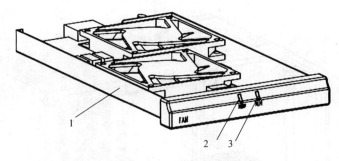

图 3-5　风扇盒结构

1—风扇盒；2—运行指示灯；3—告警指示灯

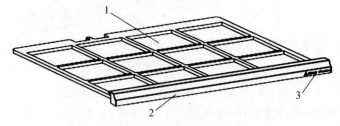

图 3-6　防尘单元结构

1—防尘网；2—面板；3—清洗标志

4. 电源分配箱

电源分配箱安装在 ZXMP S325 机柜上方，连接外部输入的主、备用电源。电源分配箱可提供 2 组接线端子，直接接入外部-48V 电源，默认左侧为主用电源输入，右侧为备用电源输入。电源分配箱对外部电源进行滤波和防雷等处理后，给子架供电。标准配置的电源分配箱可提供主、备用电源各 4 对至 4 个子架，最多可分配主、备用电源各 6 对至 6 个子架，为机柜内的子架提供 1+1 电保护，其结构如图 3-7 所示。

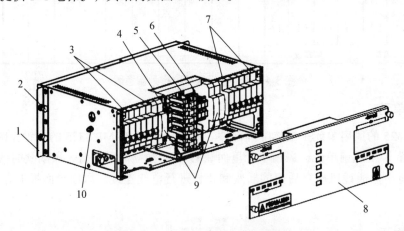

图 3-7　电源分配箱结构示意图

1—安装支耳；2—松不脱螺钉；3—子架主用电源区；4—外部电源输入接线端子（主）；
5—告警灯板（LED）；6—外部电源输入接线端子（备）；7—子架备用电源区；
8—电源分配箱面板；9—避雷器；10—接地端子

3.1.3　ZXMP S325 单板功能

ZXMP S325 系统单板的名称如表 3-1 所示。根据各单板实现的功能不同可分为功能单板、业务处理单板。

表 3-1　ZXMP S325 单板名称对照表

序号	单板代号	单板名称	名称含义
1	MB	背板	Mother Board
2	NCP	网元控制板	Net Control Processor
3	SAIA	A 型系统接口板	System Auxiliary Interface
4	SAIB	B 型系统接口板	System Auxiliary Interface
5	PWRA	−48 V 电源板	Power A
	PWRB	+24 V 电源板	Power B
6	OCS4	STM-4 交叉时钟线路板	Optical Line of STM-4 and Cross-switching and Synchronus-clock
7	OCS16	STM-16 交叉时钟线路板	Optical Line of STM-16 and Cross-switchingand Synchronus-clock
8	LP1x1	1 路 STM-1 线路处理板	Line Processor STM-1
	LP1x2	2 路 STM-1 线路处理板	Line Processor STM-1×2
9	LP4x1	1 路 STM-4 线路处理板	Line Processor STM-4
	LP4x2	2 路 STM-4 线路处理板	Line Processor STM-4×2
10	OL1/4x4	4 路 STM-1/4 光线路板	Optical Line STM-1/4×4
11	OL16x1	1 路 STM-16 光线路板	Optical Line STM-16×1
12	OIS1x1	1 路 STM-1 光接口板	Optical Interface of STM-1
	OIS1x2	2 路 STM-1 光接口板	Optical Interface of STM-1×2
	OIS1x4	4 路 STM-1 光接口板	Optical Interface of STM-1×4
	OIS1x6	6 路 STM-1 光接口板	Optical Interface of STM-1×6
13	OIS4x1	1 路 STM-4 光接口板	Optical Interface of STM-4
	OIS4x2	2 路 STM-4 光接口板	Optical Interface of STM-4×2
14	BIS1	STM-1 接口桥接板	Bridge Interface of STM-1
15	ESS1x2	2 路 STM-1 电接口倒换板	Electrical Switching of STM-1×2
16	EPE1x21（75）	21 路 E1 电处理板	Electrical Processor of E1×21（75 Ω）
	EPE1x21（120）	21 路 E1 电处理板	Electrical Processor of E1×21（120 Ω）
17	EPT1x21（100）	21 路 T1 电处理板	Electrical Processor of T1×21（100 Ω）
18	EPE1B	21 路 E1/T1 电处理板	Electrical Processor of E1/T1×21
19	BIE1x21	21 路 E1/T1 电接口桥接板	Bridge Interface of E1/T1
20	ESE1x21（75）	21 路 E1 电接口倒换板	Electrical Switching of E1×21（75 Ω）
	ESE1x21（120）	21 路 E1/T1 电接口倒换板	Electrical Switching of E1/T1×21（120 Ω/100 Ω）
21	EP3x3	3 路 E3/T3 电处理板	Electrical Processor of E3/T3×3

续表

序号	单板代号	单板名称	名称含义
22	BIE3x3	3 路 E3/T3 电接口桥接板	Bridge Interface of E3/T3×3
23	ESE3x3	3 路 E3/T3 电接口倒换板	Electrical Switching of E3/T3×3
24	SFEx6	智能快速以太网主板	Smart Fast Ethernet Mainboard
25	SED	增强型智能以太网板	Enhanced Smart Ethernet
26	TFEx8	8 路快速以太网透传板	Transparent Fast Ethernet
27	EIFEx4	4 路以太网电接口板	Fast Ethernet Electrical Interface
	EIFEx6	6 路以太网电接口板	Fast Ethernet Electrical Interface
28	BIFE	以太网接口桥接板	Bridge Interface of Fast Ethernet
29	AP1x4	4 路 ATM 处理主板	ATM Processor Mainboard with 4

1. 背板（MB）

ZXMP S325 背板 MB 固定在子架后部，是连接各单板的载体，也是 ZXMP S325 同外部信号的连接界面。背板上分布有业务总线、开销总线、时钟总线、板在位线。背板通过插座联系各单板、设备和外部信号。背板前、后面和子架接触的地方铺设锡带作为地线，使背板和子架间的电气连接更加可靠。ZXMP S325 背板 MB 示意如图 3-8 所示。

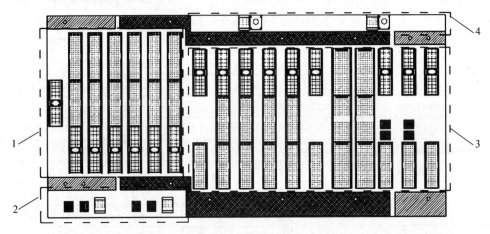

图 3-8　背板示意图

1—功能/业务接口板区；2—电源板区；3—功能/业务板区；4—风扇单元区

如图 3-8 所示，背板分为左上、左下、右上、右下四个部分，左上部分连接功能/业务接口板，左下部分连接电源板，右上部分连接风扇单元，右下部分连接功能/业务板。

2. NCP 单元

NCP 单元为 ZXMP S325 的网元控制单元，由 NCP 板和系统接口板 SAIA/SAIB 板组成。

1）NCP 板

NCP 板是智能型的管理控制处理单元。作为整个系统的网元级监控中心，向上连接子网管理控制中心（SMCC），向下连接各单板管理控制单元（MCU），收发单板监控信息，具备实施处理和通信能力。完成本端的初始配置，接受和分析来自网管控制中心的命令，通过通信口对各单板下发操作指令，同时将各单板上报的消息转发网管，控制本端网元的告警输出和检测外部告警输入，实现各单板复位。

NCP 的软件状态分为 download 状态和 bootrom 状态。拨码开关拨到全"ON"，为 download 状态，用来进行下载应用程序和 NCP 参数配置；拨码开关拨到非全"ON"状态，为 bootrom 状态，用来启动 NCP 应用程序。

NCP 板集成了公务功能，利用 SDH 段开销中的 E1 字节和 E2 字节提供两条互不交叉的话音通道，一条用于再生段（E1），一条用于复用段（E2），实现各个 SDH 网元之间的话音联络。可以实现点对点、点对多点、点对组、点对全线的呼叫和通话。

NCP 板提供的接口有 f 接口，Qx 接口，ECC 接口及 OW 公务电话接口。其中 f 接口是 NCP 板与便携设备的接口；Qx 接口是用于与子网管理中心的通信接口；OW 接口是接公务电话机的。

NCP 板安插在 17 槽位。其面板如图 3-9 所示。

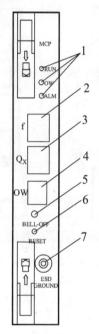

图 3-9　NCP 板面板示意图

1—指示灯（RUN、OW、ALM）；2—f 接口；3—Qx 接口；4—公务电话接口（OW）；
5—截铃开关（BELL-OFF）；6—复位键（RESET）；7—防静电手环插座（ESD GROUND）

NCP 板的面板上有 3 个指示灯，分别为"RUN""OW"和"ALM"。这些指示灯可以反映网元的工作状态。

2）SAIA/SAIB 板

SAIA/SAIB 板是系统接口板，用来实现 NCP 板和 OCS4/OCS16 板对外部的接口功能。该单板为 NCP 板提供告警信息输入/输出接口、告警级联处理和 F1 接口。

NCP 接口单元可以处理外部接口信号到外部告警信号的转换，通过背板送至 NCP 板，反之亦然。处理告警指示信号及级联信号，完成 F1 字节模拟线路接口功能，包括脉冲整形、LOS

告警检测功能。

　　SAIA/SAIB 板时钟接口单元,用于实现 2 路 2.048 Mb/s 或 2.048 MHz 外时钟的输入/输出。SAIA 板提供 75 欧非平衡式时钟接口,SAIB 板提供 120 欧平衡式时钟接口,其余部分均相同。SAIA/SAIB 板接口示意图如图 3-10 所示。

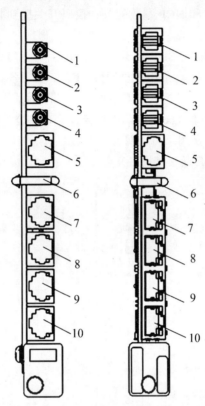

图 3-10　SAIA/SAIB 板示意图

1—IN1；2—OUT1；3—IN2；4—OUT2；5—F1；6—拉手；7—ALM-I；

8—ALM-C；9—ALM-O；10—LED

3. 线路交叉时钟板（OCS4/OCS16）

　　线路交叉时钟板的主要功能是完成线路信号的处理、高低阶交叉、时钟分配等功能。单板可插槽位为 7、8 槽位。

　　1）时钟单元（SC）

　　SC 模块用于实现时钟单元功能,从输入的有效定时源中选择网元的定时参考基准,并将定时基准分配至网元内的其他单元,为 SDH 网元提供时钟信号和系统帧头,同时也提供系统开销总线时钟及帧头。

　　该板支持内时钟、线路时钟和外时钟工作模式,OCS16 板最多可同时配置 10 路线路时钟以及 2 路外时钟,OCS4 板最多同时配置 8 路线路时钟以及 2 路外时钟。该单板根据各频率基准源的告警信息以及时钟同步状态信息（SSM）,进行时钟基准源的保护倒换。

　　系统时钟板实现时钟同步、锁定等功能,有以下 4 种工作模式。

　　（1）快捕方式：指时钟单板选择基准时钟源到锁定基准时钟源的过程。

（2）跟踪方式：指时钟单板已经锁定基准时钟源的工作方式，是正常工作模式之一。

（3）保持方式：当所有的定时基准丢失后，时钟单板进入保持方式，保持方式的保持时间为 24 小时。

（4）自由运行方式：当设备丢失所有的外部定时基准，而且保持方式的时间结束后，时钟单板的内部振荡器工作于自由振荡方式，为系统提供定时基准。

该模块可提供 2 路 2.048 Mb/s 外部参考时钟输出和 2 路 2.048 Mb/s 外部参考时钟输入。外部参考时钟接口由 SAIA/SAIB 板提供。

2）交叉单元（CS）

交叉单元实现高、低阶 VC 的交叉。OCS16 板实现 128×128 VC-4 的高阶交叉和 32×32 VC-4 的低阶交叉功能，系统接入能力为 92×92 VC-4。OCS4 板实现 64×64 VC-4 的高阶交叉和 32×32 VC-4 的低阶交叉功能，系统接入能力为 32×32 VC-4。

交叉单元可实现高低阶通道保护功能，ECC 数据转发功能，时钟和交叉单元的 1+1 备份保护工作以及支持 HP-TCM（高阶通道串联连接监视功能）。

3）光线路单元（OL1/OL4/OL16）

OCS4/OCS16 单板可根据需要配置光线路单板，实现一路光信号的处理，提供一对光接口。该单元可实现 VC-4 到 STM-N 之间的开销处理和净负荷传递，完成 AU-4 指针处理和光电检测等功能，可终结与再生复用段开销、再生段开销，实现网管信息从光线路板到 NCP 板间的转发，实现 ECC 数据转发等功能。

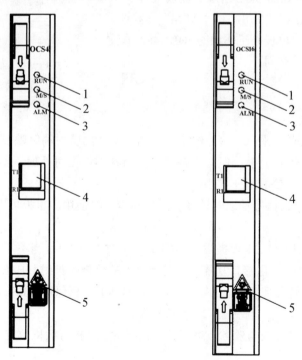

图 3-11　OCS4、OCS16 板面板示意图

1—运行状态指示灯（RUN）；2—时钟状态指示灯（M/S）；3—告警指示灯（ALM）；
4—收发光接口；5—激光警告标识

OCS16/OCS4 板的面板如图 3-11 所示。面板上有 3 个指示灯，分别为"RUN""M/S"和"ALM"。这些指示灯可以反映网元的工作状态。

4. 光线路板（OL1、OL4、OL16）

光线路板对外提供标准的光接口，实现 VC-4 到 STM-1、STM-4、STM-16 之间的开销处理和净负荷传递，完成 AU-4 指针处理和告警检测等功能。该单板终结与再生再生段开销、复用段开销，实现网管信息从光线路板到 NCP 板间的转发，实现 ECC 数据转发。

OL1/4x4 实现 4 路 STM-1 或 STM-4 光信号处理功能，可根据需要配置光接口数量为 1、2、3 或 4。单板有三种工作模式：OL1 模式，光接口速率均为 STM-1；OL4 模式，光接口速率均为 STM-4；OL1/4 模式，光接口速率可设置为 STM-1 或 STM-4。单板可插槽位为槽位 1-6，槽位 11、12。

OL16x1 实现 1 路 STM-16 光信号处理功能。单板可插槽位为槽位 6、11、12。

OL16x1 板的面板如图 3-12 所示。面板上有 3 个指示灯，分别为"RUN""M/S"和"ALM"。这些指示灯可以反映 OL16x1 单板的工作状态。OL1/4x4 单板指示灯与 OL16x1 单板类同。

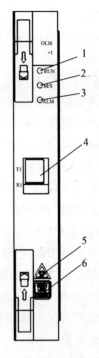

图 3-12　OL16x1 板面板示意图

1—运行状态指示灯（RUN）；
2—工作指示灯（M/S）；
3—告警指示灯（ALM）；
4—收发光口（RX/TX）；
5—激光警告标识；
6—激光等级标识

5. EP1 分系统

1）EPE1x21 单板

EPE1x21 可以完成 21 路 E1 信号经 TUG-2 至 VC-4 的映射和解映射，对本板 E1 支路信号的性能和告警进行分析和上报，但对支路信号的内容不作任何处理。支路信号的对外连接是通过安插在接口板区的 ESE1x21 实现的。

EPE1x21 从 E1 支路信号抽取时钟并供系统同步定时使用。单板可安插槽位有槽位 1~6。

2）ESE1x21 单板

ESE1x21 单板为 EPE1x21 板提供 21 路 E1 或 T1 物理接口。当不需要 $1:N$ 单板保护时，ESE1x21 板仅完成 E1/T1 电接口功能。当需要 $1:N$ 单板保护时，ESE1x21 板可与 BIE1x21 板（保护桥接板）配合实现 E1 电业务的 $1:N$（$N \leqslant 5$）单板保护，ESE1x21 也可与在子架 11 槽位插入的保护板实现 E1 电业务的 $1:6$ 单板保护。

ESE1x21 板是通过背板与业务板进行信号连接的。单板可插槽位有接口板区槽位 L1~L6。

6. EP3 分系统

EP3 分系统实现 PDH E3/T3 电信号的异步映射/解映射的功能，并提供 $1:N$（$N \leqslant 5$）单板保护功能。其中 EP3x3 板是 E3 电信号处理板，ESE3x3 是对应的接口板。

1）EP3x3 板

EP3x3 板兼容 E3 信号（34 Mb/s）或 T3 信号（45 Mb/s），通过设置可以选择支持的支路信号接口。该单板可以完成 3 路 E3/T3 信号经 TUG-3 至 VC-4 的映射和解映射，对本单板 E3/T3 支路信号的性能和告警进行分析和上报，对支路信号的内容不作任何处理。该单板可以完成 2 组 AU 总线之间的 VC-3 等级的通道保护；能读取 AU 总线、E3/T3 端口以及 VC-3 通道的告警和性能并上报网管。支路信号的对外连接是通过安插在接口板区的 ESE3x3 实现的。

EP3x3 面板提供运行状态指示灯（RUN）、主备用指示灯（M/S）和告警指示灯（ALM）。

2）ESE3x3 单板

ESE3x3 单板为 EP3x3 板提供 3 路 E3 或 T3 物理接口。当不需要 1：N 单板保护时，ESE3x3 板仅完成 E3/T3 电接口功能。当需要 1：N 单板保护时，ESE3x3 板可与 BIE3x3 板（保护桥接板）配合实现 E3/T3 电业务的 1：N（$N \leqslant 5$）单板保护。

ESE3x3 板是通过背板与业务板 EP3 进行信号连接的。单板可插槽位有接口板区槽位 L1~L6。

7. EOS 分系统

EOS 分系统提供以太网电（光）接口接入，实现局域网间、局域网和广域网的业务经过 SDH 系统互联功能。

1）SED 板

SED 板实现以太网接口间的交换、映射和解映射功能，以太网用户接口线连接到背板上。该板与接口板配合使用。用户侧最大支持 8 个 FE 和 2 个 GE 以太网用户口，可处理 10 路以太网信号。SED 板面板提供 2 个 GE 接口和 2 个 FE 光接口，其余 6 个 FE 以太网用户口由接口板提供（物理电接口由 EIFEx6 板提供，物理光接口由 OIS1x6 板提供）。GE 接口为 LAN 信号接入接口，支持 SFP 光接口和 SFP 电接口。系统侧提供 16 个 VCG（EOS）端口（最大支持 8 个 AUG 的系统带宽），提供 16：1 汇聚比和 1 Gb/s 的双向吞吐量。支持 VC-12-Xv、VC-3-Xv、VC-4-Xv 三种虚级联映射方式。其中，VC-12-Xv 与 VC-3-Xv 可共存相同的 VC-4 虚容器。单板最大支持 504 个 VC-12、24 个 VC-3 或 8 个 VC-4 组成虚级联组，每个虚级联组可包含 1~63 个 VC-12、1~24 个 VC3 或 1~8 个 VC4。支持 EPL、EVPL、EPLAN、EVPLAN、EPTREE 和 EVPTREE，可以按照业务进行 VLAN 配置操作，支持二层 VLAN 的添加、剥离和修改的操作。支持 Q in Q 的识别，使用最外层 802.1Q 标识作为用户隔离 VLAN 标识，参与学习查找以及环网上业务的隔离。支持基于端口、VLAN ID 和优先级的三种速率限制。支持 1 600 字节的 Jumbo 帧。支持 LCAS 协议。支持端口 Trunk 功能。支持 GFP 封装结构。完成通道开销的读取与插入。

2）EIFEx6 板

EIFEx6 板是以太网接口板，可提供 4/6 路以太网物理电接口，完成以太网电接口的功能。该板还可根据 OCS16 或 OCS4 板送来的控制信号完成对外以太网业务与工作板或者保护板的连接。

在接收侧，单板接收外部输入的以太网电信号，完成电信号的提取，并将处理后的信号经过背板送往业务板处理。在发送侧，单板接收经背板送入的以太网电信号，并将信号输出到外部设备。

EIFEx6 板无面板,其以太网接口采用 RJ45 接口,接口编号由上至下递增。接口支持 10 M/100 M 自适应的以太网端口,符合 IEEE 802.3 规范规定,支持自动协商、全双工、半双工工作模式。

3.2 SDH 网络设备 ZXMP S320 介绍

3.2.1 ZXMP S320 系统总体介绍

ZXMP S320 采用模块化设计,将整个系统划分为不同的单板,每个单板包含特定的功能模块,各个单板通过机箱内的背板总线相互连接。因此可以根据不同的组网需求,选择不同的单板配置来构成满足不同功能要求的网元设备。这样不仅提高了设备配置应用的灵活性,同时也提高了系统的可维护性。

ZXMP S320 设备在实际应用中,根据所能提供的 SDH 光接口最高速率等级不同,可分为两种应用方式:STM-1 级别应用和 STM-4 级别应用。对这两种应用形式,系统的工作原理是一致的,但由于 STM-1 级别应用时采用单独的交叉板提供交叉功能,而 STM-4 级别应用时采用包含在 STM-4 光接口板内的最新高可靠性的交叉矩阵,从而使得在两种级别应用时设备的硬件接口及单板配置有所不同。

1. 信号处理流程

在 ZXMP S320 设备中,PDH 支路接口信号经过接口匹配以及适配、映射后,转换为 VC-4 或 VC-3 SDH 标准净荷信号,在交叉矩阵内完成各个线路方向和各个接口的业务交叉。以太网接口信号经过封包、无阻塞交换,映射为 VC-12 信号,通过虚级联方式映射为 VC-4 净荷总线信号送入交叉矩阵。在群路方向完成开销字节的处理,实现 APS 协议处理、ECC 的提取和插入、公务字节传递等,并可通过开销交叉实现开销字节的传递。时钟信号可以由线路信号提取,也可由外同步接口接入的外时钟源提供,并且支持 2 M 支路时钟作为定时基准,系统时钟的选择由时钟处理单元进行。ZXMP S320 设备信号处理流程与 ZXMP S325 相似,如图 3-1 所示。

2. 工作原理

ZXMP S320 设备的工作原理与 S325 相似,如图 3-2 所示。在 ZXMP S320 设备中,SDH 接口、PDH 接口、Ethernet 接口信号经过各自的接口处理后,转换为 VC-4 或 VC-3 SDH 标准净荷信号。其中,Ethernet 接口信号只可转换为 VC-4 总线信号,在业务交叉单元完成各个线路方向和各个接口的交叉业务。在开销处理单元分离段开销与净荷数据后,将部分开销字节合成一条 HW 总线,与来自辅助接口单元的 HW 总线一起进入开销交叉单元,实现各个方向的开销字节直通、上下和读写。定时处理单元在整个业务流程中将系统时钟分配至各个单元,确保网络设备的同步运行。控制管理单元处理承载网元控制信息的开销字节,经过开销处理单元提取网元运行信息，下发网元控制、配置命令。

ZXMP S320 设备采用后背板+单板插件的实现方式，每种单板上承载如图 3-2 所示的功能单元，各种单板之间通过后背板相互连接，实现多种业务功能。各个功能单元的具体说明及对应单板如下。

1）定时处理单元

定时处理单元由时钟板（SCB）实现，为设备提供系统时钟，实现网络同步。定时处理单元的时钟源可有多种选择：跟踪外部定时基准（BITS），锁定某一方向的线路或支路时钟，在可用参考定时基准发生故障的情况下进入保持或自由振荡模式。定时处理单元可以依据定时基准的状态信息实现定时基准的自动倒换。定时处理单元还能够为其他设备提供标准的参考基准输出。

2）控制管理单元

控制管理单元由网元控制板（NCP）实现，完成网元设备的配置与管理，并通过 ECC 实现网元间消息的收发和传递。控制管理单元提供与后台网管的多种接口，通过此单元可以上报和处理设备的运行、告警信息，下发网管对网元设备的控制、配置命令，实现对传输网络进行集中网管。

3）SDH 接口单元

ZXMP S320 设备的 SDH 接口可实现 STM-1 和 STM-4 两种接口速率，由 SDH 光/电接口板实现。SDH 接口可作为设备的群路或支路接口，完成接口的电/光转换和光/电转换、接收数据和时钟恢复、发送数据成帧。

4）开销处理单元

开销处理单元在 ZXMP S320 设备中主要由各个 SDH 接口板及勤务板（OW）完成。开销处理单元用于分离 SDH 帧结构中的段开销和净荷数据，实现开销插入和提取，并对开销字节进行相应的处理。

5）业务交叉单元

业务交叉单元是 ZXMP S320 设备的核心功能单元，由交叉板（CSB）或全交叉光接口板完成。业务交叉单元完成 AU-4、TU-3、TU-12、TU-11 等业务信号的交叉连接，业务交叉单元是群路接口与支路接口之间业务信号的连接纽带。业务交叉单元还负责倒换处理、通道保护等功能。

6）开销交叉单元

开销交叉单元由 OW 实现，完成段开销中的 E1 字节、E2 字节、F1 字节以及一些未定义的开销字节间的交换功能。通过开销交叉单元，可以将开销字节送入其他段开销继续传输，也可以实现网元的辅助功能。

7）PDH 接口单元

PDH 接口用于实现设备的局内接口，包括 E1、T1、E3、DS3 等 PDH 电接口，由各种支路接口板实现。PDH 接口单元完成电信号的异步映/去射后，将信号送入交叉单元。

8）以太网接口单元

以太网接口实现 10 M/100 M Ethernet 接口，由 4 端口智能快速以太网板（SFE4）实现，实现以太网数据的透明传送以及以太网数据向 SDH 数据的映射。

3.2.2 ZXMP S320 设备组成结构

ZXMP S320 的设计采用了大量的贴片元件和 ASIC 芯片，整个设备结构紧凑，体积小巧，设备安装灵活方便，其机构组成如图 3-13 所示。ZXMP S320 设备由固定有后背板的机箱、插入机箱内的功能单板以及一个可拆卸、可监控的风扇单元组成，单板和风扇组成间设有尾纤托板作为引出尾纤的通道。

ZXMP S320 的 PDH 2 Mbps/1.5 Mbps、34 Mbps/45 Mbps 电支路出线均从设备后背板接口引出，尾纤由光板上的光纤接口引出，也可以经机箱内风扇单元上面的走线区顺延到机箱背板的尾纤过孔引出，数据、音频业务接口在各单板的面板上，设备板的接口分布如图 3-13 所示。

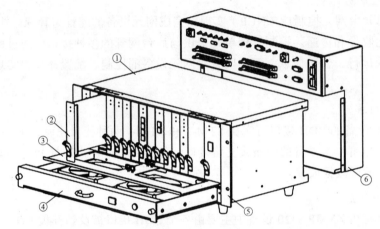

图 3-13　ZXMP S320 设备结构组成示意图

1—机箱；2—单板；3—尾纤托板；4—风扇单元；5—安装支耳；6—前出线组件

3.2.3 单板功能简介

1. 背 板

背板作为 ZXMP S320 设备机箱的后背板，固定在机箱中，是连接各个单板的载体，同时也是 ZXMP S320 设备同外部信号的连接界面。在背板上分布有 38 Mb/s 的数据总线、19 Mb/s 和 38 Mb/s 的时钟信号线、8 kHz 帧信号线、64 kb/s 开销时钟信号线以及板在位线、电源线等，通过遍布背板的插座将各个单板之间、设备和外部信号之间联系起来。

根据映射结构和数据接口不同，MBI 可分为 MBIE 和 MBIA。其中，MBIE 为 ETSI 应用背板，适用于 ETSI 制式的系统；MBIA 为 ANSI 应用背板，适用于 ANSI 制式的系统。

2. 电源板

电源板主要提供各单板的工作电源（即二次电源），一块电源板相当于一个小功率的 DC/DC 变换器，能为 ZXMP S320 设备内的各个单板提供其运行所需的+3.3 V、+5 V、−5 V 和 −48 V 直流电源。为满足不同的供电环境，ZXMP S320 提供了 PWA 和 PWB 两种电源板，分别适用于一次电源为−48 V 和+24 V 的情况。为提高系统供电的可靠性，ZXMP S320 设备支持电源板的热备份工作方式。

3. 网元控制处理板（NCP）

NCP 是一种智能型的管理控制处理单元，内嵌实时多任务操作系统，实现 ITU-T G.783 建议规定的同步设备管理功能和消息通信功能。

NCP 作为整个系统的网元级监控中心，向上连接子网管理控制中心 SMCC，向下连接各单板管理控制单元 MCU，收发单板监控信息，具备实时处理和通信能力。NCP 完成本端网元的初始配置，接收和分析来自 SMCC 的命令，通过通信口对各单板下发相应的操作指令，同时将各单板的上报消息转发网管。NCP 还控制本端网元的告警输出和监测外部告警输入，NCP 可以强制各单板进行复位。

4. 系统时钟板（SCB）

SCB 的主要功能是为 SDH 网元提供符合 ITU-T G.813 规范的时钟信号和系统帧头，同时也提供系统开销总线时钟及帧头，使网络中各节点网元时钟的频率和相位都控制在预先确定的容差范围内，以便使网内的数字流实现正确有效的传输和交换，避免数据因时钟不同步而产生滑动损伤。

5. 公务板（OW）

OW 板利用 SDH 段开销中的 E1 字节和 E2 字节提供两条互不交叉的话音通道，一条用于再生段（E1），一条用于复用段（E2），从而实现各个 SDH 网元之间的语音联络。

6. 增强型交叉板（CSBE）

CSBE 在系统中主要完成信号的交叉调配和保护倒换等功能，实现上下业务及带宽管理。CSBE 位于光线路板和支路板之间，具有 8×8 个 AU-4 容量的空分交叉能力和 1 008×1 008 TU-12/1 344×1 344 TU-11 容量的低阶交叉能力，可以对两个 STM-4 光方向、4 个 STM-1 光方向和一个支路方向的信号进行低阶全交叉，实现 VC-4、VC-3、VC-12、VC-11 级别的交叉连接功能，完成群路到群路、群路到支路、支路到支路的业务调度，并可实现通道和复用段业务的保护倒换功能。

在通道保护配置时，CSBE 可以自行根据支路告警完成倒换，在复用段保护配置时，CSBE 可以根据光线路板传送的倒换控制信号完成倒换。为提高系统的可靠性，ZXMP S320 设备支持 CSBE 板的热备份工作方式。

7. STM-1 光接口板（OIB1）

OIB1 板对外提供 1 路或 2 路的 STM-1 标准光接口，实现 VC-4~STM-1 的开销处理和净负荷传递，完成 AU-4 指针处理和告警检测等功能。

提供一路光接口的 OIB1 表示为 OIB1S，提供两路光接口的 OIB1 表示为 OIB1D，为满足不同的传输距离等工程需求，OIB1 可提供 S-1.1、L-1.1、L-1.2 等多种光接口收发模块。对于一个 OIB1 板的型号描述，需要包含上述信息。例如，OIB1D S-1.1 表示提供两路 S-1.1 标准光接口的 STM-1 光接口板。OIB1 板上的光接口适用的光纤连接器类型为 SC/PC 型。

8. 全交叉 STM-4 光接口板（O4CS）

O4CS 对外提供 1 路或 2 路 STM-4 的光接口，完成 STM-4 光路/电路物理接口转换、时钟恢复与再生、复用解复用、段开销处理、通道开销处理、支路净电荷指针处理以及告警监测等功能。O4CS 具有 8×8 个 AU-4 容量的空分交叉能力和 1 008×1 008 TU-12/1 344×1 344 TU-11 容量的低阶交叉能力，可以对两个 STM-4 光方向、4 个 STM-1 光方向和一个支路方向的信号进行低阶全交叉。O4CS 根据支路告警完成通道倒换功能，根据 APS 协议完成复用段保护功能。O4CS 将本板上两路 STM-4 光接口传送过来的 ECC 开销信号进行处理后复合为一组扩展 ECC 总线传送给 NCP 板。

提供一路光接口的 O4CS 表示为 O4CSS，提供两路光接口的 O4CS 表示为 O4CSD。为满足不同的传输距离等工程需求，O4CS 可提供 I.4、S-4.1、L-4.1、L-4.2 等多种光接口收发模块。对于一个 O4CS 板的型号描述，需要包含上述信息。例如 O4CS S-4.1 表示提供两路 S-4.1 标准光接口的全交叉 STM-4 光接口板。O4CS 板上光接口适用的光纤连接器类型 SC/PC 型。

9. 电支路板（ET1，ET3）

1）ET1 单板

ET1 可以完成 8 路或 16 路 E1 信号（2 Mb/s）经 TUG-2 ~ VC-4 的映射和去映射，支路信号的对外连接通过背板接口区连接相应型号的支路插座板实现。该板从 E1 支路信号抽取时钟并提供系统同步定时使用。可完成对本板 E1 支路信号的性能和告警分析并上报，但对支路信号的内容不作任何处理。配置支路倒换板后，可以实现 ET1 支路板的 $1:N$（$N \leqslant 4$）保护。

据 ET1 每板支路数目和接口阻抗不同，ET1 板提供以下型号供用户选择。ET1-75：提供 16 路 75Ω E1 信号接口；ET 1 -120：提供 16 路 120Ω E1 信号接口；ET 1 -75E：提供 8 路 75Ω E1 信号接口；ET1-120E：提供 8 路 120Ω E1 信号接口。

2）ET3 单板

ET3 单板兼容 E3 信号（34 Mb/s）和 DS3 信号（45 Mb/s），通过支持 E3 或 DS3 支路信号接口，对应于 E3 信号的 ET3 板型号表示为 ET3E，对应于 DS3 信号的 ET3 板型号表示为 ET3D。

ET3 可以完成一路 E3/DS3 信号经 TUG-3 ~ VC-4 的映射和去映射，支路信号的对外连接通过背板接口区连接相应型号的支路插座板来实现。

ET3 完成对本板 E3/DS3 支路信号的性能和告警分析并上报，但对支路信号的内容不作任何处理，在配置支路倒换板 TST 或 TSA 后，可以实现 ET3 支路板的 $1:N$（$N \leqslant 3$）保护。

3.3 任务：链形 SDH 网络的组建

3.3.1 任务描述

A、B、C 和 D4 个站组成二纤链形网，链路速率为 STM-4，各站之间的距离均在 40~80 km 之间，各站业务均采用 SDH 系统进行传输。A 站位中心站，设置为网管监控中心，如图 3-14 所示。

图 3-14　SDH 链形网络结构

业务要求：

采用中兴通讯 ZXMP S325 设备，传输速率为 622.080 Mb/s。

（1）A 站与 B 站有 3 条 E1 业务。

（2）A 站与 C 站有 3 条 E1 业务。

（3）A 站与 D 站有 4 条 E1 业务。

3.3.2　任务分析

1. 各站所需要的业务类型及数量

A 站上下的业务：10 条 E1 业务，其中对 B 站有 3 条 E1 业务，对 C 站有 3 条 E1 业务，对 D 站有 4 条 E1 业务。

B 站上下的业务：对 A 站有 3 条 E1 业务；B 站直通的业务：7 条 E1 业务，其中有 3 条是 A 到 C 的 E1 业务，4 条 A 到 D 的 E1 业务。

C 站上下的业务：对 A 站有 3 条 E1 业务；C 站直通的业务：有 4 条 A 到 D 的 E1 业务。

B 站上下的业务：对 A 站有 4 条 E1 业务。

2. 各站所需要的光接口数量

A、D 为 STM-1 单光方向，各需一个光口，设备可配置成 ADM 或 TM 类型；B，C 为中间网元，各需 2 个光口，可配置成 ADM 类型。

3. 各站设备及单板的选择

由于是链形网络，并且链路的速率为 STM-1，所以各站均可选用 ZXMP S325 设备。

对于 ZXMP S325 设备系统分为必配件和选配件两大类。其中电源板、背板、交叉时钟线路板、网元控制处理板、系统接口板为必配件，业务单板是选配件。

根据各站业务类型和数量，列出各站所需的单板类型及数量，如表 3-2、表 3-3 所示。

表 3-2　各站硬件配置明细表

单板类型及数量	站名			
	A	B	C	D
网元控制板（NCP）	1	1	1	1
电源板（POWERA）	2	2	2	2
公务板（OW）	1	1	1	1
STM-4 交叉时钟线路板（OCS4）	2	2	2	2
系统接口板（SAIA）	1	1	1	1
E1 电业务板（EPE1x21）	1	1	1	1
E1 接口板（ESE1x21）	1	1	1	1

表 3-3 各站网管配置明细表

单板类型及数量	站名			
	A	B	C	D
网元控制板（NCP）	1	1	1	1
公务板（OW）	1	1	1	1
STM-4 交叉时钟线路板（OCS4）	2	2	2	2
E1 电业务板（ET1）	1	1	1	1

3.3.3 任务实施

步骤一：进入 ZXONM-E300 网管软件，输入用户名"root"（root 是具有最高权限的用户，可完成设备所有的操作），密码为空，单击"登录"，进入如图 3-15 所示界面。

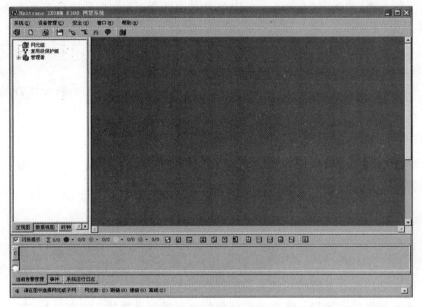

图 3-15 系统界面

步骤二：创建站 A。单击[设备管理]→[创建网元]，弹出创建网元对话框，在出现的界面中按如下信息输入。

网元名称：A

网元标识：1

网元地址：192.1.1.18

系统类型：ZXMP S325

设备类型：ZXMP S325

网元类型：ADM&REG

速率等级：STM-16

网元状态：离线

其余保持默认选项，如图 3-16 所示。

图 3-16 A 站的创建

单击"应用"完成 A 站的创建，此时在 E300 系统软件桌面上会出现一个 ZXMP S325 的小图标，名称为 A。

步骤三：配置 A 站的单板。

双击 A 站小图标，出现设备硬件配置框图界面，如图 3-17 所示。对于中兴 ZXMP S325 设备，配置单板时，网元控制板（NCP）必须是首先进行配置的。

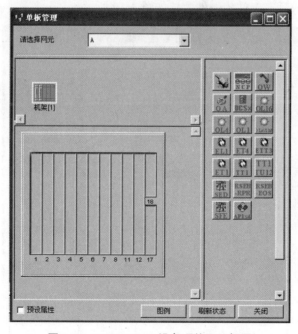

图 3-17 ZXMP S325 设备硬件配置框图

单击图 3-17 右侧单板列表框中的"NCP"板，此时设备框可以插入单板的位置区变成高亮（黄色）。单击高亮槽位，即可完成 NCP 版的配置。

单击图右侧单板列表框中的"OCS"板，此时 7、8 槽位变成高亮（黄色）。单击高亮槽位，完成 OCS4 板的插板。OCS 单板是交叉、时钟、线路单板的集成单板，需要安插各模块。

在槽位 7 右键单击 OCS 单板,选择菜单中"模块管理",弹出"模块管理"对话框,依照插板的方法将 OCS 板上的 CS、SC、OL4 模块安插上,如图 3-18 所示。

图 3-18　OCS 单板模块管理框图

依照上述方法配置 A 站其他单板。

若需要修改所插单板,先拔板再重新插板。具体操作为:单击右侧列表框中手形图标,在需要修改的单板上右键单击鼠标,在下拉菜单中选择"拔板",该槽位即可重新配置单板。

所有单板安装完成后,A 站的硬件配置如图 3-19 所示。

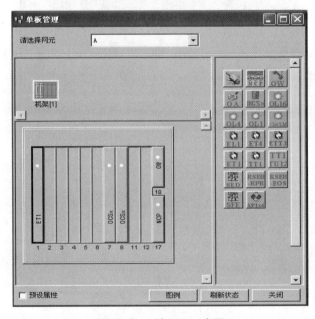

图 3-19　A 站配置示意图

步骤四:创建 B、C、D 站并配置各站单板。

以 B 站为例,单击[设备管理]→[创建网元],在弹出的"创建网元"界面中填入相关内容。注意网元类型为 ZXMP S325,IP 地址为 192.1.2.18,网元 ID 为 2。

双击 B 站小图标,按照前面配置 A 站的方法完成 B 站的单板配置。

　　C、D 站，单站配置与 A、B 两站完全相同，则可直接复制 A 站或者 B 站。以复制 A 站为例讲解其操作过程。单击 A 站，选择菜单[设备管理]→[网元配置]→[复制网元]，弹出复制网元对话框，输入新复制的网元 ID：3-4，如图 3-20 所示，单击"应用"，即复制成功 2 个相同配置的网元。

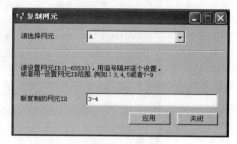

　　此时网管界面上出现了名称为 3 和 4 的 2 个 SDH 设备的小图标，单击鼠标右键选择"网元属性"，将网元名称依次修改为 C、D。

　　步骤五：完成各站之间的光纤连接。

图 3-20　复制网元

　　在连接前，先规划好网络拓扑。本任务可根据如图 3-21 所示进行连接。

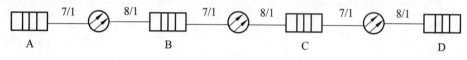

图 3-21　网元间连接拓扑图

　　选中全部网元，单击菜单[设备管理]→[公共管理]→[网元间连接配置]，出现如图 3-22 所示界面。

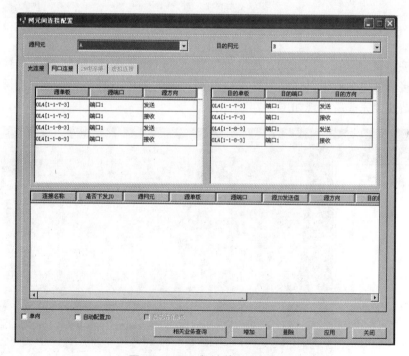

图 3-22　网元间连接配置界面

　　在"网元间连接配置"界面，选取源网元和目的网元，光连接界面即显示源网元及目的网元的可供网元间连接配置的端口，并注明了各自的子架号、槽位号。

　　以连接 A 站和 B 站的连接为例说明其配置过程。在源网元侧选中 A 站 7 号槽位端口 1，在 B 站选中 8 号槽位端口 1，单击"增加"→"应用"，即完成 A 站与 B 站之间的连接。此连接信息即添加到界面中，再单击"应用"保存设置，如图 3-23 所示。

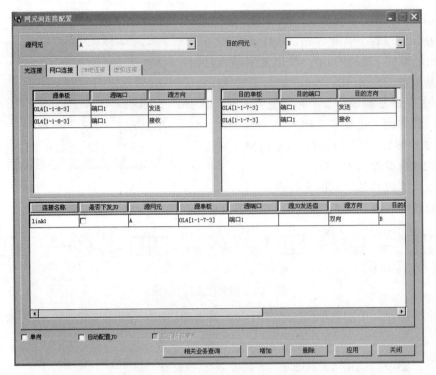

图 3-23　A 站与 B 站之间的连接配置

　　若有连接错误，可在"网元间连接配置"对话框选择错误连接的源网元、目的网元，在下方的已连接信息中选取错误连接，点击"删除"→"应用"，即将错误连接删除掉了。

　　其余各站连接完成后出现如图 3-24 所示界面。

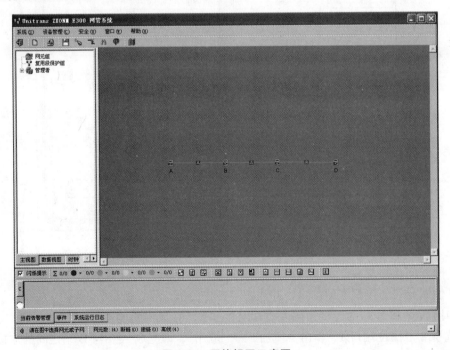

图 3-24　网络组网示意图

3.3.4 任务总结

通过本任务的训练，应掌握以下的知识与技能。

（1）本次任务主要是根据业务需求配置 SDH 设备的硬件并组建链形网络。要正确组网就需要了解 ZXMP S325 设备的硬件结构和工作原理。

（2）网管系统软件包括用户界面（GUI）、管理者（Manager）、数据库（Database）和网元（Agent）四部分。

（3）网元 IP 地址包括有区域号、网元号、和 NCP 单板号三部分。区域号骨干区域使用 192，非骨干区域使用 193~201，统一区域中每一网元对应一个唯一的网元号，NCP 板号必须大于 9，小于 100，建议统一采用 18。

（4）ZXMP S325 单板可分为功能单板和业务处理单板，在配置过程中先安插功能单板，再安插业务处理单板，应能根据具体的业务来确定单板的类型和数量。

3.4 SDH 开销字节功能

3.4.1 SDH 的开销

SDH 强大的管理功能是通过其丰富的开销字节和指针实现的。其开销字节实现了对 SDH 的分层管理，管理层次清晰。

开销是开销字节或比特的统称，是指 STM-N 帧结构中除了承载业务信息（净荷）以外的其他字节。开销用于支持传输网的运行、管理和维护（OAM）。

开销的功能是实现 SDH 的分层监控管理，而 SDH 的 OAM 可分为段层和通道层监控。段层的监控又分为再生段层和复用段层的监控；通道层监控可分为高阶通道层和低阶通道层的监控。由此实现了对 STM-N 分层的监控。

例如对 2.5G 系统的监控，再生段开销对整个 STM-16 帧信号监控，复用段开销则可对其中 16 个 STM-1 的任一个进行监控。高阶通道开销再将其细化成对每个 STM-1 中 VC-4 的监控，低阶通道开销又将对 VC-4 的监控细化为对其中 63 个 VC-12 中的任一个 VC-12 进行监控，由此实现了从对 2.5 Gb/s 级别到 2 Mb/s 级别的多级监控和管理。

3.4.2 SDH 的段开销

1. STM-1 帧的段开销

STM-N 帧的段开销位于帧结构的（1~9）行×（1~9N）列（其中第 4 行为 AU-PTR 除外）。以 STM-1 信号为例来讲述段开销各字节的用途。对于 STM-1 信号，段开销包括位于帧中的（1~3）行×（1~9）列的 RSOH 再生段开销和位于（5~9）行×（1~9）列的 MSOH 复用段开销，如图 3-25 所示。

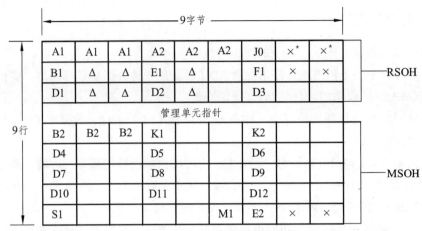

图 3-25　STM-1 段开销字节安排

△为与传输媒质有关的特征字节（暂用）；×为国内使用保留字节；＊为不扰码国内使用字节；
所有未标记字节待将来国际标准确定（与媒质有关的应用，附加国内使用和其他用途）。

1）定帧字节 A1 和 A2

定帧字节的作用是识别帧的起始点，以便接收端能与发送端保持帧同步。接收 SDH 码流的第一步是必须在收到的信号流中正确地选择分离出各个 STM-N 帧，即先定位每个 STM-N 帧的起始位置，然后再在各帧中识别相应的开销和净荷的位置。A1、A2 字节就能起到定帧的作用，通过它，收端可从信息流中定位、分离出 STM-N 帧，再通过指针定位找到帧中的某一个 VC 信息包的位置。

由于 A1、A2 有固定的值，也就是有固定的比特图案，规定 A1=11110110（F6H），A2=00101000（28H）。收端检测信号流中的各个字节，当发现连续出现 3N 个 A1（F6H），又紧跟着出现 3N 个 A2（28H）字节时（在 STM-1 帧中 A1 和 A2 字节各有 3 个），就断定现在开始收到一个 STM-N 帧，收端通过定位每个 STM-N 帧的起点，来区分不同的 STM-N 帧，以达到分离不同帧的目的。

当连续 5 帧以上（625 μs）收不到正确的 A1、A2 字节，即连续 5 帧以上无法判别定帧字节（区分出不同的帧），那么收端即进入帧失步状态，产生帧失步告警（OOF）；若 OOF 持续 3 ms 则进入帧丢失状态，设备产生帧丢失告警（LOF），即向下游方向发送 AIS 信号，整个业务中断。在 LOF 状态下若收端连续 1 ms 以上又收到正确的 A1、A2 字节，那么设备回到正常工作的定帧状态（IF）。

STM-N 信号在线路上传输要经过扰码，主要是便于收端能提取线路定时信号，但为了在收端能正确的定位帧头 A1、A2，不能将 A1、A2 扰码。为兼顾这两种需求，于是 STM-N 信号对段开销第一行的所有字节均不加扰，进行透明传输，STM-N 帧中的其余字节进行扰码后再上线路传输。这样既便于提取 STM-N 信号的定时，又便于收端分离 STM-N 信号。

2）再生段踪迹字节：J0

J0 字节被用来重复地发送段接入点标识符，以便使接收端能据此确认与指定的发送端处于持续连接状态。在同一个运营者的网络内该字节可为任意字符，而在不同两个运营者的网络边界处要使设备收、发两端的 J0 字节相同才能匹配。通过 J0 字节可使运营者提前发现和解决故障，缩短网络恢复时间。

3）数据通信通路（DCC）字节：D1-D12

SDH 的之一特点就是具有自动的 OAM 功能，可通过网管终端对网元进行命令的下发、数据的查询，完成 PDH 系统所无法完成的业务实时调配、告警故障定位、性能在线测试等功能。SDH 中用于 OAM 功能的数据信息下发的命令、查询上来的告警性能数据等，都是通过 STM-N 帧中的 D1~D12 字节传送的。即用于 OAM 功能的所有数据信息都是通过 STM-N 帧中的 D1~D12 字节所提供的 DCC 信道传送的。数据通信通路（DCC）作为嵌入式控制通路（ECC）的物理层，在网元之间传输操作、管理和维护（OAM）信息，构成 SDH 管理网（SMN）的传送通路。其中，D1~D3 字节是再生段数据通路（DCCR），速率为 3×64 kb/s = 192 kb/s，用于再生段终端间传送 OAM 信息；D4~D12 字节是复用段数据通路（DCCM），其速率为 9×64 kb/s=576 kb/s，用于在复用段终端间传送 OAM 信息。DCC 通道速率总共 768 kb/s，它们为 SDH 网络管理提供了强大的专用数据通信通路。

4）公务联络字节：E1 和 E2

E1 和 E2 可分别提供一个 64 kb/s 的公务联络的话音通道，语音信息放于这两个字节中传输。E1 属于 RSOH，用于再生段的公务联络；E2 属于 MSOH，用于复用段终端间直达公务联络。

例：如图 3-26 所示，若仅使用 E1 字节作为公务联络字节，A、B、C、D 网元能否互通公务。

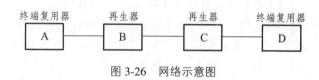

图 3-26　网络示意图

终端复用器的作用是将低速支路信号分/插到 SDH 信号中，所以要处理 RSOH 和 MSOH，因此用 E1、E2 字节均可通公务。再生器作用是信号的再生，只需处理 RSOH，所以用 E1 字节也可通公务。若仅使用 E2 字节作为公务联络字节，那么就仅有 A、D 间可以通公务电话了，因为 B、C 网元不处理 MSOH，也就不会处理 E2 字节。

5）使用者通路字节：F1

F1 提供速率为 64 kb/s 数据/语音通路，保留给使用者（通常指网络提供者）用于特定维护目的的公务联络，或可通 64 kb/s 专用数据。

6）比特间插奇偶校验 8 位编码 BIP-8：B1

B1 字节就是用于再生段层误码监测的（B1 位于再生段开销中第 2 行第 1 列）。监测采用 BIP-8 奇偶校验机理实现。假设某信号帧由 4 个字节 A1=00110011、A2=11001100、A3=10101010、A4=00001111 组成，那么将这个帧进行 BIP-8 奇偶校验的方法是以 8bit 为一个校验单位（1 个字节），将此帧分成 4 组（每字节为一组，因 1 个字节为 8 bit 正好是一个校验单元），按如图 3-27 所示按列对齐。

	A1　00110011
	A2　11001100
BIP-8	A3　10101010
	A4　00001111
	B　　01011010

图 3-27　BIP-8 奇偶校验示意图

依次计算每一列中 1 的个数，若为奇数，则在得数（B）的相应位填 1，否则填 0。也就是 B 的相应位的值使 A1A2A3A4 摆放的块的相应列的 1 的个数为偶数。这种校验方法就是 BIP-8 奇偶校验，实际上是偶校验，因为保证的是 1 的个数为偶数。B 的值就是将 A1A2A3A4 进行 BIP-8 校验所得的结果。

B1 字节的工作机理，在发送端对本帧（第 N 帧）加扰后的所有字节进行 BIP-8 偶校验，将结果放在下一个待扰码帧（第 N+1 帧）中的 B1 字节；接收端将当前待解扰帧（第 N 帧）

的所有比特进行 BIP-8 校验，所得的结果与下一帧（第 N+1 帧）解扰后的 B1 字节的值相异或比较，若这两个值不一致则异或运算有 1 出现，根据出现多少个 1，则可监测出第 N 帧在传输中出现了多少个误码块。若异或运算为 0，则表示该帧无误码。

7）比特间插奇偶校验 N×24 位编码：BIP-N×24

B2 字节的工作机理与 B1 类似，只不过它检测的是复用段层的误码情况。1 个 STM-N 帧中只有 1 个 B1 字节，而 B2 字节是对 STM-N 帧中的每一个 STM-1 帧的传输误码情况进行监测，STM-N 帧中有 N×3 个 B2 字节，每 3 个 B2 对应一个 STM-1 帧。

B2 字节的工作机理，在发端 B2 字节对前一个待扰的 STM-1 帧中除了 RSOH（RSOH 包括在 B1 对整个 STM-N 帧的校验中了）的全部比特进行 BIP-24 计算，结果放于下一帧待扰 STM-1 帧的 B2 字节位置。收端对当前解扰后 STM-1 的除了 RSOH 的全部比特进行 BIP-24 校验，其结果与下一个 STM-1 帧解扰后的 B2 字节相异或，根据异或后出现 1 的个数来判断该 STM-1 在 STM-N 帧中的传输过程中出现了多少个误码帧。在发端写完 B2 字节后，相应的 N 个 STM-1 帧按字节间插复用成 STM-N 信号（有 3N 个 B2），在收端先将 STM-N 信号分解成 N 个 STM-1 信号，再校验这 N 组 B2 字节。

8）复用段远端误码块指示（B2-FEBBE）字节：M1

M1 字节是个对告信息，由接收端回送给发送端。M1 字节用来传送接收端由 B2 所检出的误块数，并在发送端当前性能管理中上报 B2-FEBBE（B2 远端背景误码块），以便发送端据此了解接收端的收信误码情况。

9）自动保护倒换（APS）通路字节：K1、K2（b1~b5）

K1、K2（b1-b5）用作传送自动保护倒换（APS）信息，用于支持设备能在故障时进行自动切换，使网络业务得以自动恢复（自愈），它专门用于复用段自动保护倒换。

K1 和 K2（b1~b5）提供的是网络保护方式，在四纤双向复用段保护链中其基本工作原理：当某工作通路出故障后，下游端会很快检测到故障，并利用上行方向的保护光纤送出 K1 字节，K1 字节包含有故障通路编号。上游端收到 K1 字节后，将本端下行工作通路的光纤桥接到下行保护光纤，同时利用下行方向的保护光纤送出保护字节 K1，K2（b1~b5），其中 K1 字节作为倒换要求，K2（b1~b5）字节作为证实。下游端收到 K2（b1~b5）字节后对通道编号进行确认，并最后完成下行方向工作通路和下行方向保护光纤在本端的桥接，同时按照 K1 字节要求完成上行方向工作通路和上行方向保护光纤在本端的桥接。为了完成双向倒换的要求，下游端经上行方向保护光纤送出 K2（b1~b5）字节。上游端收到 K2（b1~b5）字节后将执行上行方向工作通路和上行方向保护光纤在本端的桥接，从而将两根工作通路光纤几乎同时倒换至两根保护光纤，从而完成了自动保护倒换。

以上处理过程由设备自动完成。

10）复用段远端失效指示（MS-RDI）字节：K2（b6~b8）

K2 字节的 b6~b8 3 个比特用于表示复用段远端告警的反馈信息，由收端（信宿）回送给发端（信源）的反馈信息，它表示收信端检测到接收方向的故障或正收到复用段告警指示信号。也就是说当收端收信劣化，这时回送给发端 MS-RDI 告警信号，以使发端知道收端的状况。

若收到的 K2 的 b6~b8 为 110 码，则表示对端检测到缺陷的告警（MS-RDI）；若收到的 K2 的 b6~b8 为 111，则表示本端收到告警指示信号（MS-AIS），此时要向对端发 MS-RDI 信号，即在发往对端的信号帧 STM-N 的 K2 的 b6~b8 置入 110 值。

11）同步状态字节：S1（b5~b8）

SDH 复用段开销利用 S1 字节的第 5 至第 8 比特表示 ITU-T 的不同时钟质量级别，使设备能据此判定接收的时钟信号的质量，以此决定是否切换时钟源，即切换到较高质量的时钟源上。S1 字节如图 3-28 所示，S1（b5~b8）的值越小，表示相应的时钟质量级别越高。同步状态消息编码列表如表 3-4 所示。

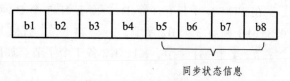

| b1 | b2 | b3 | b4 | b5 | b6 | b7 | b8 |

同步状态信息

图 3-28　S1 字节的内容示意图

表 3-4　同步状态消息编码列表

S1（b5~b8）	SDH 同步质量等级描述	S1（b5~b8）	SDH
0000	同步质量不可知（现存同步网）	1000	G.812 本地局时钟
0001	保留	1001	保留
0010	G.811 时钟信号	1010	保留
0011	保留	1011	同步设备定时源（SETS）
0100	G.812 转接局时钟信号	1100	保留
0101	保留	1101	保留
0110	保留	1110	保留
0111	保留	1111	不应用作同步

12）与传输媒质有关的字节：△

△字节专用于具体传输媒质的特殊功能，例如用单根光纤做双向传输时，可用此字节来实现辨明信号方向的功能。

13）国内保留使用的字节：×

所有未做标记的字节的用途待由将来的国际标准确定。

2. STM-N 的段开销

N 个 STM-1 帧通过字节间插复用成 STM-N 帧，段开销按字节间插复用时各 STM-1 帧的 AU-4 中的所有字节原封不动的按字节间插复用方式复用，段开销的复用并非是简单的交错间插，除段开销中的 A1、A2、B2 字节是按字节交错间插复用进入 STM-4 外，其他开销字节要经过终结处理，再重新插入 STM-4 相应的开销字节中。如图 3-29 所示是 STM-4 帧的段开销结构图。

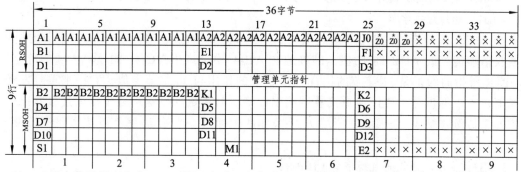

注：×国内使用保留字节；* 不扰码字节；所有未标记字节待将来国际标注确定；与媒质有关的应用，附加国内使用和其他用途

图 3-29　STM-4 段开销字节安排

在 STM-N 中只有 1 个 B1，而有 N×3 个 B2 字节（因为 B2 为 BIP-24 检验的结果，故每个 STM-1 帧有 3 个 B2 字节，3×8=24 位）。STM-N 帧中有 D1~D12 各 1 个字节；E1、E2 各 1 个字节；1 个 M1 字节；K1、K2 各 1 个字节。如图 3-30 所示是 STM-16 的段开销字节安排。

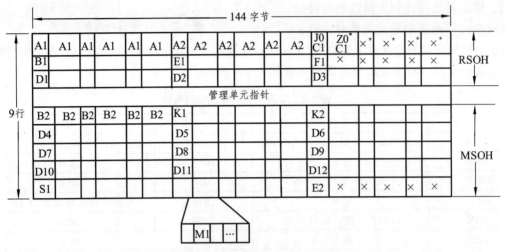

图 3-30 STM-16 段开销字节安排

注：×为国内使用保留字节；* 为不扰码字节；所有未标记字节待将来国际标准确定（与媒质有关的应用，附加国内使用和其他用途）；Z0 待将来国际标准确定

3.4.3 SDH 的通道开销

段开销负责段层的 OAM 功能，而通道开销负责的是通道层的 OAM 功能。这就是 SDH 的分层管理。

通道开销又分为高阶通道开销和低阶通道开销。高阶通道开销是对 VC-4 级别的通道进行监测，可对 140 Mb/s 在 STM-N 帧中的传输情况进行监测；低阶通道开销是完成 VC-12 通道级别的 OAM 功能，也就是监测 2 Mb/s 在 STM-N 帧中的传输性能。

1. 高阶通道开销：HP-POH

高阶通道开销的位置在 VC-4 帧中的第一列，共 9 个字节，如图 3-31 所示。

1）J1：通道踪迹字节

AU-PTR 指针指的是 VC-4 的起点在 AU-4 中的具体位置，即 VC-4 的首字节的位置，以使收信端能据此 AU-PTR 的值，准确地在 AU-4 中分离出 VC-4。J1 是 VC-4 的首字节，AU-PTR 所指向的正是 J1 字节的位置。J1 字节的作用与 J0 字节类似，它用来重复发送高阶通道接入点标识符，使该通道接收端能据此确认与指定的发送端处于持续连接状态（该通道处于持续连接）。要求收发两端 J1 字节相匹配即可。当然 J1 字节可按需要进行设置、更改。

2）B3：高阶通道误码监视字节（BIP-8）

利用 BIP-8 原理，B3 字节负责监测 VC-4 在传输中的误码性能，也就监测 140 Mb/s 的信号在传输中的误码性能。监测机理与 B1、B2 相类似，只不过 B3 是对 VC-4 帧进行

BIP-8 校验。

J1	高阶通道踪迹字节	
B3	高阶通道误码监视BIP-8字节	
C2	高阶通道信号标记字节	
G1	通道状态字节	
F2	高阶通道使用者通路字节	
H4	位置指示字节	
F3	高阶通道使用者通路字节	
K3	自动保护倒换（APS）通路，备用字节	
N1	网络运营者字节	VC-3 或 VC-4

图 3-31 高阶通道开销的结构图

3）C2：信号标记字节

C2 用来指示 VC 帧的复接结构和信息净负荷的性质，例如通道是否已装载、所载业务种类和它们的映射方式。例如 C2=00H 表示这个 VC-4 通道未装载信号，这时要往这个 VC-4 通道的净负荷 TUG-3 中插全"1"码（TU-AIS），设备会出现高阶通道未装载告警：VC4-UNEQ。C2=02H，表示 VC-4 所装载的净负荷是按 TUG 结构的复用路线复用来的，我国的 2 Mb/s 复用进 VC-4 采用的是 TUG 结构。C2=15H 表示 VC-4 的负荷是 FDDI（光纤分布式数据接口）格式的信号。C2 字节表示映射的代码如表 3-5 所示。

表 3-5 C2 字节编码规定列表

C2 的 8 比特编码	16 进制码字	含　义
00000000	00	未装载信号或监控的未装载信号
00000001	01	装载非特定净负荷
00000010	02	TUG 结构
00000011	03	锁定的 TU
00000100	04	34.368 Mb/s 和 44.736 Mb/s 信号异步映射进 C-3
00010010	12	139.264 Mb/s 信号异步映射进 C-4
00010011	13	ATM 映射
00010100	14	MAN（DQDB）映射
00010101	15	FDDI
11111110	FE	0.181 测试信号映射
11111111	FF	VC-AIS（仅用于串接）

4）G1：通道状态字节

G1 用来将通道终端状态和性能情况回送给 VC-4 通道源设备，从而允许在通道的任一端或通道中任一点对整个双向通道的状态和性能进行监视。G1 字节实际上传送对告信息，即由收端发往发端的回传信息，使发端能据此了解收端接收相应 VC-4 通道信号的情况。G1 字节各比特安排如图 3-32 所示。

1	2	3	4	5	6	7	8
	远端误码块 REI			远端告警 RDI	保留		备用

图 3-32　G1 字节各比特安排

b1~b4 回传给发端由 B3（BIP-8）检测出的 VC-4 通道的误块数，也就是 B3-FEBBE。当收端收到 AIS、误码超限、J1 或 C2 失配时，由 G1 字节的第 5 比特回送发端一个 VC4-RDI（高阶通道远端缺陷指示），使发端了解收端接收相应 VC-4 的状态，以便及时发现和定位故障。

G1 字节的 b6 和 b7 比特留作选用比特。如果不用，应将其置为"00"或"11"；如果使用，由产生 G1 字节的路径源段自行处理，建议采用如表 3-6 所示的代码和解释。

表 3-6　G1（b5~b7）代码和解释

b5 b6 b7	意义	引发条件
000	无远端缺陷	无缺陷
001	无远端缺陷	无缺陷
010	远端净荷缺陷	LCD（注 1）
011	无远端缺陷	无缺陷
100	远端缺陷	AIS，LOP，TIM，UNEQ（或 PLM，LCD）（注 2）
101	远端服务器缺陷	AIS，LOP（注 3）
110	远端连接缺陷	TIM，UNEQ
111	远端缺陷	AIS，LOP，TIM，UNEQ（或 PLM，LCD）（注 2）

注：1. LCD 是目前唯一定义的净荷缺陷，仅用于 ATM 设备。

2. 按旧建议的设备可以用 LCD 或 PLM 作引发条件。

3. 远端服务器缺陷由 ITU-T G.783 建议的服务器信号失效规定。

表中缩语的含义：

AIS 告警指示信号　　　　　　LCD 信元图案丢失　　　　　　LOP 指针丢失

PLM 净荷失配　　　　　　　TIM 路径识别失配　　　　　　UNEQ 未装载信号

5）F2、F3：使用者通路字节

这两个字节提供通道单元间的公务通信（与净负荷有关），目前很少使用。

6）H4：TU 位置指示字节

H4 字节指示有效负荷的复帧类别和净负荷的位置。例如作为 TU-12 复帧指示字节或 ATM 净负荷进入一个 VC-4 时的信元边界指示器。只有当 PDH 的 2Mb/s 信号复用进 VC-4 时，H4 字节才有意义。因为 2Mb/s 的信号装进 C-12 时是以 4 个基帧组成一个复帧的形式装入的，那么在收端为了准确定位分离出 E1 信号就必须知道当前的基帧是复帧中的第几个基帧。H4 字节就是指示当前的 TU-12（VC-12/C-12）是当前复帧的第几个基帧，起着位置指示的作用。H4 字节的范围是 01H~04H，若在收端收到的 H4 不在此范围内，则收端会产生一个 TU12-LOM（支路单元复帧丢失告警）。

7）K3：自动保护倒换通道

K3 字节的 b1~b4 用于传送高阶通道保护倒换（APS）指令。

8）N1：网络运营者字节

用于高阶通道的串联连接监视（TCM）功能。

2. 低阶通道开销

低阶通道开销这里指的是 VC-12 中的通道开销，当然它监控的是 VC-12 通道级别的传输性能，也就是监控 2Mb/s 的 PDH 信号随 STM-N 帧传输的情况。

如图 3-33 所示显示了一个 VC-12 的复帧结构，由 4 个 VC-12 基帧组成，低阶 POH 就位于每个 VC-12 基帧的首字节，一组低阶通道开销共有 4 个字节：V5、J2、N2、K4。

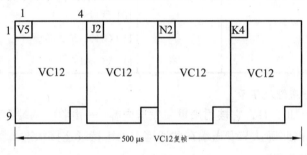

图 3-33 低阶通道开销结构

1）V5：通道状态和信号标记字节

V5 是 TU-12 复帧的第一个字节，TU-PTR 指示的是 VC-12 复帧的起点在 TU-12 复帧中的具体位置，也就是 V5 字节在 TU-12 复帧中的具体位置。V5 具有误码检测、信号标记和 VC-12 通道状态显示等功能，因此 V5 字节具有高阶通道开销 G1 和 C2 两个字节类似的功能。V5 字节的结构如表 3-7 所示。

若收端通过 BIP-2 检测到误码块，在本端性能事件由 V5-BBE（V5 背景误码块）中显示由 BIP-2 检测出的误块数。同时由 V5 的 b3 回送给发端 V5-FEBBE（V5 远端误块指示），这时可在发端的性能事件 V5-FEBBE 中显示相应的误块数。V5 的 b8 是 VC-12 通道远端失效指示，当收端收到 TU-12 的 AIS 信号，或信号失效条件时，回送给发端 VC12-RDI（低阶通道远端缺陷指示）信号。

当失效条件持续期超过了传输系统保护机制设定的门限时，缺陷转变为故障，这时发端通过 V5 的 b4 回送给发端 VC12-RFI（低阶通道远端故障指示）信号，表示发端接收端相应 VC-12 通道的接收出现故障。

b5~b7 提供信号标记功能，只要收到的值不是全 0 就表示 VC-12 通道已装载，即 VC-12 容器不是空载。若 b5~b7 为 000，表示 VC-12 未装载。这时收端设备出现 VC12-UNEQ（低阶通道未装载）告警，注意此时下插全"0"码（不是全"1"码 AIS）。若收发两端 V5 的 b5~b7 不匹配，则接收端出现 VC12-SLM（低阶通道信号标记失配）告警。

表 3-7　VC-12 POH（V5）的结构

误码监测（BIP-2）		误码监测（BIP-2）	远端失效指示（RFI）	信号标记（Signal Lable）			远端缺陷指示（RDI）
1	2	3	4	5	6	7	8
误码监测：传送比特间插奇偶校验码 BIP-2：第一个比特的设置应使上一个 VC-12 复帧内所有字节的全部奇数比特的奇偶校验为偶数。第二比特的设置应使全部偶数比特的奇偶校验为偶数		远端误块指示：BIP-2 检测到误码块就向 VC-12 通道源发 1，无误码则发 0。	远端失效指示有故障发 1无故障发 0	信号标记：表示净负荷装载情况和映射方式。3 比特共 8 个二进值：000 未装载 VC 通道001 已装载 VC-12 通道，但未规定有效负载010 异步浮动映射011 比特同步浮动100 字节同步浮动101 预留110 O.181 测试信号111 VC-AIS			远端缺陷指示（相当于以前的 FERF）：接收失效则发 1；接收成功则发 0

2）J2：VC-12 通道踪迹字节

J2 的作用类似于 J0、J1，它被用来重复发送内容——由收发两端商定的低阶通道接入点标识符，使接收端能据此确认与发送端在此通道上处于持续连接状态。

3）N2：网络运营者字节

用于低阶通道的串联连接监视（TCM）功能。

4）K4：自动保护倒换通道

b1~b4 比特用于通道保护，b5~b7 比特是增强型低阶通道远端缺陷指示，b8 比特为备用，如表 3-8 所示。

表 3-8　K4（b5-b7）代码和解释

b5b6b7	意义	引发条件
000	无远端缺陷（注）	无缺陷
001	无远端缺陷	无缺陷
010	远端净荷缺陷	LCP，PLM
011	无远端缺陷（注）	无缺陷
100	远端缺陷（注）	AIS，LOP，TIM，UNEQ（或 SLM）
101	远端服务器缺陷	AIS，LOP
110	远端连接缺陷	TIM，UNEQ
111	远端缺陷（注）	AIS，LOP，TIM，UNEQ（或 SLM）

3.5　任务：环形 SDH 网络的组建

3.5.1　任务描述

某市光传输网络如图 3-34 所示。站 A、B、C、D 构成二纤环形传输网，速率为 STM-4；站 D、E 构成二纤链形光传输线路，速率为 STM-1。

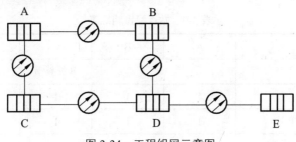

图 3-34　工程组网示意图

业务要求如下：

A 站为中心站。

A 站与 B 站需要传输以太网业务（透明传输）加 50 路电话。

A 站与 C 站需要通过 E3 接口传输一路图像数据，以及 80 路电话。

D 站是该区域移动网基站控制中心 BSC 所在地，与 A 站有 10 条 E1 业务，与 E 站的 BTS 之间通过 4 条 E1 进行连接，考虑到网络以后的发展，要求 E、D 两站之间亦能通过以太网相连，故配置了一块以太网单板为以后升级用。

3.5.2　任务分析

A、B、C、D 4 个站组成二纤环网，链路速率为 STM-4，各站之间的距离均在 45~80 km 之间，各站业务均采用 SDH 系统进行传输。D 站和 E 站是 STM-1 二纤链形网，本次认为暂不考虑网络和业务的保护方式，A 站为中心站，设置为网元头、时钟和网管监控中心。

1. 各站点业务分析

1）各站所需要的业务类型及数量

A 站上下的业务：电话 130 路，采用 64 kb/s 的 PCM 编码。其中对 B 站 50 路，需要 2 个 2 Mb/s 接口；对 C 站 80 路，需要 3 个 2 Mb/s 接口；与 D 站有 10 条 E1 进行连接；共计 15 条 2 Mb/s 接口；以太网业务 1 路。

B 站上下的业务：电话 50 路，采用 64 kb/s 的 PCM 编码，需要 2 个 2 Mb/s 接口；与 A 站通信的以太网业务 1 路。

C 站上下的业务：电话 80 路，采用 64 kb/s 的 PCM 编码，需要 3 个 2 Mb/s 接口；与 A 站进行图像数据传输 1 路，需要 1 个 E3 接口。

D 站上下的业务：与 E 站通信需要 4 个 E1，与 A 站有 10 条 E1 进行连接，共计 14 条 E1；为方便日后升级，配置一条以太网数据接口。

E 站上下的业务：与 D 站通信需要 4 个 2 Mb/s 接口；为方便日后升级，配置一条以太网数据接口。

2）各站所需要的光接口数量

A、B、C、D 4 个站构成一个环网，每个站至少有 2 个光方向，所以网元类型均为 ADM。

2. 各站设备及单板的选择

5 个站均选用 ZXMP S325 设备。各站单板类型配置及单板数量如表 3-9 所示。

表 3-9　站点配置明细表

站点	A	B	C	D	E
单板类型	单板数量				
电源板（B）	1	1	1	1	1
网元控制板（NCP）	1	1	1	1	1
交叉时钟线路板（OCS4）	2	2	2	2	2
以太网板（SED）	—	1	—	1	1
2 Mb/s 电业务板（EPE1x21）	1	1	1	1	1
34 Mb/s 电业务板（ET3）	1	—	1	—	—
光线路板（OL1）	—	—	—	1	—

其中，E 站的 OCS4 单板配置的光线路信号处理模块为 OL1。

3.5.3　任务实施

第一步：打开 ZXONM E300 网管软件，输入用户名"root"，密码为空，单击"登录"出现 E300 客户端界面。

第二步：创建站 A。单击[设备管理]→[创建网元]，或单击工具条中"新建"按钮，弹出创建网元对话框。在"网元属性"对话框中输入以下信息。

网元名称：A

网元标识：1

网元地址：192.1.1.18

系统类型：ZXMP S325

设备类型：ZXMP S325

网元类型：ADM

速率等级：STM-16

网元状态：离线

第三步：配置 A 站的单板。

双击 A 站小图标，出现设备硬件配置框。一次按照顺序配置单板。

第四步：创建 BCDE 站并配置各站单板。

按照网元信息如表 3-10 所示创建网元。

表 3-10　网元信息表

参数	网元 A	网元 B	网元 C	网元 D	网元 E
网元名称	A	B	C	D	E
网元标识	1	2	3	4	5
网元地址	192.1.1.18	192.1.2.18	192.1.3.18	192.1.4.18	192.1.5.18
子网掩码	255.255.255.0	255.255.255.0	255.255.255.0	255.255.255.0	255.255.255.0
系统类型	ZXMP S325	ZXMP S325	ZXMP S325	ZXMP S325	ZXMP S325
设备类型	ZXMP S325	ZXMP S325	ZXMP S325	ZXMP S325	ZXMP S325
网元类型	ADM&REG	ADM&REG	ADM&REG	ADM&REG	ADM&REG
速率等级	STM-4	STM-4	STM-4	STM-4	STM-4
在线/离线	离线	离线	离线	离线	离线
自动建链	自动建链	自动建链	自动建链	自动建链	自动建链
配置子架	主子架	主子架	主子架	主子架	主子架

第五步：完成各站之间的光纤连接。

按照如表 3-11 所示的配置建立网元间的光纤连接。

表 3-11　连接配置表

序号	始端	终端	连接类型
1	网元 A 7# OCS4 板端口 1	网元 C 8# OCS4 板端口 1	双向光连接
2	网元 C 7# OCS4 板端口 1	网元 D 8# OCS4 板端口 1	双向光连接
3	网元 D 7# OCS4 板端口 1	网元 B 8# OCS4 板端口 1	双向光连接
4	网元 B 7# OCS4 板端口 1	网元 A 8# OCS4 板端口 1	双向光连接
5	网元 D 6# OL1 板端口 1	网元 E 7# OCS4 板端口 1	双向光连接

3.5.4　任务总结

通过本项目任务的学习，掌握以下的知识技能。

（1）掌握 SDH 设备的分层功能以及开销的作用，对今后理解 SDH 的工作过程及 SDH 传输设备的告警故障处理会有很大的帮助。

（2）通过本任务，可使用网管软件创建一个环带链形或者更为复杂的网络，根据实际业务需要，通过分析配置单板，确定单板类型及数量。

思考与拓展

（1）ZXMP S325 设备可以配置成哪几种网元。

（2）简要说明 ZXMP S325/ZXMP S320 各单板的作用。

（3）简要说明 SDH 各段开销字节功能。

（4）说明 SDH 的开销字节的分层管理功能。

（5）创建如图 3-35 所示链带链传输网络。

业务要求：

B 站位主站，A、C、D 为远端站（业务均到 A 站汇接），采用中兴通讯 ZXMP S325 设备，传输速率为 622.080 Mb/s。

B 站与 A 站有 5 条 E1 业务。

B 站与 C 站有 2 条 E3 业务。

B 站与 D 站有 3 条 E3 业务。

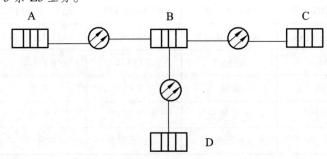

图 3-35　题 5 网络连接示意图

（6）某光传输网络如图 3-36 所示。站点 A、B、C、D 构成二纤环形光传输网，速率为 STM-1；站点 E、F、G、H 构成二纤环形光传输网，速率为 STM-4。C、F 是 STM-4 二纤链。站点所使用的设备均为 S325 设备。请根据业务要求，完成各网元的硬件配置及组网。

业务要求如下：

A<->C：2 个 2 Mb/s 业务。

E<->G：2 个 2 Mb/s 业务。

A<->H：1 个 34 Mb/s 业务。

A<->F：5 个 2 Mb/s 业务。

D<->F：5 个 2 Mb/s 业务。

D<->G：1 个 34 Mb/s 业务。

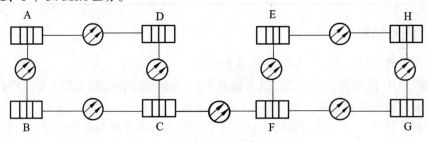

图 3-36　题 6 网络连接示意图

第 4 章　SDH 的复用技术、MSTP 技术、同步网技术及业务配置

【内容概述】

本章介绍 2 M、34 M、140 M 信号复用为 STM-N 的复用过程，具体包括 SDH 的映射、定位、复用技术。讲解 MSTP 多业务传送平台的关键技术——封装技术、级联技术、链路容量调整机制。在此基础上给出典型任务——电路业务配置、数据业务配置方法。讲解同步网以及 SDH 的同步方法，并辅以时钟配置任务对 SDH 网元同步方式配置进行了实践演示。

【学习目标】

通过本次任务，读者可以了解 SDH 映射、定位、复用的基础知识；掌握低速信号复用成高速 SDH 信号的方法和封装过程；掌握电路业务的配置方法，并能够利用网络管理软件检查电路业务配置是否正确；了解同步网，掌握 SDH 网元时钟源的规划及配置方法。

【知识要点】

（1）SDH 映射、定位、复用的概念。
（2）E4、E3、E1 信号到 STM-N 的封装过程。
（3）电路业务的配置方法。
（4）MSTP 的封装技术、级联技术、LCAS 技术。
（5）以太网业务的配置方法。
（6）同步网及 SDH 的同步方式。
（7）网元时钟源的配置。

4.1　映射、定位与复用

4.1.1　SDH 映射、定位和复用的概念

1. 映　射

映射（Mapping）是一种在 SDH 网络边界处（例如 SDH/PDH 边界处），将支路信号适配进虚容器的过程。例如，将各种速率（140 Mb/s、34 Mb/s、2 Mb/s 和 45 Mb/s）PDH 支路信

号先经过码速调整，分别装入到各自相应的标准容器 C 中，再加上相应的通道开销，形成各自相应的虚容器 VC 的过程，称为映射。映射的逆过程称为去映射或解映射。

为了适应各种不同的网络应用情况，有异步、比特同步、字节同步三种映射方法与浮动 VC 和锁定 TU 两种映射模式。

1）异步映射

异步映射是一种对映射信号的结构无任何限制（信号有无帧结构均可），也无需与网络同步（例如 PDH 信号与 SDH 网不完全同步），利用码速调整将信号适配进 VC 的映射方法。在映射时通过比特塞入形成与 SDH 网络同步的 VC 信息包；在解映射时，去除这些塞入比特，恢复出原信号的速率，也就是恢复出原信号的定时。因此说低速信号在 SDH 网中传输有定时透明性，即在 SDH 网边界处收发两端的此信号速率相一致（定时信号相一致）。此种映射方法可从高速信号（STM-N）中直接分/插出一定速率级别的低速信号（如 2 Mb/s、34 Mb/s、140 Mb/s）。因为映射的最基本的不可分割单位是这些低速支路信号，所以分/插出来的低速信号的最低级别也就是相应的这些速率级别的支路信号。目前我国实际应用情况是：2 Mb/s 和 34 Mb/s PDH 支路信号都采用正/零/负码速调整的异步映射方法；45M 和 140 Mb/s 则都采用正码速调整的异步映射方法。

2）比特同步映射

比特同步映射对支路信号的结构无任何限制，但要求低速支路信号与网同步，无需通过码速调整即可将低速支路信号装入相应的 VC。注意：VC 时刻都是与网同步的。原则上讲此种映射方法可从高速信号中直接分/插出任意速率的低速信号，因为在 STM-N 信号中可精确定位到 VC。由于此种映射是以比特为单位的同步映射，那么在 VC 中可以精确的定位到所需要分/插的低速信号具体的那一个比特的位置上。这样理论上就可以分/插出所需的那些比特，由此根据所需分/插的比特不同，可上/下不同速率的低速支路信号。异步映射能将低速支路信号定位到 VC 一级就不能再深入细化的定位了，所以拆包后只能分出与 VC 相应速率级别的低速支路信号。比特同步映射类似于将以比特为单位的低速信号（与网同步）复用进 VC 中，在 VC 中每个比特的位置是可预见的。目前我国未采用比特同步映射方法。

3）字节同步映射

字节同步映射是一种要求映射信号具有字节为单位的块状帧结构，并与网同步，无需任何速率调整即可将信息字节装入 VC 内规定位置的映射方式。在这种情况下，信号的每一个字节在 VC 中的位置是可预见的（有规律性），也就相当于将信号按字节间插方式复用进 VC 中，那么从 STM-N 中可直接下 VC，而在 VC 中由于各字节位置的可预见性，于是可直接提取指定的字节出来。所以，此种映射方式就可以直接从 STM-N 信号中上/下 64 kb/s 或 N×64 kb/s 的低速支路信号。

目前我国只在少数将 64 kb/s 交换功能也设置在 SDH 设备中时，2M kb/s 信号才采用锁定模式的字节同步映射方法。

2. 定 位

定位（Alignment）是一种当支路单元或管理单元适配到它的支持层帧结构时，将帧偏移量收进支路单元或管理单元的过程。它依靠 TU-PTR 或 AU-PTR 功能来实现。定位校准总是伴随指针调整事件同步进行的。

3. 复用

复用（Multiplex）是一种使多个低阶通道层的信号适配进高阶通道层（如 TU-12（×3）→TUG-2（×7）→TUG-3（×3）→VC-4），或把多个高阶通道层信号适配进复用段层的过程（如 AU-4（×1）→AUG（×N）→STM-N）。复用的基本方法是将低阶信号按字节间插后再加上一些塞入比特和规定的开销形成高阶信号，这就是 SDH 的复用。在 SDH 映射复用结构中，各级的信号都取了特定的名称，例如像 TU-12、TUG-2、VC-4 和 AU-4 等。复用的逆过程称为解复用。

4.1.2　映射

1. E4 信号到 STM-N 的封装过程

我国的光同步传输网技术规定了以 2 Mb/s 信号为基础的 PDH 系列作为 SDH 的有效负荷，选用 AU-4 的复用路线，下面分别讲述 140 Mb/s、34 Mb/s 以及 2 Mb/s 的 PDH 信号的复用过程。

（1）140 Mb/s 的 PDH 信号经过正码速调整（比特塞入法）适配进 C-4，C-4 是用来装载 140 Mb/s 的 PDH 信号的标准信息结构。经 SDH 复用的各种速率的业务信号都应首先通过码速调整适配装进一个与信号速率级别相对应的标准容器：2 Mb/s—C-12、34 Mb/s—C-3、140 Mb/s—C-4。容器的主要作用就是进行速率调整。140 Mb/s 的信号装入 C-4 也就相当于将其打了个包封，使 139.264 Mb/s 信号的速率调整为标准的 C-4 速率。C-4 的帧结构是以字节为单位的块状帧，帧频是 8 000 帧/秒，也就是说经过速率适配，139.264 Mb/s 的信号在适配成 C-4 信号后就已经与 SDH 传输网同步了。这个过程也就是将异步的 139.264 Mb/s 信号装入 C-4。C-4 的帧结构如图 4-1 所示。

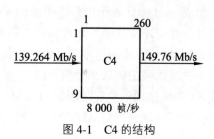

图 4-1　C4 的结构

C-4 信号的帧有 260 列×9 行（PDH 信号在复用进 STM-N 中时，其块状帧总是保持是 9 行），那么 E4 信号适配速率后的信号速率（也就是 C-4 信号的速率）为：

$$8\ 000\ \text{帧/秒} \times 9\ \text{行} \times 260\ \text{列} \times 8\ \text{bit} = 149.760\ \text{Mb/s}$$

所谓对异步信号进行速率适配，其实际含义就是指当异步信号的速率在一定范围内变动时，通过码速调整可将其速率转换为标准速率。在这里，E4 信号的速率范围是 139.264 Mb/s±15 ppm（G.703 规范标准）=（139.261~139.266）Mb/s，那么通过速率适配可将这个速率范围的 E4 信号，调整成标准的 C-4 速率 149.760 Mb/s，也就是说能够装入 C-4 容器。

（2）为了能够对 140 Mb/s 的通道信号进行监控，在复用过程中要在 C-4 的块状帧前加上一列通道开销字节（高阶通道开销 VC-4 POH），此时信号构成 VC-4 信息结构，如图 4-2 所示。VC-4 是与 140 Mb/s PDH 信号相对应的标准虚容器，此过程相当于对 C-4 信号再次封装，将对通道进行监控管理的开销（POH）添加上，以实现对通道信号的实时监控和管理。

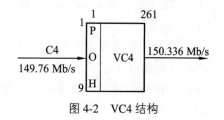

图 4-2　VC4 结构

虚容器（VC）的包封速率也是与 SDH 网络同步的，不同级别的 VC（例如与 2 Mb/s 相对应的 VC-12、与 34 Mb/s 相对应的 VC-3）是相互同步的，而虚容器内部却允许装载来自不同容器的异步净负荷。VC 这种信息结构在 SDH 网络传输中保持其完整性不变，也就是可将其看成独立的单位（信息包），十分灵活和方便地在通道中任一点插入或分出，或进行同步复用和交叉连接处理。

其实，从高速信号中直接定位上/下的是相应信号的 VC 这个信息包，然后通过打包/拆包来上/下低速支路（PDH）信号。

在将 C-4 打包成 VC-4 时，要加入 9 个开销字节，它们位于 VC-4 帧的第一列，这时 VC-4 的帧结构为 9 行×261 列。STM-N 的帧结构中，信息净负荷为 9 行×261×N 列，当为 STM-1 时，即为 9 行×261 列，VC-4 其实就是 STM-1 帧的信息净负荷。将 PDH 信号经打包形成 C（容器），再加上相应的通道开销而形成 VC（虚容器）这种信息结构，整个这个过程即是"映射"。

（3）信息被"映射"进入 VC 之后，便可装载进 STM-N。装载的位置是其信息净负荷区。在装载 VC 时，当被装载的 VC-4 速率和装载它的载体 STM-1 帧的速率不一致时，就会使 VC-4 在 STM-1 帧净荷区内的位置"浮动"，SDH 采用在 VC-4 前附加一个管理单元指针（AU-PTR）指示 VC-4 首字节的位置。信号包由 VC-4 变成了管理单元 AU-4 这种信息结构，如图 4-3 所示。

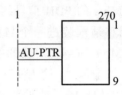

图 4-3　AU-4 结构

AU-4 帧结构与 STM-1 帧结构相比，缺少了段开销（SOH）。AU-4 再加上段开销就形成 STM-1 帧结构。管理单元（AU）为高阶通道层和复用段层提供适配功能，它由高阶 VC 和 AU 指针组成。AU 指针的作用是指明高阶 VC 在 STM-N 帧中的位置。通过指针的定位功能，允许高阶 VC 在 STM-N 帧内浮动，即允许 VC-4 和 AU-4 有一定的频差和相差，VC-4 的速率和 AU-4 装载速率不需要严格同步，允许一定差异。这种差异性不会影响收端正确的辨认和分离 VC-4。尽管 VC-4 在信息净负荷区内"浮动"，但是 AU-PTR 本身在 STM-N 帧内的位置是固定的，AU-PTR 不在净负荷区，而是在段开销的中间。这就保证了接收端能准确地找到 AU-PTR，通过 AU 指针定位 VC-4 的位置，从 STM-N 帧信号中分离出 VC-4。一个或多个在 STM-N 帧内占用固定位置的 AU-4 组成 1 个 AUG（管理单元组）。

（4）将 AU-4 加上相应的再生段 RSOH 和复用段开销 MSOH，构成 STM-1 帧信号。N 个 STM-1 信号通过字节间插复用形成 STM-N 帧信号。

2. 34 Mb/s 复用进 STM-N 信号

（1）PDH 的 34 Mb/s 的支路信号先经过码速调整将其适配到标准容器 C-3 中，然后加上相应的通道开销，形成 VC-3，此时的帧结构是 9 行×85 列。为了便于接收端辨认 VC-3，以便能将它从高速信号中直接拆离出来，在 VC-3 的帧前面加了 3 个字节（H1~H3）的指针——TU-PTR（支路单元指针）。注意 AU-PTR 是 9 个字节，而 TU-3 的指针仅占 H1、H2、H3 三个字节。

此时的信息结构是支路单元 TU-3（与 VC-3 相应的信息结构），它提供低阶通道层（例如 VC3）和高阶通道层之间的桥梁，也就是说，它是高阶通道（高阶 VC）拆分成低阶通道（低阶 VC），或低阶通道复用成高阶通道的中间过渡信息结构。支路单元指针 TU-PTR 用以指示低阶 VC 的首字节在支路单元 TU 中的具体位置。这与 AU-PTR 的作用很相似，AU-PTR 是指示 VC-4 起点在 STM-N 帧中的具体位置。实际上二者的工作机理是一样的。TU-3 的帧结构如图 4-4 所示。

（2）图 4-4 中的 TU-3 的帧结构有残缺，应将其缺口补齐。将其第 1 列中 H1~H3 下的 6 个字节都是用填充字节（R）补齐，即形成如图 4-5 所示的帧结构，它就是 TUG-3——支路单元组。

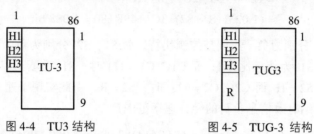

图 4-4 TU3 结构　　　　　　图 4-5 TUG-3 结构

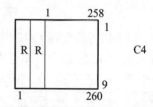

图 4-6 TUG-3 复用进 C-4 结构

（3）三个 TUG-3 通过字节间插复用方式，复合成 C-4 信号结构，复合的结果如图 4-6 所示。

TUG3 是 9 行×86 列的信息结构，3 个 TUG3 通过字节间插复用方式复合后的信息结构是 9 行×258 列的块状帧结构，而 C-4 是 9 行×260 列的块状帧结构。于是在 3×TUG3 的合成结构前面加 2 列塞入比特，使其成为 C-4 的信息结构。

（4）剩下的工作就是将 C-4 装入 STM-N 中去了，过程同前面所讲的将 140 Mb/s 信号复用进 STM-N 信号的过程类似：C-4→VC-4→AU-4→ AUG→STM-N，在此就不再复述了。

3. 2 Mb/s 复用进 STM-N 信号

2 Mb/s 速率的支路信号映射复用进 STM-N 的映射方式有三种，我国采用其中的两种方式。其中，当前运用得最多的是异步映射方式，与 34 M/140 M 相比，也是 PDH 信号映射复用进 STM-N 最复杂的一种方式。

（1）将异步的 2 Mb/s PDH 信号经过正/零/负速率调整装载到标准容器 C-12 中，为了便于速率的适配采用了复帧的概念，即将 4 个 C-12 基帧组成一个复帧。C-12 的基帧帧频也是 8 000 帧/秒，其复帧的帧频就成了 2 000 帧/秒。在此，C-12 采用复帧不仅是为了码速调整，更重要的是为了适应低阶通道（VC-12）开销的安排。

若 E1 信号的速率是标准的 2.048 Mb/s，那么装入 C-12 时正好是每个基帧装入 32 个字节（256 比特）的有效信息。但当 E1 信号的速率不是标准速率 2.048 Mb/s 时，那么装入每个 C-12 的平均比特数就不是整数。例如：E1 速率是 2.046 Mb/s 时，将此信号装入 C12 基帧时平均每帧装入的比特数是

$$（2.046×10^6 \text{ b/s}）/（8\,000 \text{ 帧/秒}）= 255.75 \text{ bit}$$

比特数不是整数，因此无法进行装入。若此时取 4 个基帧为一个复帧，那么正好一个复帧装入的比特数为：

$$（2.046×10^6 \text{ b/s}）/（2\,000 \text{ 帧/秒}）= 1\,023 \text{ bit}$$

可在前三个基帧每帧装入 256 bit（32 字节）有效信息，在第 4 帧装入 255 个 bit 的有效信息，这样就可将此速率的 E1 信号完整的适配进 C-12 中去。其中第 4 帧中所缺少的 1 个比

特是填充比特。C-12 基帧结构是 34 个字节的带缺口的块状帧，4 个基帧组成一个复帧，C-12 复帧结构和字节安排如图 4-7 所示，一个 C-12 复帧共有

$$4×(9×4-2) = 136 \text{ 字节}$$
$$= 127W+5Y+2G+1M+1N$$
$$= (1\,023I+S1+S2)+3C1+49R+80 = 1\,088 \text{ bit}$$

其中，C1、C2 分别为负、正调整控制比特，而 S1、S2 分别为负、正调整机会比特。当 C1C1C1 = 000 时，S1 为信息比特 I；而 C1C1C1 = 111 时，S1 为填充塞入比特 R。同样，当 C2C2C2 = 000 时，S2 = I；而 C2C2C2 = 111 时，S2 = R，由此实现了速率的正/零/负调整。

C-12 复帧可容纳有效信息负荷的允许速率范围是

$$\text{C-12 复帧 max} = (1\,024+1)×2\,000 = 2.050 \text{ Mb/s}$$
$$\text{C-12 复帧 min} = (1\,024-1)×2\,000 = 2.046 \text{ Mb/s}$$

当 E1 信号适配进 C-12 时，只要 E1 信号的速率在 2.046~2.050 Mb/s 内，就可以将其装载进标准的 C-12 容器中，即可以经过码速调整将其速率调整成标准的 C-12 速率 2.176 Mb/s。

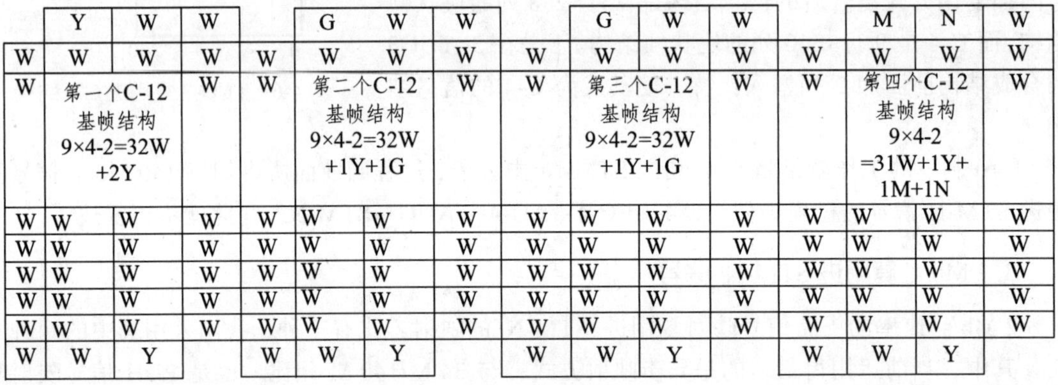

图 4-7 C-12 复帧结构和字节安排

每格为一个字节（8 bit），各字节的比特类别：

W = IIIIIIII　　　　　Y = RRRRRRRR　　　　G = C1C2OOOORR

M = C1C2RRRRRS1　　N = S2IIIIIII

I：信息比特　　　　　R：塞入比特　　　　O：开销比特

C1：负调整控制比特　　S1：负调整位置

C1 = 0　S1 = I；C1 = 1 S1 = R*

C2：正调整控制比特　　S2：正调整位置

C2 = 0　S2 = I；C2 = 1 S2 = R*

R*表示调整比特，在接收端去映射时，应忽略调整比特的值

复帧周期为 125×4=500 μs

（2）为了在 SDH 网的传输中能实时监测任一个 2 Mb/s 通道信号的性能，需将 C-12 再加上相应的通道开销（低阶），使其成为 VC-12（虚容器）的信息结构。此处 LP-POH（低阶通道开销）是加在每个基帧左上角的缺口上的，一个复帧有一组低阶通道开销，共 4 个字节：V5、J2、N2、K4，它们分别加在上述 4 个缺口处。因为 VC 在 SDH 传输系统中是一个独立

的实体，因此对 2 Mb/s 的业务的调配都是以 VC-12 为单位的。

一组通道开销监测的是整个一个复帧在网络上传输的状态，一个 C-12 复帧循环装载的是 4 帧 PCM30/32 的信号，因此，一组 LP-POH 监控和管理的是 4 帧 PCM30/32 信号的传输。

（3）为了使接收端能正确定位 VC-12 的帧，在 VC-12 复帧的 4 个缺口上再加上 4 个字节（V1~V4）的开销，这就形成了 TU-12 信息结构（完整的 9 行×4 列）。V1~V4 就是 TU-PTR，它指示复帧中第一个 VC-12 的首字节在 TU-12 复帧中的具体位置。

（4）3 个 TU-12 经过字节间插复用合成 TUG-2，此时的帧结构是 9 行×12 列。

（5）7 个 TUG-2 经过字节间插复用合成 TUG-3 的信息结构。请注意 7 个 TUG-2 合成的信息结构是 9 行×84 列，为满足 TUG-3 的信息结构 9 行×86 列，则需在 7 个 TUG-2 合成的信息结构前加入 2 列固定塞入比特，如图 4-8 所示。

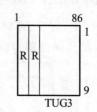

图 4-8   TUG-2 复用成 TUG-3 的信息结构

（6）TUG-3 信息结构再复用进 STM-N 中的步骤与前面所讲的一样，此处不再复述。

从 2 Mb/s 复用进 STM-N 信号的复用步骤可以看出 3 个 TU-12 复用成一个 TUG-2，7 个 TUG-2 复用成 1 个 TUG-3，3 个 TUG-3 复用进 1 个 VC-4，1 个 VC-4 复用进 1 个 STM-1，也就是说 2 Mb/s 的复用结构是 3×7×3 结构，如图 4-9 所示。

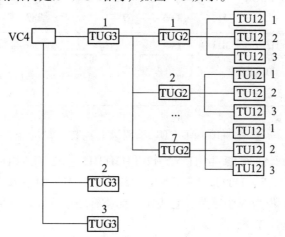

图 4-9   VC-4 中 TUG-3、TUG-2、TU-12 的排列结构

4.1.3 定 位

1. 指针的作用

指针的作用就是定位，通过定位使收端能准确地从 STM-N 码流中拆离出相应的 VC，进而通过拆 VC、C 的包封分离出 PDH 低速信号，即能实现从 STM-N 信号中直接分支出低速支路信号的功能。

定位是一种将帧偏移信息收进支路单元或管理单元的过程，即以附加于 VC 上的指针（或管理单元指针）指示和确定低阶 VC 帧的起点在 TU 净负荷中（或高阶 VC 帧的起点在 AU 净负荷中）的位置。在发生相对帧相位偏差使 VC 帧起点"浮动"时，指针值亦随之调整，从而始终保证指针值准确跟踪指示 VC 帧起点位置。对于 VC-4，AU-PTR 指的是 J1 字节的位置；对于 VC-12，TU-PTR 指的是 V5 字节的位置。TU 或 AU 指针可以为 VC 在 TU 或 AU 帧内的位置提供一种灵活、动态的定位方法。因为 TU 或 AU 指针不仅能够容纳 VC 和 SDH 在相位上的差别，而且能够容纳两者在速率上的差别。

指针有两种：AU-PTR 和 TU-PTR，分别进行高阶 VC（这里指 VC-4）和低阶 VC（这里指 VC-12）在 AU-4 和 TU-12 中的定位。下面分别讲述其工作机理。

2. 管理单元指针（AU-PTR）

AU-PTR 的位置在 STM-1 帧的第 4 行 1~9 列共 9 个字节，用以指示 VC-4 的首字节 J1 在 AU-4 净负荷的具体位置，以便接收端能据此准确分离 VC-4，如图 4-10 所示。

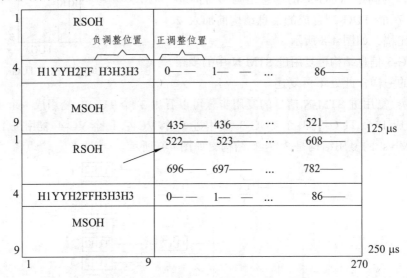

图 4-10　AU-PTR 在 STM-1 帧中的位置

从图 4-10 中可看到 AU-PTR 由 H1YYH2FFH3H3H3 九个字节组成，Y = 1001SS11，其中 S 比特未规定具体的值，F = 11111111。指针的值放在 H1、H2 两字节的后 10 个 bit 中。AU-4 的指针调整，每调整 1 步为 3 个字节，它表示每当指针值改变 1，VC-4 在净荷区中的位置就向前或往后跃变了 3 个字节。

为了便于定位 VC-4 在 AU-4 净负荷中的位置，给每个调整单位赋予一个位置值，如图 4-10 所示。规定将紧跟 H3 字节的那个 3 字节单位设为 0 位置，然后依次后推。这样一个 AU-4 净负荷区就有 261×9/3 = 783 个位置，而 AU-PTR 指的就是 J1 字节所在 AU-4 净负荷的某一个位置的值。显然，AU-PTR 的范围是 0~782。

管理单元指针调整规则如下。

（1）当 VC-4 的速率（帧频）高于 AU-4 的速率（帧频）时，将 3 个 H3 字节（一个调整步长）的位置用来存放信息；紧跟着 FF 两字节后的 3 个 H3 字节所占的位置叫做负调整位置。这 3 个 H3 字节就像货车临时加挂的一个备份车厢，可以缓冲一下运送能力不足的矛盾。那么，这时下一个 VC-4 在下一个 AU-4 净荷中的位置就向前跳动了 1 步（3 个字节），随着指针值就减少 1，这就实现了 1 次指针负调整。当指针值等于 0 时，再减 1 即为 782。

（2）当 VC-4 的速率低于 AU-4 速率时，可在净荷区内 3 个 H3 字节后再插入 3 个字节的塞入比特,填充伪随机信息。这可插入 3 个字节塞入比特的位置叫作正调整位置。这时 VC-4 的首字节就要向后移 1 个步长（3 个字节），于是下一个 VC-4 在下一个 AU-4 净荷中的位置就往后跳动了 1 步（3 个字节）。随着指针值就增加 1,这就实现了 1 次指针正调整。当指针值等于 782 时,再加 1 即为 0。

（3）不管是正调整和负调整都会使 VC-4 在 AU-4 的净负荷中的位置发生改变,也就是说 VC-4 首字节在 AU-4 净负荷中的位置发生改变。这时 AU 指针值也会作出相应的正、负调整。AU-PTR 的范围是 0~782,否则为无效指针值。当收端连续 8 帧收到无效指针值时,设备即产生 AU4-LOP 告警（AU 指针丢失）,触发 AU4-AIS 告警,并往下插送 AIS 告警信号 TU12-AIS。

正/负调整是按每次 1 个步长进行调整的,那指针值也就随着正调整或负调整进行+1（指针正调整）或 −1（指针负调整）操作。AU-4 指针每调整 1 次,不管正负,至少有 3 个后续帧不允许再作指针调整的操作。

（4）当 VC-4 与 AU-4 无频差和相差时,AU-4 指针值保持其先前的值不变。AU-4 的指针值是放在 H1H2 字节的后 10 个比特,而该 10 个比特的取值范围是 0~1023,当 AU-PTR 的值不在 0~782 以内时,则为无效指针值。H1H2 的 16 个比特实现指针调整控制如表 4-1 所示。

表 4-1　AU-4 中 H1 和 H2 字节的规范细则

N	N	N	N	S	S	I	D	I	D	I	D	I	D	I	D
新数据标帜（NDF）:表示所载净负荷容有变化。净负荷无变化时,NNNN 为正常值"0110"。在净负荷有变化的那一帧,NNNN 反转为"1001",此即 NDF。NDF 出现的那一帧指针值随之改变为指示 VC 新位置的新值称为新数据。若净负荷不再变化,下一帧 NDF 又返回到正常值"0110",并且至少在 3 帧内不再作指针值增减操作				AU/TU 类别对于 AU-4 和 TU-3,SS=10		10 比特指针值:AU-4 指针值为 0~782;三字节为一调整的步长单位。指针值指示了 VC-4 帧的首字节 J1 与 AU-4 指针中最后一个 H3 字节间的偏移量。指针调整规则:（1）在正常工作时,指针值确定了 VC-4 在 AU-4 帧内的起始位置。NDF 设置为"0110"。（2）若 VC4 帧速率比 AU-4 帧速率低,5 个 I 比特反转表示要作正调整,该 VC 帧的起始点后移一个步长单位,下帧中的指针值是先前指针值加 1。（3）若 VC4 帧速率比 AU-4 帧速率高,5 个 D 比特反转表示要作负调整,负调整位置 H3 用 VC-4 的实际信息数据重写,该 VC 帧的起始点前移一个步长单位,下帧中的指针值是先前指针值减 1。（4）当 NDF 出现更新值 1001,表示净负荷容有变化,指针值也要作相应地增减,然后 NDF 回归正常值 0110。（5）指针值完成一次调整后,至少停 3 帧之后方可有新的调整。（6）接收端对指针解码时,除仅对连续 3 次以上收到的前后一致的指针进行解读外,将忽略任何指针的变化									

指针值由 H1、H2 的第七至第十六比特表示,这 10 个比特中奇数比特记为 I 比特,偶数比特记为 D 比特。以 5 个 I 比特或 5 个 D 比特中的全部或大多数发生反转来分别表示指针值

将进行加 1 或减 1 操作，因此 I 比特又叫作增加比特，D 比特又叫作减少比特。

指针的每次调整是要停 3 帧才能再进行，也就是说若从指针的 I/D 比特反转的那一帧算起（作为第一帧），至少在第五帧才能进行新的指针 I 或 D 比特反转（其下一帧的指针值将进行加 1 或减 1 操作）。

NDF 反转表示 AU-4 净负荷有变化，此时指针值会出现大跃变，即指针增减的值不为 1。若接收端连续 8 帧收到 NDF 反转，则表示此时设备出现 AU4-LOP 告警。接收端只对连续 3 个以上收到的前后一致的指针进行解读，也就是说系统自认为指针调整后的 3 帧指针值一致，若此时指针值连续调整，在收端将出现 VC-4 的定位错误，导致传输性能劣化。总之，发端 5 个 I 或 5 个 D 比特反转，在下一帧 AU-PTR 的值+1 或-1；而接收端以所收帧中大多数 I 或 D 比特的反转情况决定是否对下一帧的指针作 1 步调整。

3. 支路单元指针（TU12-PTR）

TU-12 指针用以指示 VC-12 的首字节（V5）在 TU-12 净负荷中的具体位置，以便接收端能准确分离出 VC-12。TU-12 指针为 VC-12 在 TU-12 复帧内的定位提供了灵活的方法。TU-12 PTR 由 V1、V2、V3 和 V4 四个字节组成。TU12-PTR 的位置位于 TU-12 复帧的 4 个开销字节处（V1、V2、V3、V4），如图 4-11 所示。

70	71	72	73	105	106	107	108	0	1	2	3	35	36	37	38
74	75	76	77	109	110	111	112	4	5	6	7	39	40	41	42
78	第一个C-12 基帧结构 9×4-2 32W 2Y		81	113	第二个C-12 基帧结构 9×4-2 32W 1Y 1G		116	8	第三个C-12 基帧结构 9×4-2 32W 1Y 1G		11	43	第四个C-12 基帧结构 9×4-1 31W 1Y 1M+1N		46
82			85	117			120	12			15	47			50
86			89	121			124	16			19	51			54
90			93	125			128	20			23	55			58
94			97	129			132	24			27	59			62
98			101	133			136	28			31	63			66
102	103	104	V1	137	138	139	V2	32	33	34	V3	67	68	69	V4

图 4-11　TU-12 指针位置和偏移量编号

在 TU-12 净负荷中，从紧邻 V2 的那一字节起，从 0 开始，以每个字节为一个调整单位，依次按其相对于最后一个 V2 字节的偏移量给予编号，例如 "0" "1" "2" 等，总共有 0~139 个偏移编号（指针值）。VC-12 帧的首字节（V5）位于某一偏移编号位置，该编号对应的二进制值即为 TU-12 指针值。

TU-12 PTR 中的 V3 字节为负调整机会字节（位置），V3 随后的那个字节为正调整机会字节，V4 为保留字节。指针值置于 V1、V2 字节中的后 10 个比特中，V1、V2 字节的 16 个比特的功能与 AU-PTR 的 H1H2 字节的 16 个比特功能完全相同。指针值是指示 V2 字节与 VC-12 首字节的偏移量。计算偏移量时，指针字节（V1~V4）是不在计数以内的。

TU12-PTR 的调整单位为每步 1 个字节，指针值的范围为 0~139。若连续 8 帧收到无效指针或 NDF，则设备的接收端即出现 TU12-LOP（支路单元指针丢失）告警，并下插 AIS 告警信号。

TU12-PTR 的指针调整规则和指针解读方式类似于 AU-PTR。

4.2　任务：电路业务配置

4.2.1　任务描述

某地市传输网络如图 4-12 所示，其中站 A、B、C、D 构成二纤环形光传输网，速率为 STM-4；站 D、E 构成二纤链形光传输线路，速率为 STM-1。

业务要求如下

A 站位中心站，设置为中心网元、时钟和网管监控中心。

A 站与 B 站需要传输 50 路电话。

A 站与 C 站需要通过 E3 接口传输一路图像数据，以及 80 路电话。

D 站是该区域移动网基站控制中心 BSC 所在地，与 A 站有 10 条 E1 业务，与 E 站的 BTS 之间通过 4 条 E1 进行连接。

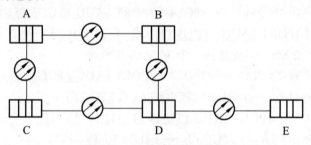

图 4-12　光传输网络示意图

4.2.2　任务分析

A、B、C、D 4 个站组成二纤环网，链路速率为 STM-4，各站之间的距离均在 45~80 km 之间，各站业务均采用 SDH 系统进行传输。D 站和 E 站是 STM-1 二纤链形网，A 站为中心站，设置为网元头、时钟和网管监控中心。

1. 各站点业务分析

A 站上下的业务：电话 130 路，其中对 B 站 50 路，需要 2 个 2 Mb/s 接口；对 C 站 80 路，需要 3 个 2 Mb/s 接口；与 D 站有 10 条 E1 进行连接；共计 15 条 2 Mb/s 接口；与 C 站进行图像数据传输 1 路，需要 1 个 E3 接口。

B 站上下的业务：电话 50 路，需要 2 个 2 Mb/s 接口。

C 站上下的业务：电话 80 路，需要 3 个 2 Mb/s 接口；与 A 站进行图像数据传输 1 路，需要 1 个 E3 接口。

D 站上下的业务：与 E 站通信需要 4 个 E1，与 A 站有 10 条 E1 进行连接，共计 14 条 E1。

E 站上下的业务：与 D 站通信需要 4 个 2 Mb/s 接口。

2. 各站点单板配置（表4-2）

表4-2　站点配置明细表

站点	A	B	C	D	E
单板类型	单板数量				
网元控制板（NCP）	1（17#）	1（17#）	1（17#）	1（17#）	1（17#）
公务板（OW）	1（18#）	1（18#）	1（18#）	1（18#）	1（18#）
交叉时钟线路板（OCS4）	2（7#、8#）（OL4）	2（7#、8#）（OL4）	2（7#、8#）（OL4）	2（7#、8#）（OL4）	2（7#、8#）（OL1）
2Mbit/s 电业务板（EPE1x21）	1（1#）	1（1#）	1（1#）	1（1#）	1（1#）
34Mbit/s 电业务板（ET3）	1（2#）	—	1（2#）	—	—
光线路板（OL1）	—	—	—	1（6#）	—

其中，E 站的 OCS4 单板配置的模块为 OL1。

业务规划：

（1）A—B 有两个 2 Mb/s 的业务。

A：1#ET1（1#~2# 2M）——8#OL4（1PORT 1AUG 1TUG3 1TUG2 1#~2# TU12）

B：7#OL4（1PORT 1AUG 1TUG3 1TUG2 1#~2# TU12）——ET1（1#~2# 2M）

（2）A—C 有 3 个 2 Mb/s 的业务和一个 34 Mb/s 的业务。

A：1#ET1（3#~5# 2M）——7#OL4（1PORT 1AUG 1TUG3 1TUG2 1#~3# TU12）

ETT3（1# 34M）——7#OL4（1PORT 1AUG 2TUG3）

C：8# OL4 OL4（1PORT 1AUG 1TUG3 1TUG2 1#~3# TU12）——1#ET1（1#~3# 2M）

8# OL4（1PORT 1AUG 2TUG3）——2#ETT3（1# 34M）

（3）A—D 有 10 个 2 Mb/s 的业务。

此业务需经由 B 点转发，B 站是直通站，不需要上下业务（亦可由 C 转发）。

A—B—D

A：1#ET1（6#~15# 2M）——8#OL4（1PORT 1AUG 1TUG3 1TUG2 3#~12# TU12）

B：7#OL4（1PORT 1AUG 1TUG3 1TUG2 3#~12# TU12）——

8#OL4（1PORT 1AUG 1TUG3 1TUG2 1#~10# TU12）

D：7#OL4（1PORT 1AUG 1TUG3 1TUG2 1#~10# TU12）——1#ET1（1#~10# 2M）

（4）D—E 有 4 个 2 Mb/s 业务。

D：1#ET1（11#~14# 2M）——6#OL1（1PORT 1AUG 1TUG3 1TUG2 1#~4# TU12）

E：7#OL1（1PORT 1AUG 1TUG3 1TUG2 1#~4# TU12）——1#ET1（1#~4# 2M）

4.2.3　任务实施

配置步骤如下：

步骤一：列出各站所需单板类型及数量。

步骤二：打开 E300 网络管理软件，创建网元并配置单板。

步骤三：完成各站之间的光纤连接。

步骤四：根据业务规划，完成各站之间的业务配置。

配置流程中创建网元、安装单板、连接网元与第三章方法类似，此处不再赘述。下面详细讲解业务配置方法。

在客户端选中 5 个 SDH 网元，单击[设备管理]→[SDH 管理]→[业务配置]菜单项，弹出业务配置对话框，如图 4-13 所示。

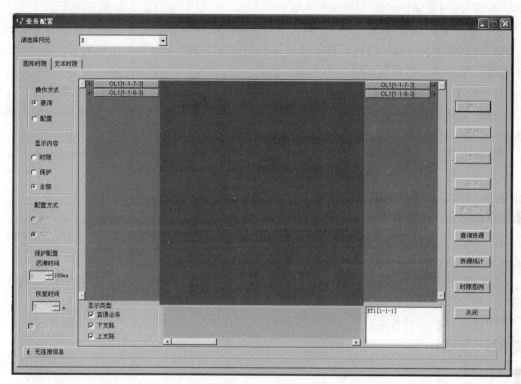

图 4-13　业务配置对话框

1. 界面说明

（1）[请选择网元]：显示当前所选网元，并可在下拉列表框中选择客户端操作窗口中选中的其他网元。

（2）[操作方式]：包括查询和配置两个选项。[查询]选项对话框仅完成网元业务的查询功能；[配置]选项可激活对话框中右侧的命令按钮，可进行网元业务的配置操作。

（3）[显示内容]：业务配置对话框中显示或即将配置的连线类型，包括[时隙]、[保护]和[全部]。选择[全部]表示显示所有时隙配置和保护配置连线。

（4）[配置方式]：待配置时隙的类型，包括[单向]和[双向]两个选项。单向表示仅配置发方向或者收方向业务，双向表示配置发方向业务的同时自动配置收方向业务。配置时系统默认为双向业务。

（5）<确认>按钮：单击后，确认配置，但尚未保存到数据库和下发至 NCP 板。

（6）<删除>按钮：单击后，删除所选时隙，但尚未保存到数据库和下发至 NCP 板。

（7）<清除时隙>按钮：单击后，清空当前所选网元的时隙配置或保护配置。

（8）<应用>按钮：单击后，将当前网元的所有时隙及保护配置保存至数据库，如果当前网元在线，下发到网元 NCP 板。

（9）<增量下发>按钮：单击后，仅将新配置数据下发到网元 NCP 板。

（10）左侧树：显示接收端光板的时隙配置和保护配置。

（11）右侧树：显示发送端光板的时隙配置和保护配置。

（12）支路板列表：列出当前网元已安装且可进行业务配置的支路板。配置有业务的单板名称后有符号"•"标识。

（13）支路时隙列表：显示支路板列表中所选支路板与光板的上下支路配置。

（14）连接信息显示条：当鼠标移动至图 4-13 中的时隙时，显示鼠标所至时隙的端点信息，包括起始、终结端点的单板、端口和通道信息。

（15）树节点：分为光板、端口级、AUG 级、AU 级、TUG 级、TU 级、支路级。

光板树节点：由单板名称、机架 ID、子架 ID 和槽位号组成，如"O4CSD[1-1-6]"表示该单板是一块安装在机架 ID 为 1，子架 ID 为 1，6 号槽位的 O4CSD 板。

端口树节点：由端口序号组成，如"PORT（1）"表示单板的第 1 个端口。

单元树节点：由单元名称和序号组成，如"AUG（1）"表示 1 号 AUG，"TU12（2）"表示 2 号 TU12 等，以此类推。

支路树节点：由支路速率和序号组成，位于支路时隙列表。

（16）带标记的树节点：分为已配置时隙的单板或单元、配置通道保护的单板或单元以及配置有复用段保护的 AUG 单元树节点。

配置时隙的树节点：直接进行时隙配置的树节点背景色为绿色，其上级树节点一侧有绿色圆形标记。

配置通道保护的树节点：直接进行保护配置的树节点背景色为蓝色，其上级树节点一侧有蓝色圆形标记。

配置时隙和通道保护的树节点：直接配置有时隙和保护的树节点背景色为红色，其上级树节点一侧有红色圆形标记。

（17）指向树节点的黄色箭头：其所指向的节点为当前选择节点。

（18）红色虚线：未确定下发的时隙配置或保护配置线。

红色实线：当前所选的时隙配置或保护配置线。

白色实线：已确定但未下发的时隙配置线。

浅绿色实线：已确定但未下发的保护配置线。

绿色实线：已确定并下发的时隙配置线。

蓝色实线：已确定并下发的保护配置线。

黄色实线：下发命令失败的时隙配置或保护配置线。

（19）<关闭>按钮：单击后退出业务配置对话框。

未增量下发业务和增量下发业务配置图如图 4-14，图 4-15 所示。

2. 业务配置

如图 4-14、图 4-15 所示的业务配置对话框中，按照前述的业务规划将支路时隙与群路时隙连接起来，两者之间会出现红色虚线，然后依次单击"确认""应用"按钮，将命令下发到网元 NCP 单板上。连线会变成绿色实线。

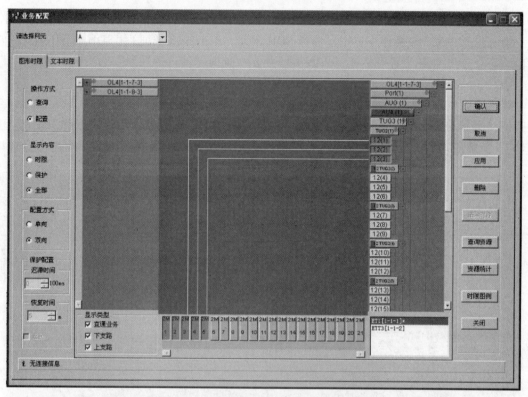

图 4-14　未增量下发（应用）的业务配置图

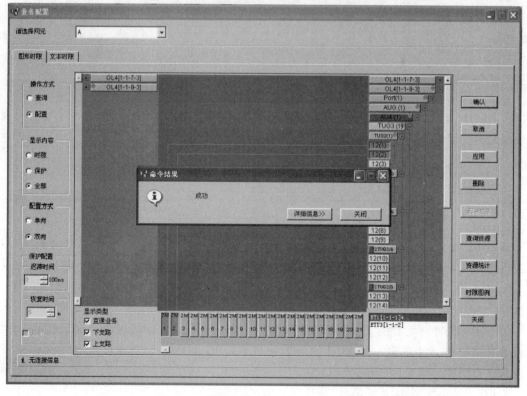

图 4-15　增量下发（应用）的业务配置图

下面以 "A-C 的一个 34 Mb/s 的业务" 和 "A-D 的 10 个 2 Mb/s 的业务" 为例进行说明。

第一步：在客户端操作窗口中，选择 SDH 网元，单击[设备管理]→[SDH 管理]→[业务管理]菜单项，弹出业务配置对话框，如图 4-13 所示。此时 "请选择网元" 选项选取网元 "A"。

第二步：选定 "操作方式" 为 "配置"。

第三步：A 站的 1 个 34 Mb/s 业务配置选择 2 号槽位支路板 ETT3 的第 1 个 34 Mb/s，与群路板 7 号槽位 OL4 中的第一个 AUG 的第 2 个 TUG3 相连接，即 7#OL4（1PORT <u>1AUG 2TUG3</u>）；单击 "确认"，单击 "应用"。结果如图 4-16 所示。

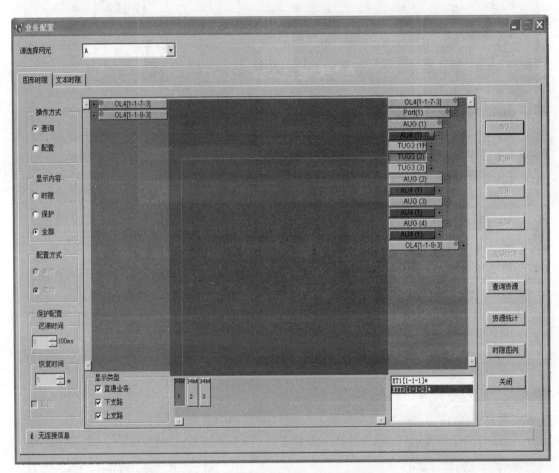

图 4-16　A 站的上 34 Mb/s 业务示意图

第四步：A 站的 10 个 2 Mb/s 业务配置选择 1 号槽位支路板 ET1 的第 6~15 个 2 Mb/s（第 1~2 个 2 Mb/s 业务与 B 站连接占用，第 3~5 个 2 Mb/s 业务与 C 站连接占用），与群路板 8 号槽位 OL4 中的第一个 AUG 的第一个 TUG3 的第一个 TUG2 的第 3~12 个 TU12 相连接，即 8#OL4（1PORT <u>1AUG 1TUG3 1TUG2 3#~12# TU12</u>）；单击 "确认"，单击 "应用"。结果如图 4-17 所示。

第五步：配置网元 C 的 34 Mb/s 的业务。在 "请选择网元" 选项选中网元 C。C 站选择群路板 8 号槽位 OL4 中的第一个 AUG 的第 2 个 TUG3，即 8# OL4（1PORT <u>1AUG 2TUG3</u>），与支路板 2 号槽位 ETT3 中的第一个 34 Mb/s，即 2#ETT3（1# 34M）相连接，单击 "确认"，单击 "应用"。结果如图 4-18 所示。

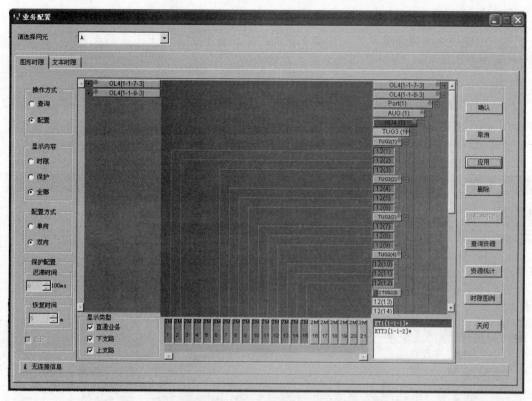

图 4-17　A 站的上 2 Mb/s 业务示意图

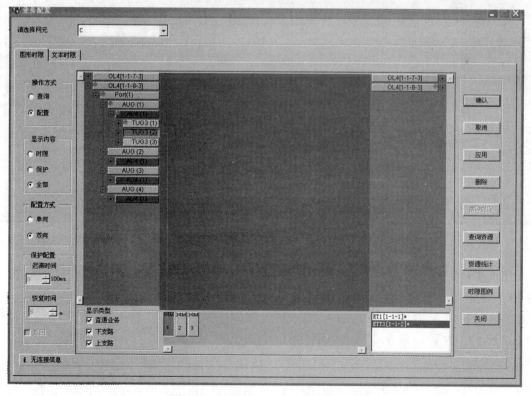

图 4-18　C 站的下 34 Mb/s 业务示意图

第六步：配置网元 B 的直通业务（A 经由 B 到 D 的 10 个 2 Mb/s 的业务）。网元 B 是直通业务，因此仅需要将业务从西向连接到东向的群路板上，无需上下支路业务。在"请选择网元"选项选中网元 B。B 站的直通业务选择群路板 7 号槽位 OL4 中的第一个 AUG 的第一个 TUG3 的第一个 TUG2 的第 3~12 个 TU12，即 7#OL4（1PORT <u>1AUG 1TUG3 1TUG2 3#~12# TU12</u>），与 8 号槽位 OL4 中的第一个 AUG 的第一个 TUG3 的第一个 TUG2 的第 1~10 个 TU12，即 8#OL4（1PORT <u>1AUG 1TUG3 1TUG2 1#~10# TU12</u>）相连接，单击"确认"，单击"应用"。结果如图 4-19 所示。

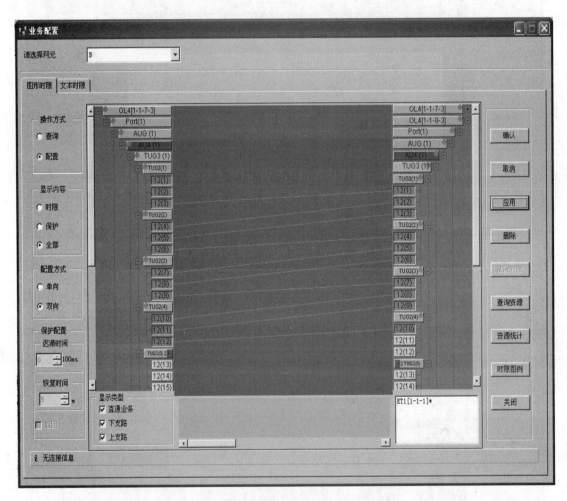

图 4-19　B 站的直通 2 Mb/s 业务配置示意图

第七步：配置网元 D 的 10 个 2 Mb/s 的业务。在"请选择网元"选项选中网元 D。D 站的 10 个 2 Mb/s 业务配置选择群路板 7 号槽位 OL4 中的第一个 AUG 的第一个 TUG3 的第一个 TUG2 的第 1~10 个 TU12，即 7#OL4（1PORT <u>1AUG 1TUG3 1TUG2 1#~10# TU12</u>），与 1 号槽位支路板 ET1 的第 1~10 个 2 Mb/s，即 1#ET1（1#~10# 2M）相连接；单击"确认"，单击"应用"。结果如图 4-20 所示。

上述时隙的选择并非唯一，读者亦可自己选择时隙配置业务。

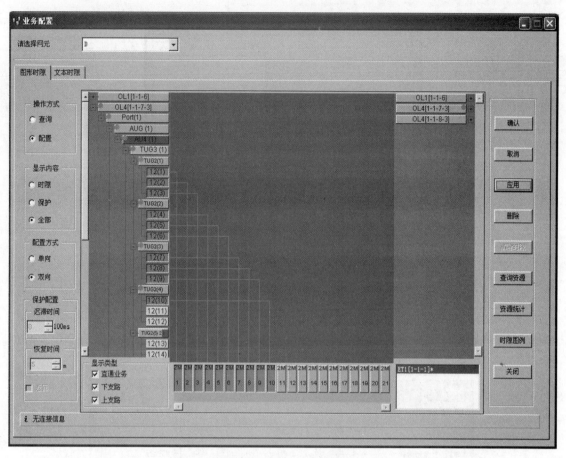

图 4-20　D 站的下 2 Mb/s 业务配置示意图

3. 检查业务配置是否正确

业务配置完成后，可对于已配置业务进行检查。

（1）选择 SDH 网元，在客户端操作窗口中，单击[业务管理]→[电路业务管理]菜单，弹出"电路业务管理"对话框，如图 4-21 所示。

图 4-21　电路业务管理对话框

（2）单击"电路自动搜索"，弹出"网元过滤"对话框，如图 4-22 所示。左侧"候选网元"表示在客服端操作窗口中的所有网元，右侧"选中网元"表示想要选择的网元。选中所需网元，单击"确认"。在弹出的信息对话框中就可以看见有几条电路。

此处配置了 2 条 A 站到 B 站的 2 Mb/s 业务，10 条 A 站到 D 站的 2 Mb/s 业务，1 条 A 站到 C 站的 34 Mb/s 业务，3 条 A 站到 C 站的 2 Mb/s 业务，因此有 16 条业务。若不是 16 条业务说明前面的配置有问题。

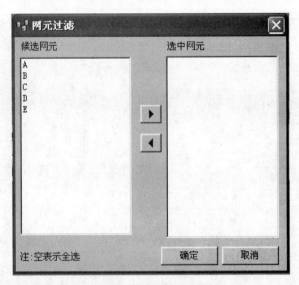

图 4-22　网元过滤对话框

（3）单击"查询"，在弹出的"过滤"对话框中取消掉"VC-4_服务层"，如图 4-23 所示，单击"确定"，则可以看见所配置电路。如看到如图 4-24 所示窗口，则表示 A-B 有 2 个 2 Mb/s 业务。

图 4-23　网元过滤对话框

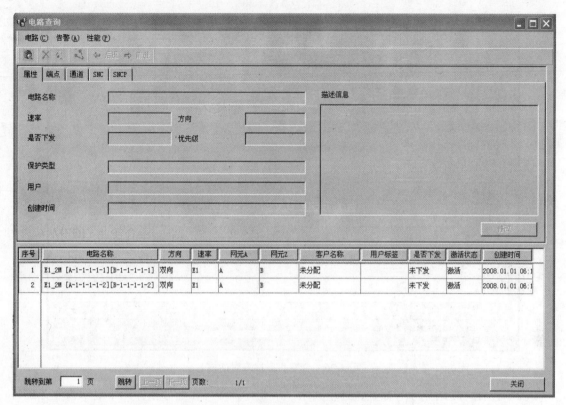

图 4-24　配置正确的电路查询对话框

亦可采用下列方法查询：

（1）选中所有网元，单击[报表]→[全网业务报表]，弹出"全网业务网元选择框"，选中网元后，单击"确定"，弹出"全网业务报表"，如图 4-25 和图 4-26 所示。

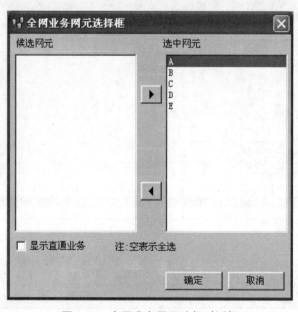

图 4-25　全网业务网元选择对话框

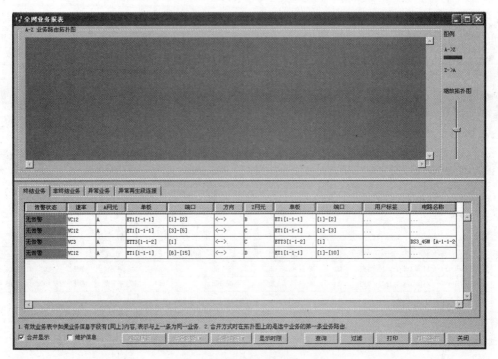

图 4-26　全网业务报表对话框

（2）查看"终结业务"标签，选中其中一个业务，即可在业务拓扑图中显示该业务配置路径，如图 4-27 和图 4-28 所示。图 4-27 所示为 A 站到 C 站 1 个 34 Mb/s 业务。图中将源业务单板、目标业务单板均做了标识，对业务速率等级及业务相应端口号也做了统计。如图 4-28所示为 A 站经由 B 站直通到 D 站的 10 个 2 Mb/s 业务路径。

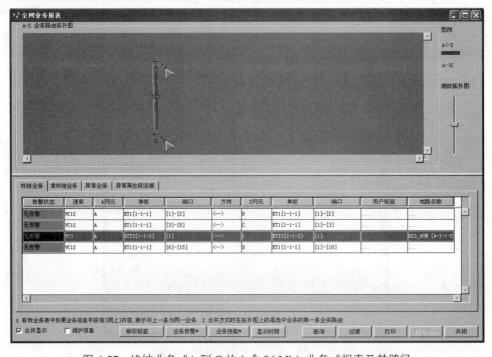

图 4-27　终结业务"A 到 C 的 1 个 34 Mb/s 业务"报表及其路径

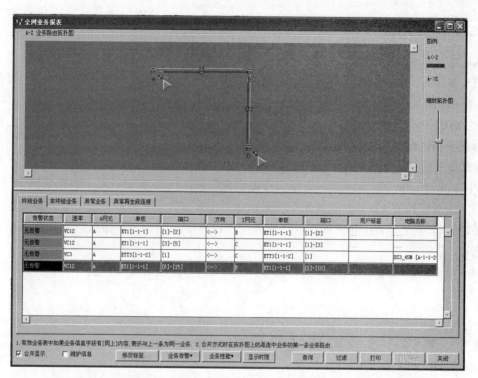

图 4-28　终结业务"A 经由 B 到 D 的 10 个 2 Mb/s 业务"报表及其路径

（3）查看"非终结业务"标签，如图 4-29 所示。此标签显示空白，说明未有非终结业务，所有业务都配置完成。若有显示，则表明此业务未配置完，或者配置过程中时隙出现问题。此时应该仔细查找前述配置。

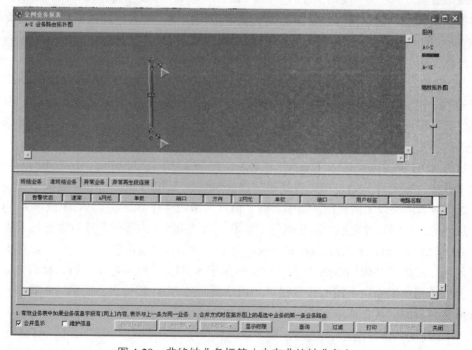

图 4-29　非终结业务标签（未有非终结业务）

4.2.4　任务总结

通过本任务的训练学习，应当掌握以下知识及技能。

（1）本任务主要是完成 E1、E3、E4 的电路业务配置，欲正确配置电路业务，需要掌握我国的 STM-N 的复用路线图，掌握其映射、定位、复用三个步骤。

（2）SDH 一个显著特点是能从 STM-N 信号中直接分离出低速支路信号，这是因为低速支路信号在 STM-N 帧中的位置是由指针来进行定位的。指针主要有管理单元指针和支路单元指针，通过指针的定位能准确地从 STM-N 数码流中拆离出相应的 VC，而通过拆 VC、C 包封分离出 PDH 低速信号。指针为上下支路信号提供定位保障。

（3）在网管软件 E300 中电路业务配置包含了上业务、下业务和直通业务。通过本项目训练，应能熟练掌握上下业务配置，以及业务配置过程中支路板、群路板的正确选择，时隙的正确选择。

（4）电路业务配置完后是业务配置检查，能正确判断错误电路业务，并对其进行分析修正。

4.3　MSTP 多业务传送平台

4.3.1　MSTP 的概念

1. MSTP 的发展由来

在以话音业务为主体的通信时代，SDH 作为承载网，通过时隙映射和交叉连接功能以及端到端的质量保证机制，很好地确保了话音业务的实时性。然而，随着以包交换为传送机制的 IP 数据业务的大幅度、高速发展，以时分交换为机制的 SDH 网络，很难在满足话音业务的同时，再实现高效率的承载 IP 业务。摒弃 SDH 技术重新建设承载网，还是引入一些新的技术对 SDH 进行改造，将问题解决在网络的边缘（接入端），使 IP 业务在 SDH 网络中也能有良好的通过性，曾经是业界人士讨论的焦点。无疑，后者具有更大的操作价值，因为这不仅可以使现有的网络资源得到更为合理的利用，而且 SDH 本身具有的一些特性也可以弥补以太网的一些不足，例如 QoS 问题。

传统的 SDH 设备主要传输 TDM 时分业务，包括 2 Mb/s、34 Mb/s、140 Mb/s。如果想传输以太网业务，需要将其通过接口转换器转换为单独的 2 Mb/s 或 34 Mb/s 标准信号，再进行传输，这样可以解决以太网数据的透明传输，但以太网信号并不是单个 VC-3 或单个 VC-12 可以完全封装的，也就是带宽不能随意调整，如果遇到复杂的组网要求，此方法更是无法满足。

MSTP（Multi-Service Transport network），基于 SDH 的多业务传送平台，能够较好地解决上述问题。其技术基础仍然是 SDH，但它有别于 SDH。从网络定位上讲，MSTP 应处在网络接入部分，用户侧面向不同的业务接口，网络侧面向 SDH 传输设备。MSTP 就像一个枢纽站，如何按照不同的客户需求建立安全、快捷的传输通道，是其追求的目标。

基于 SDH 的 MSTP 基本思想是，在传统的传输平台上集成 2 层以太网、ATM 等处理能力，将 SDH 对实时业务的有效承载和网络 2 层、甚至 3 层技术（如以太网、ATM、RPR、MPLS

等）所具有的数据业务处理能力有机结合起来，以增强传送节点对多类型业务的综合承载能力。如图 4-30 所示为基于 SDH 的 MSTP 的协议参考模型。

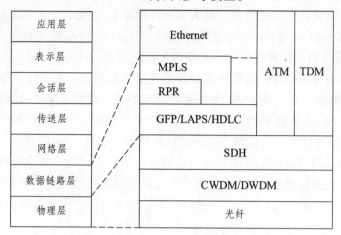

图 4-30　基于 SDH 的 MSTP 的协议参考模型

我国行业标准 YD／T1238-2002《基于 SDH 的多业务传送节点技术要求》对基于 SDH 的多业务传送节点作了这样的定义：基于 SDH 平台，同时实现 TDM、ATM、以太网等多种业务的接入、处理和传送，提供统一网管的多业务节点。因此，基于 SDH 的多业务传送节点除应具有标准 SDH 传送节点所具有的功能外，还应具有以下基本功能：

（1）具有 TDM 业务、ATM 业务或以太网业务的接入功能。

（2）具有 TDM 业务、ATM 业务或以太网业务的传送功能，包括点到点的透明传送功能。

（3）具有 ATM 业务或以太网业务的带宽统计复用功能。

（4）具有 ATM 业务或以太网业务映射到 SDH 虚容器的指配功能。

MSTP 可以应用于城域网的各个层次。在城域网核心层，MSTP 主要完成城域网核心节点之间高速 SDH、IP、ATM 业务的传送、调度；在城域网汇聚层，MSTP 主要完成多种类型业务从接入层到核心层的汇聚；在城域网接入层，MSTP 主要负责将不同城域网用户所需的各类业务接入到城域网络中。

2. MSTP 的特点和功能模型

基于 SDH 的 MSTP 具有如下特点：

（1）它继承了传统 SDH 技术的诸多优点：如良好的网络保护倒换性能、能够有效支持主业务等。

（2）在物理层实现动态带宽分配：通过支持 LCAS 功能，MSTP 可以实现对链路带宽的动态配置和调整。

（3）支持多种物理接口：由于 MSTP 节点能够提供各种类型城域业务的接入、汇聚和传输，因此，它应能够支持多种类型的物理接口。常见的接口类型包括：PDH 接口（E1/T1、E3/T3 等）、SDH 接口（STM-N）、以太网接口（FE、GE）、POS 接口。

（4）支持多种协议类型：为了有效地支持多种业务类型，MSTP 必须能够支持多种数据处理技术，即具有多协议支持能力。通过对多种网络协议的支持，能够增强 MSTP 的业务智能，有效地完成对不同业务的聚合、交换和路由等处理任务，并保证不同类型业务的 QosS 需求（包括网络性能需求、业务安全需求等）。

（5）支持细粒度的带宽分配，提高了带宽利用率：在 SDH 层，由于 MSTP 支持级联和虚级联功能，因而可以灵活地分配带宽，其带宽分配粒度为 2 Mb/s。在数据链路层，通过二层数据处理技术，如 MPLS、RPR 的带宽预留技术，可以以更小粒度对数据业务的带宽进行调度和处理。MSTP 所具有的这种细粒度分配使用带宽的能力，在一定程度上提高了带宽利用率。另外，该方案支持来自多个用户的数据流量共享使用带宽，进一步提高了带宽利用率。

（6）提供综合网络管理功能：MSTP 能够提供对位于不同网络层次的网络处理技术、网络业务类型的综合管理，便于网络的维护和管理。MSTP 的管理是面向整个网络的，其业务配置、性能监视、故障告警与监控均直接基于向用户提供的网络业务。MSTP 的管理系统应支持端到端的业务配置能力，即只需在配置业务时指定网络业务的源、宿和相应的约束条件/要求，就能够自动地快速生成网络业务。MSTP 的管理系统应能够提供端到端业务的性能、告警监控和故障辅助定位。另外，MSTP 的综合管理系统还应能够支持用户服务等级定义、带宽出租和计费等功能。

（7）具有完善的业务保护功能：在不同的网络层次可以采用不同的业务保护机制（如基于以太网技术的保护机制、MPLS 保护机制、RPR 保护机制和 SDH 保护机制等），并通过对不同层次保护机制动作的协调，共同提高 MSTP 网络业务的生存性。

（8）作为一种新一代城域光传送技术，MSTP 能够应用于城域网的各个层面，包括核心层、汇聚层和接入层。

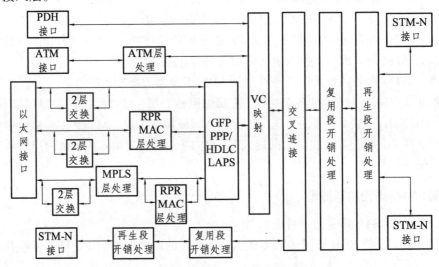

图 4-31　基于 SDH 的 MSTP 的基本功能模型

如图 4-31 所示为基于 SDH 的多业务传送节点的基本功能模型，具体包括：SDH 基本功能部分、以太网业务承载的基本功能部分、ATM 业务处理功能部分、内嵌 RPR 功能部分、内嵌 MPLS 功能部分等。

1）以太网业务功能

以太网功能包括以太网透传功能和以太网二层交换功能。

以太网业务透传功能是指来自以太网接口的数据帧不经过 2 层交换，直接进行协议封装和速率适配后映射到 SDH 的虚容器（VC）中，然后通过 SDH 节点进行点到点传送。

MSTP 以太网透传功能应支持以下功能：传输链路带宽可配置；保证以太网业务的透明性，包括支持以太网 MAC 帧、VLAN 标记等透明传送；以太网数据帧的封装应采用 GFP、LAPS 或 PPP 协议；可以采用 VC 通道的连续级联/虚级联映射数据帧，也可以采用多链路点到点协议（ML-PPP）封装来保证数据帧在传输过程中的完整性。

MSTP 支持 2 层交换功能，能够在一个或多个用户侧以太网物理接口与一个或多个独立的系统侧的 VC 通道之间，实现基于以太网数据链路层的数据帧交换。

2）ATM 层处理的功能

MSTP 支持的 ATM 处理功能主要体现在可以传送固定速率以及可变速率业务，并可建立点到点、点到多点的用户数据通路的建立和拆除，支持虚电路连接的建立等。

3）内嵌 RPR 的节点功能

将 RPR 技术内嵌入 MSTP 的主要目的在于提高承载以太网业务的业务性能及其组网应用能力。其 RPR 内嵌技术可实现 RPR MAC 层功能，包括公平算法，环保护、拓扑发现、OAM 等，并具备服务等级分类，按服务等级调度业务的能力，具备统计复用等功能。

4）内嵌 MPLS 的节点功能

将 MPLS 技术内嵌入 MSTP 的主要目的也是在于提高承载以太网业务的业务性能及其组网应用能力。该节点可支持采用 MPLS 信令动态建立 LSP，支持以太网业务的流分类、以太网业务到 MPLS 层的适配处理、MPLS 标签交换，以及 MPLS 到 SDH VC 的映射。

4.3.2　MSTP 的关键技术

在基于 SDH 的 MSTP 所承载的多种类型的业务中，以太网业务是当前最受关注的一种。为了实现以太网业务的有效承载，诸多关键技术，如封装技术（主要包括三种标准的封装协议 PPP/HDLC、LAPS、GFP）、VC 级联技术、链路容量调整机制等，逐步在 MSTP 中得到了应用。

1. 封装技术

利用基于 SDH 的 MSTP 实现以太网业务承栽时，首先需要解决的问题是如何实现以太网到 SDH 之间的帧映射。由于以太网信号是突发的、不定长的，与要求严格同步的 SDH 帧有很大的区别。为了实现以太网业务 SDH 传输，需要采用合适的封装、适配协议。SDH 的封装协议主要有三种：PPP/HDLC、LAPS 和 GFP。

1）PPP/HDLC 封装

PPP/HDLC 是早期采用的实现 Ethernet over SDH 的封装协议，相应的协议参考模型如图 4-32 所示，这就是 POS（IP over SDH）技术。

PPP 是一种对称的对等协议，支持在一条点到点全双工串行链路上实现数据流的封装和管理。PPP 是一个协议族，主要由以下协议组成：

（1）链路控制协议（LCP，Link Control Protocol）：用于建立、拆除和监控 PPP 数据链路。

（2）网络层控制协议（NCP，Network Control Protocol）：用于协商在数据链路上传输的数据包的格式和类型。

（3）PPP 扩展协议：主要用于提供对 PPP 功能的进一步支持。

此外，PPP 还提供用于网络安全方面的认证协议，如口令验证协议（PAF）和质询握手验证协议（CHAP）。

PPP 协议提供多协议封装、差错控制和链路初始化控制等功能，HDLC 协议负责同步传输链路上 PPP 封装的 IP 数据帧的定界。最后将其映射到 SDH 虚容器，加上相应的开销字节后置入 STM-N 帧。

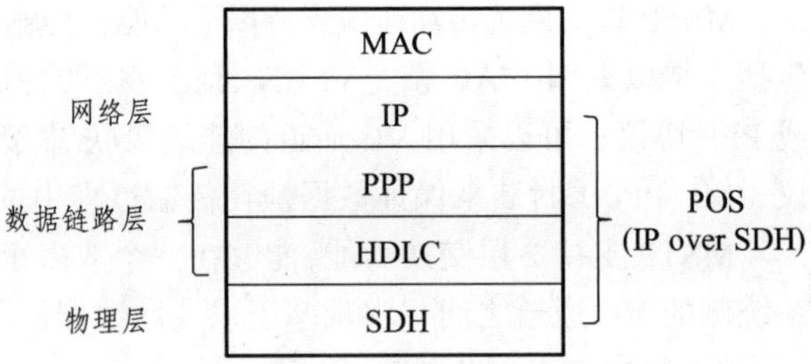

HDLC 协议的定界方式是通过在帧头

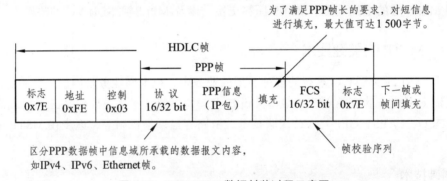

图 4-32 采用 PPP/HDLC 实现 Ethernet over SDH 的
协议参考模型

添加标志字节 0x7E 完成的。每个 HDLC 帧以标志字节 0x7E 开始，也以 0x7E 结束。由于在 PPP/HDLC 信息域内也可能出现与标志字节 0x7E 相同的数据字节，为保证数据的透明传输，需要使用 HDLC 的字节填充方式来区分数据字节与标志字节。具体方法是：如果在信息域内含有与标志字节 0x7E 相同的数据字节，则用填充字节 0x7D，0x5E 代替 0x7E，信息域内的 0x7E 则又被填充替代为 0x7D、0x5E。在接收端，再将填充字节去掉，恢复成原来的数据字节。另外，在没有数据传送的空闲期间，HDLC 的标志字节还被作为帧间填充进行传输。PPP/HDLC 帧格式如图 4-33 所示。

图 4-33　PPP/HDLC 数据封装过程示意图

标志字段：固定取值 0x7E，是标准的 HDLC 标识。实际通信中，前一帧的结束和下一帧的开始使用该标识进行区分。

地址字段：HDLC 的广播地址，固定取值为 0xFF。HDLC 不分配单个端站地址。

控制字段：固定取值 0x03，表示该帧是轮询/结束置 0 的 HDLC 无编号信息帧命令。若该字节编码为其他值，则此帧将被丢弃。

协议字段：用来标识 PPP 信息域封装的高层协议类型（如 IPv4、Ethernet 帧等）。

PPP 信息域：用来放置长度可变的高层协议数据（如 IP 数据报）。

填充字段：为保证 PPP 帧的顺利传输，需要对短信息进行填充，最大值可达 1 500 字节。

FCS 校验字段：对整个 HDLC 帧进行帧校验，字段长度可为 16 或 32 比特，视具体情况而定。

2）LAPS 封装协议

2000 年 3 月,由武汉邮电科学研究院向国际电联提交的基于 SDH 的链路接入规程（LAPS）被正式批准，这就是 X.85 标准。2001 年 2 月，采用 LAPS 协议实现 Ethernet over SDH 的建议获得批准，成为 ITU-T 通过的第一个 EOS 标准（X.86）。该方案采用 ITU-T X.85 标准规范的 LAPS 协议作为以太网 MAC 层与物理层 SDH 之间的数据链路适配层。如图 4-34 所示为 X.86 中 Ethernet over SDH 的协议参考模型。

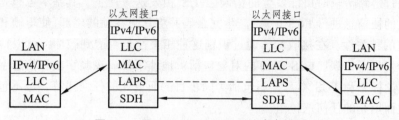

图 4-34　Ethernet overSDH　系统参考模型

采用 LAPS 实现 Ethernet over SDH 的帧映射过程分为两步：将以太网 MAC 帧通过 RR（协调子层）和 MII（媒质独立接口）封装入 LAPS 协议帧；LAPS 协议帧映射到 SDH 帧结构中（在传送 SDH 开销的时间段内对 LAPS 帧进行缓存和速率适配）。

LAPS 帧由标志、地址、控制、业务访问点标识符（SAPI）、信息、FCS 等字段组成。其帧结构格式如图 4-35 所示。

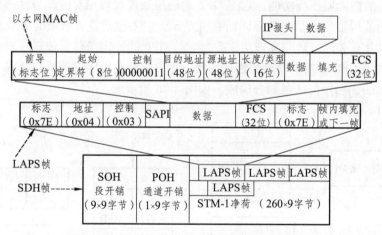

图 4-35　Ethernet over SDH 的数据帧的封装过程

标志序列字段：该字段标识 LAPS 帧的开始和结束。标志序列为二进制数 01111110（十六进制为 0x7E）。地址字段前的标志序列表示帧的开始，校验字段后的标志序列表示帧的结束，结束标志序列在某些应用中也可以表示下一帧的开始。所有接收方都能够接收一个或多个连续的标志序列。在帧与帧的空载期间，要连续发送标志序列字段来做帧间填充。

地址字段：地址字段 1 字节长，固定取值为 0x04。

控制字段：此字段由包含二进制序列 0x03（十六进制）的 1 个字节和查询 / 终结位为 0 的无编号信息命令构成，其他控制值的用法保留。采用 LAPS 协议实现 EOS 时，固定取值 0x03。

SAPI 字段：业务访问点标识符字段，除 0x7E 和 0x7D 外，其他二进制序列都可以作为数据链路业务访问点标识符。采用 LAPS 协议实现 EOS 时，SAPI 的第一个字节为 0xFE，第二个字节为 0x01。

信息字段：LAPS 帧中的信息字段用于封装来自上层的各种信息（如 IP、以太网等），信息字段长度默认值为 0~1 600 字节，可扩展到 65 535 字节。LAPS 帧支持透明处理，透明处理采用八位字节填充规程。每一帧以标志 0x7E 开始和结束。

帧校验序列字段：字段长 4 字节。每个 LAPS 帧的尾部都包含一个帧校验序列（FCS），用来检查帧通过链路传输时可能发生的错误。FCS 由发送方产生，其基本思想是对那些完全随机的待发送的帧信息进行 FCS 计算，产生冗余码并将其附在帧的尾部，使得帧和随后的 FCS 之间具有一定的相关性。在接收端，通过识别这种相关性是否遭到破坏，可以检测出帧在传输过程中是否发生了错误。FCS 计算的对象包括：地址字段、控制字段和信息字段的所有比特，不包括起始标志和 FCS 本身，不包括为同步目的而填充的任何比特，也不包括为同步或异步透明处理而填充的任何八位组。

3）GFP 通用成帧规程

通用成帧规程（GFP）提供了一种通用的将高层客户信号适配到字节同步物理传输网络的方法。采用 GFP 封装的高层客户信号可以是面向 PDU 的（如 IP/PPP 或以太网 MAC 帧），也可以是面向块状编码的（如光线路），还可以是具有固定速率的比特流。

GFP 由两个部分组成，分别是通用部分和与客户层信号（净荷）相关的部分。GFP 通用部分适用于所有通过 GFP 适配的流量，主要完成 PDU 定界、数据链路同步、扰码、PDU 复用、与业务无关的性能监控等功能，它与 GFP 的通用处理规程相对应；与客户层信号相关的部分所完成的功能因客户层信号的不同而有所差异，主要包括业务数据的装载、与业务相关的性能监控，以及有关的管理与维护功能等，它与 GFP 的特定净荷处理规程相对应。

GFP 帧提供了 GFP 中基本净荷的传送机制。客户帧结构以字节为单位排列，由 4 字节的帧头（Core Header）和净荷区两部分构成，如图 4-36 所示。

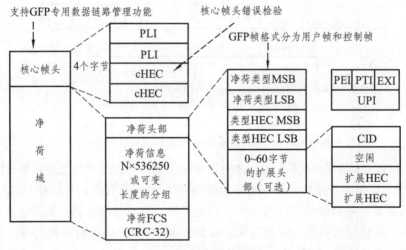

图 4-36　GFP 帧格式

GFP 帧各字段的定义和功能说明如下：

（1）GFP 帧头（Core Header）：4 字节长，用于支持 GFP 帧定界过程。与传统的 HDLC 类协议不同的是，GFP 基于帧头中的帧长度指示符（PLI）采用 CRC 捕获的方法来实现帧定界，并不需要起始和结束符，因此也不需要像 HDLC 那样在映射过程中进行字节填充和去填充处理，使映射效率更高、处理速度更快。由于 CRC 具有纠单比特错、检多比特错的能力，大大提高了 GFP 定界的可靠性。GFP 帧头包含两个字段：

PLI：PDU 长度指示符字段，用于指示 GFP 帧的净荷区字节数。

cHEC：帧头部差错校验字段，包含一个 CRC-16 校验序列，以保证帧头部的完整性。

（2）GFP 净荷区（Payload Area）：包括 GFP 帧中帧头部之后的所有字节，长度可变，变化范围 4~65 535。净荷区用来传递客户层特定协议的信息。净荷区由净荷头部、净荷信息区域和可选的净荷 FCS 校验字段 3 个部分构成。

净荷头部（Payload Header）：长度可变（范围 4~64 字节），用来支持协议对数据链路的一些管理功能。净荷头部又包括类型字段及其 HEC 检验字节和可选的 GPP 扩展帧头，如图 4-36 所示。GFP 提供用于链路管理、业务种类区分等的必要开销。类型字段又包含净荷类型标识符（Payload Type Identifier，PTI）、净荷 FCS 指示符（Payload FCS Indicator，PFI），扩展帧头标识符（Extension Header Identifier，EXI）和用户净荷标识符（User Payload Identifier，UPI），用来提供 GFP 帧的格式、在多业务环境中的区分以及扩展帧头的类型。

2. 级联技术

1）级联的基本概念

随着通信技术的不断发展，越来越多不同类型的应用需要由 SDH 传送网络承载。然而，SDH 能够对外提供的标准接口种类是有限的，大量新的数据业务所需的传送带宽不能和 SDH 的标准虚容器有效匹配。为了使 SDH 网络能够更高效地承载某些速率类型的业务，尤其是宽带数据业务，需要采用 VC 级联的方式。

级联是将多个虚容器组合起来，形成一个容量更大的容器的过程，该容器可以作为仍然保持比特序列完整性的单个容器使用。当需要承载的业务带宽不能和 SDH 定义的一套标准 VC 有效匹配时，可以使用 VC 级联。在基于 SDH 的 MSTP 中，VC 级联和虚级联是关键技术之一。

从级联的方法上，可以分为连续级联和虚级联。两种方法都能够使传输带宽扩大到单个 VC 的 x 倍，它们的主要区别在于构成级联的 VC 的传输方式不同。连续级联需要在整个传输过程中持续占用一个连续的带宽，而虚级联先将连续的带宽拆分为多个独立的 VC，不同的 VC 可以被分别传送，在接收侧重新组合。

2）连续级联

（1）VC-4 连续级联的实现。

VC-4 的连续级联将若干个 VC-4 级联在一起形成一个 VC-4-Xc（X 个级联的 VC-4），用来传送所需容量大于一个 C-4 容量的净荷。

VC-4-Xc 只有一个 AU-4 指针和通道开销，其中的 C-4-Xc 净荷区被作为一个整体对待，保持比特序列的完整性，如图 4-37 所示为 C-4-Xc 的结构。位于 AU-4 指针内的级联指示用于指明在单个 VC-4-Xc 中携带的多个 C-4 净负荷应保持在一起，映射业务的可用容量即为单个 C-4 容量的 X 倍。X 可取值为 4，16，64。规定 VC-4-Xc 的第 1 列为级联虚容器的 POH，此 POH 被分配给该 VC-4-Xc 使用。VC-4-Xc 的第 2 列至第 X 列为固定填充比特。

AU-4-Xc 中的第一个 AU-4 应具有正常范围的指针值，而 AU-4-Xc 内所有后续的 AU-4 应将其指针值置为 1001SS1111111111，表示连续级联指示。

VC-4 连续级联的特点将多个连续的 VC-4 捆绑在一起，作为一个整体在网络中传送，因此它所包含的所有 VC 都经过相同的传输路径，相应数据的各个部分不存在时延差，进而降低了接收侧信号处理的复杂度，提高了信号传输质量。

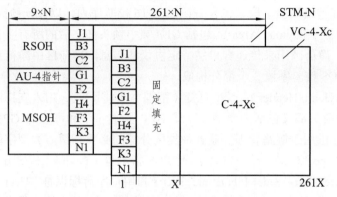

图 4-37　VC-4-Xc 结构示意图

VC 连续级联在实际应用中要求业务所经过的所有网络、节点均支持连续级联方式，如果涉及与原网络设备混合应用的情况，那么有可能因为原有设备无法支持连续级联功能而无法实现端到端的业务传送。此外，连续级联的级联颗粒仅有 VC-4，不支持低阶 VC 的级联，且级联后的容量增加单位太大（X=4，16，64），不够灵活，对于承载以太网业务可能会引起带宽资源的浪费，如传送一个 180 Mb/s 的业务，VC-4 不够，而只能用 VC-4-4c 承载，容量又过大，大部分容量被浪费掉。

3）虚级联

虚级联技术可以将不同速率的小容器进行组合利用，能够做到较小颗粒的带宽调节，相应的最大带宽也能在很小的范围内调节。虚级联技术实现了使用 SDH 经济有效地提供合适大小的信道给数据业务，避免了带宽的浪费，这也是虚级联技术的最大优势。虚级联技术的出现很好地解决了传统 SDH 网承载宽带业务时带宽利用率低的问题，提高了 SDH 网承载宽带业务时带宽分配的灵活性。表 4-3 列出了采用标准 VC 映射宽带业务和采用 VC 虚级联方法承载相应业务时的带宽利用率。从表 4-3 中可以看出，虚级联对 SDH 带宽利用率的改善非常明显。

表 4-3　不同映射方式的带宽利用率比较

数据业务实际容量需求		SDH 标准容器类型	映射效率	SDH VC 虚级联容器	映射效率
以太网	10 Mb/s	C-3	20%	C-12-5c	92%
ATM 技术	25 Mb/s	C-3	50%	C-12-5c	96%
快速以太网	100 Mb/s	C-4	67%	C-12-48c	100%
企业业务连接	200 Mb/s	C-4-4c	33%	C-3-4c	100%
光纤通信	400 Mb/s	C-4-4c	67%	C-3-8c	100%
	800 Mb/s	C-4-16c	33%	C-4-6c	89%
吉比特以太网	1 Gb/s	C-4-16c	42%	C-4-7c	95%
10 吉比特以太网	10 Gb/s	C-4-64c	100%	C-4-64c	100%

虚级联表示为 VC-n-Xv，其中，X 表示参与级联的 VC 的个数，取值与 VC 的等级有关：

对于 VC-3 和 VC-4，取值范围为 1~256，对于 VC-12，取值范围为 1~64。虚级联是通过将多个 VC（如 VC-12 或 VC-4）捆绑在一起作为一个虚级联组（VCG），形成逻辑链路。虚级联可以将分布于不同的 STM-N 的 VC-n（同一路由或不同路由），按照级联的方式形成一个虚拟的大结构进行传送，其中，每一个 VC-n 均具有独立的结构和相应的 POH，具有完整的 VC-n 结构。几个 VC-n 虚级联就相当于数个 VC-n 间插，虚级联的每一个 VC-n 都可以独立传送，且可选择不同的路径，对中间传输设备无特殊要求，仅要求两端设备由协议支持。

3. 链路容量调整机制

链路容量调整机制（Link Capacity Adjustment Scheme，LCAS）提供了一种虚级联链路首端和末端之间的适配功能，可以根据应用的带宽需求，无损伤地增加或减少 SDH/OTN 网络中采用虚级联构成的容器的容量大小。它还能够在网络发生故障时临时减少受故障影响的虚容器组（VCG）中的成员链路。

LCAS 的主要功能包括：

LCAS 可以通过增加或减少 VCG 中 VC 的数量来提高或降低可用的传送带宽。

LCAS 的容量调整动作可以不损伤业务。

容量调整控制过程的实施是单向的。受 LCAS 作用的前向 VCG 的容量可以和反方向 VCG 的容量不同，而且正反两个方向的调整过程无须相互协同。

支持在不影响整个 VCG 可用性的情况下将受失效事件影响的 VC 从 VCG 中临时删除，并在失效影响解除后动态地将该 VC 添加到 VCG 中。整个调整过程对业务无损伤。

LCAS 可实现 LCAS VCG 和非 LCAS VCG 之间的互联互通，也就是说，支持 LCAS 功能的发送端可以和不支持 LCAS 功能的接收端实现相互通信。而不支持 LCAS 功能的发送端也可以和支持 LCAS 功能的接收端实现相互通信。

LCAS 具有以下优点：

LCAS 在不影响 VCG 所承载业务的情况下，或在不中断整个 VCG 业务的情况下提供了增加或减少传送带宽的灵活性，使在线调整 VCG 带宽大小成为可能。

当将虚级联和 LCAS 功能结合使用时，提供了新的业务颗粒，并能够实现颗粒大小的实时控制。

当某些 VCG 成员失效时，LCAS 能够在不对总业务产生影响的情况下，通过负载分担操作在带宽减少后继续提供服务。这是在传统保护与恢复方法之外的一种新的保护机制。将 LCAS 固有的负载分担方式的保护机制和分组水平的优先级，以及拥塞避免机制结合起来，可以提供一种增强型服务。

可以将 LCAS 的基本功能与不同的触发机制（如网管指令触发、信令协议触发）结合使用。

需要注意的是，当 LCAS 机制需要跨越服务提供商和用户边界时，应提前在服务双方的行为、计费、安全和其他策略等方面达成一致。

LCAS 通过控制帧来描述虚级联的通路状态并控制通路源端和宿端动作，以保证当网络发生变化时，通路两端能够及时动作并保持同步。LCAS 是一种带内机制，其控制帧是由 SDH 帧结构中具有特定功能的开销字段和比特组成的。高阶虚容器（如 VC-3、VC-4）利用 POH

中的 H4 字节携带 LCAS 控制信息；低阶虚容器（如 VC-12、VC-11 等）利用 POH 中的 K4 字节携带 LCAS 控制信息。两种 LCAS 实现方案定义的控制字段和信息类型基本相同。

4.4 任务：数据业务的配置

4.4.1 任务描述

某传输网如图 4-38 所示。站 A、B、C、D、E 构成星形传输网，各站之间距离均超过 30 km，需要通过光传输设备进行业务之间的传递。

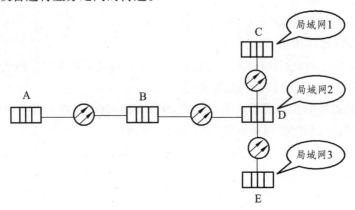

图 4-38 工程组网示意图

业务要求如下：

A 站为中心站，B 站为无人值守站，A、B 之间需要透明传输一路图像监控业务，采用 10/100 Mb/s 自适应以太网方式传输，带宽为 20 Mb/s。

C、D、E 三站有一局域网，要求彼此能够进行互通，带宽为 10 Mb/s。

或出于安全需要，要求 C 和 D、D 和 E 的局域网能相互通信，C 和 E 的局域网不能互相访问。

4.4.2 任务分析

A、B、C、D、E 5 个站组成二纤网，A、B、D 链路速率为 STM-4，D、C 和 D、E 的速率为 STM-1，各站之间的距离均在 45~80 km，各站业务均通过中兴多业务传输平台 ZXMP S325 进行传输。

A 站与 B 站之间通过以太网方式传输一路图像数据，B、C、D 三站之间实现局域网互通。

4.4.3 任务实施

1. 配置步骤

具体配置步骤如下：

步骤一：列出各站所需单板类型及数量。

步骤二：在 E300 网络管理软件中，创建各网元并配置单板。

步骤三：完成各站之间的光纤连接。

步骤四：以太网透传业务配置。

步骤五：虚拟局域网配置。

2. 根据网络业务需求配置硬件并组网

（1）列出各站所需单板类型及数量，如表 4-4 所示。

表 4-4　各站配置明细表

站点	A	B	C	D	E
单板类型	单板数量				
网元控制板（NCP）	1（17#）	1（17#）	1（17#）	1（17#）	1（17#）
公务板（OW）	1（18#）	1（18#）	1（18#）	1（18#）	1（18#）
交叉时钟线路板（OCS4）	2（7#、8#）(OL4)	2（7#、8#）(OL4)	2（7#、8#）(OL1)	2（7#、8#）(OL4)	2（7#、8#）(OL1)
光线路板（OL1/4x4）	—	—	—	1（6#）	—
SED	1（1#）	1（1#）	1（1#）	1（1#）	1（1#）

（2）打开 E300 网络管理软件，创建各网元并配置单板，网元信息如表 4-5 所示。

表 4-5　各网元相关信息表

参数	网元 A	网元 B	网元 C	网元 D	网元 E
网元名称	A	B	C	D	E
网元标识	1	2	3	4	5
网元地址	192.1.1.18	192.1.2.18	192.1.3.18	192.1.4.18	192.1.5.18
子网掩码	255.255.255.0	255.255.255.0	255.255.255.0	255.255.255.0	255.255.255.0
系统类型	ZXMP S325	ZXMP S325	ZXMP S325	ZXMP S325	ZXMP S325
设备类型	ZXMP S325	ZXMP S325	ZXMP S325	ZXMP S325	ZXMP S325
网元类型	ADM&REG	ADM&REG	ADM&REG	ADM&REG	ADM&REG
速率等级	STM-16	STM-16	STM-16	STM-16	STM-16
在线/离线	离线	离线	离线	离线	离线
自动建链	自动建链	自动建链	自动建链	自动建链	自动建链
配置子架	主子架	主子架	主子架	主子架	主子架

SED 单板的端口数根据软件版本号进行设置。需要在安插单板前在"单板管理"对话框内将预设属性勾选中。如图 4-39 所示,在上图右侧选中 SED 单板,左侧单击要安插 SED 单板的槽位,即弹出"单板属性"对话框,如图 4-40 所示。SED 板可设置 3 种软硬件版本号,用于区分接口板,该板可配置无接口板、电接口板及光接口板,其对应关系如表 4-6 所示。

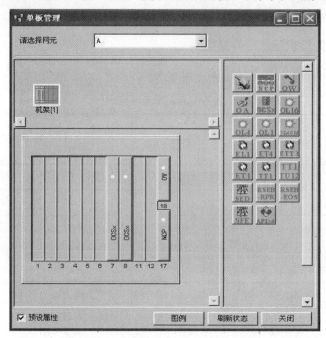

图 4-39 在"单板管理"对话框设置预设属性

图 4-40 SED 板单板属性对话框

表 4-6 SED 单板软硬件版本号及其端口类型

硬件版本号	软件版本号	安插接口板类型	端口数量
1 310	1 310	无接口板	4 个(7~10)
1 320	1 320	EIFE×6 电接口板	10 个(1~10)
2 320	2 320	OIFE×6 光接口板	10 个(1~10)

(3)完成各站之间的光纤连接。

在进行光纤连接之前,同样需要光接口连接的规划,本次任务中按照图 4-38 所示进行连接。本次任务中 D 站是在 7、8 槽位安装 OCS4 单板,其光线路模块为 OL4,与 B 站连接,6 号槽位安装 OL1/4x4 单板,与 C、D 站连接。连接后的示意图如图 4-41 所示。

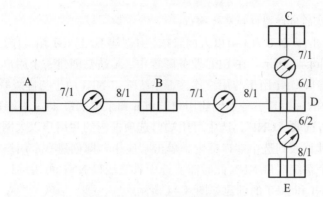

图 4-41   网元间连接示意图

3. MFDFr 业务介绍

SED 单板引入了 MFDFr 业务流域的概念，业务都是基于业务流模型进行配置的。

MFDFr 按类大致分为三类：E-line、E-LAN、E-TREE 业务；按业务模型分为 6 种：分别为 EPL、EVPL、EPLAN、EVPLAN、EPTREE、EVPTREE，其中 EPL、EPLAN、EPTREE 这 3 种文中简称为 EP 业务，EVPL、EVPLAN、EVPTREE 这 3 种带 "V" 的业务文中简称为 EVP 业务。具体分类如图 4-42 所示。

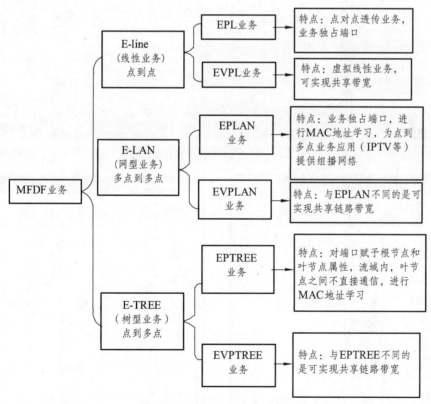

图 4-42   MFDFr 业务类型分类

4. A、B 站之间的业务配置

A、B 站之间是以太网点对点的透传业务，可配置 EPL 类型业务。其配置步骤如下：

1）创建 A、B 站的用户端口和系统端口

选择网元 A，单击[设备管理]→[以太网管理]→[创建 UNI/NNI 端口]，进入"创建 UNI/NNI 端口"对话框，如图 4-43 所示。在 EPL 业务配置中，A 站要创建一个用户端口 UNI 和一个系统端口 NNI。用户端口 UNI 用于与用户连接，系统端口 NNI 用于与虚级联组连接。在此对话框单击"新建 UNI/NNI 端口"，分别创建用户端口 a 和系统端口 a（a 为端口名称）。在端口名称栏输入"a"，点击选取"UNI"，选中可用端口选项框内的"用户以太网端口1"，单击中间右向箭头按钮，将其移入到选中端口框内，单击"应用"即创建一个用户端口 UNI。继续采用类似方法创建一个系统端口 NNI，此时需要选中系统端口 NNI，可用端口选择系统口 1"VCG（EOS）端口 1"。UNI 和 NNI 的创建如图 4-44 所示。

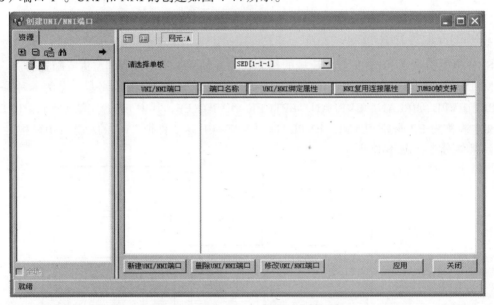

图 4-43　创建 UNI/NNI 端口对话框

图 4-44　创建 UNI a 以及 NNI a

UNI 和 NNI 创建完成后，在"创建 UNI/NNI 端口"窗口会显示两个创建的端口，单击"应用"，如图 4-45 所示。

采用相同的方法在 B 站创建用户口 UNI 和系统口 NNI，端口名称为 b。

2）启用 A 站和 B 站的用户端口

以配置 A 站为例。选择网元 A，单击[设备管理]→[以太网管理]→[以太网接入适配管理]菜单项，弹出以太网接入适配管理对话框，如图 4-46 所示。

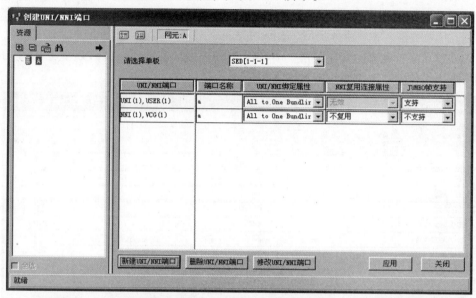

图 4-45　UNI/NNI 创建完成示意图

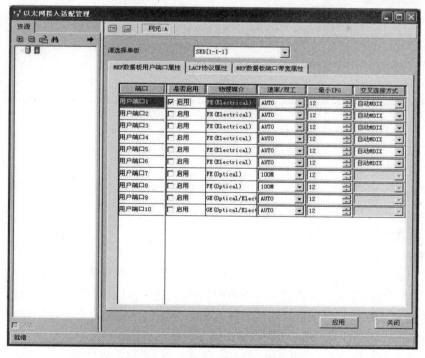

图 4-46　以太网接入适配管理对话框

在"MEF 数据板用户端口属性"标签，端口 1 的启用前方框勾选上，表明启用用户端口 1，如图 4-46 所示，单击"应用"保存。

按照上述方法启用 B 站的"用户端口 1"。

3）在 A、B 站新建 MFDFr

A、B 站新建的 MFDFr 为 EPL 型业务。在 AB 站均需要创建此业务。

选中网元 A，单击[设备管理]→[SDH 管理]→[MFDFr 业务配置]，进入[MFDFr 业务配置]界面，点击进入"新建 MFDFr 业务"界面，在"基本信息"窗口中，"用户标签"根据实际情况填写，此处可输入 a，"业务类型"选择"E-Line"，"流域类型"选择"EPL"，"CE-VLANID 保持"选项默认不可配置；在左下角"端口列表"中依次将属于该条 EPL 业务流的 UNI 和 NNI 端口拖入右侧窗口。具体配置如图 4-47 所示。

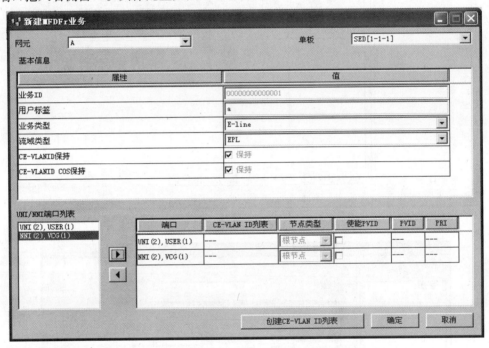

图 4-47　新建 MFDFr 窗口及其配置

单击"确定"后，再单击"取消"退出，回到"MFDFr 业务配置"界面，即会显示刚才新建的业务流信息，如图 4-48 所示。

在该界面上，必须首先要点击"应用"后，业务才能下发下去。在"业务信息"窗口中点击相应的业务流，在下方的"端口信息"窗口中会显示该条业务流所包含的端口信息。

按照上述步骤创建 B 站的 MFDFr。

4）设置端口入口速率

端口入口速率需要在 A 站以及 B 站的端口分别配置。以配置 A 站为例。选中 A 站，[设备管理]→[以太网管理]→[以太网接入适配管理]选项，进入[以太网接入适配管理]界面，然后选取"MEF 数据板端口带宽属性"标签。对于 SED 单板速率限制是必配项，如果不配置限速则业务直接丢弃。将 UNI 和 NNI 均选择基于端口限速，如果客户没特殊要求，则可将各端口带宽限制为端口最大物理带宽 100 Mb/s（本例用户口为 FE 口，如果用户口为 GE 口，则带宽

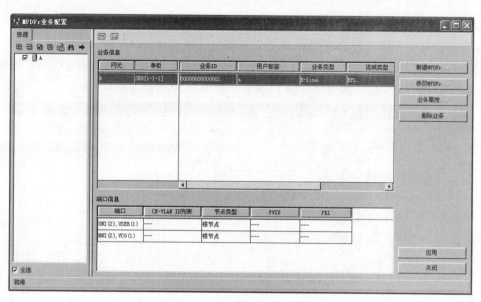

图 4-48　已创建的 MFDFr 信息

限制为 1 000 Mb/s，下文中不再赘述），QoS 属性选择快速转发（EF），CIR 值设置"1 000 kb/s"，CBS 值可以保持默认值。属性配置后点击"增加"将该端口添加到右下区域配置列表中。具体如图 4-49 所示。

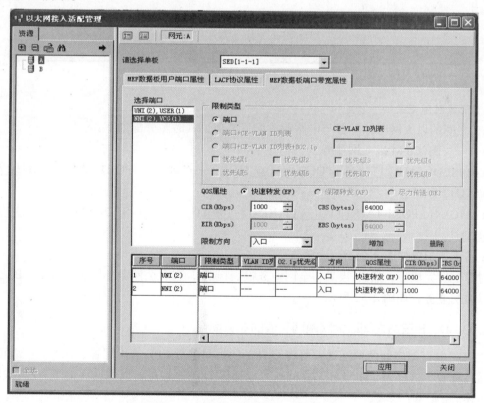

图 4-49　MEF 数据板端口带宽属性配置

按照上述步骤设置 B 站的端口入口速率。

5）将 A 站和 B 站绑定 VCG 端口

VCG 端口容量配置需要在 A 站以及 B 站的端口分别配置。以配置 A 站为例。选中 A 站，[设备管理]→[以太网管理]→[VCG 端口容量配置]选项，进入"VCG 端口容量配置"界面，将系统口 1 绑定 10 个 VC12，选择"双向 LCAS"，如图 4-50 所示。

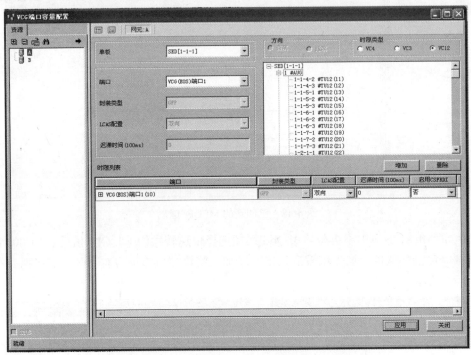

图 4-50　VCG 端口容量配置

6）配置时隙交叉

AB 之间的以太网时隙配置与电路业务配置类似，其时隙分配如下：

A<——>B：20 M 以太网业务

A：1#SED（1AUG 1TUG3 1TUG2 1#~10# TU12）——7#OL4（1PORT 1AUG 1TUG3 1TUG2 1#~10# TU12）

B：8#OL4（1PORT 1AUG 1TUG3 1TUG2 1#~10# TU12）——1#SED（1AUG 1TUG3 1TUG2 1#~10# TU12）

A 站业务配置如图 4-51 所示。

时隙配置完成后，点击[报表→全网业务报表]选项，查看全网业务报表，显示 AB 之间有一个以太网业务，如图 4-52 所示。

5. C、D、E 三站之间以太网两两互通的业务配置

C、D、E 三站之间两两互通，可将 C 站、D 站间进行 EPL 透传配置，D 站、E 站间进行 EPL 透传配置，这样，C 站与 E 站之间就可以通过 D 站直接进行以太网通信了。配置过程如上面所述。

D 站创建一个 UNI 端口及两个 NNI 端口，C 站创建一个 UNI 端口及一个 NNI 端口，E 站与 C 站相同。

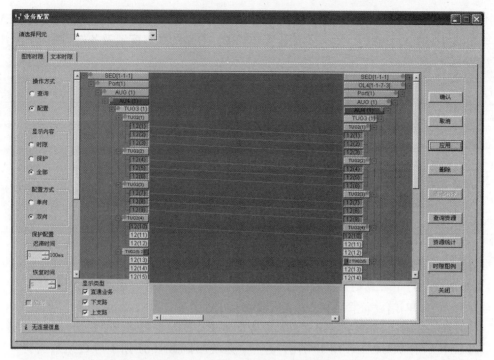

图 4-51　A 站以太网业务时隙配置

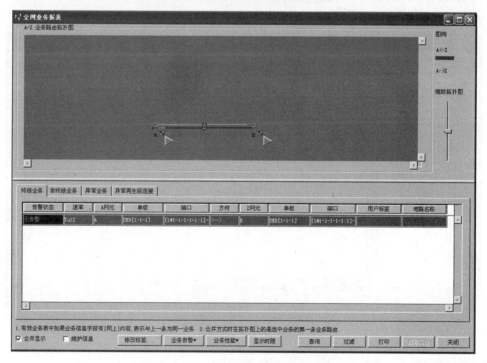

图 4-52　AB 之间以太网业务报表

6. C、D、E 站之间的业务配置（C、E 之间不通业务）

任务要求 C 站、D 站、E 站之间局域网互通，如果依照 A、B 透传方式进行配置，那么各站需要 2 个系统端口和用户端口并且各站要做 2 次业务配置，这样就会占用较多的资源，配置也比较烦琐，因此可采用虚拟局域网方式。C 站与 D 站在一个局域网内，业务类型为 EVPL；D 站与 E 站在一个局域网内，业务类型也为 EVPL。各站的端口配置及各端口的 VLANID 如表 4-7 所示。

表 4-7   各站端口设置及其 VLAN 号

站点	C	D	E
VLANID	100	100，101	101
NNI	1 个 NNI c（VLANID 100）	2 个 NNId1（VLANID 100） NNId2（VLANID 101）	1 个 NNI e（VLANID 101）
UNI	1 个	1 个	1 个

在传输网络已经建立的基础上，配置过程如下。

1）创建 C、D、E 三站的用户端口和系统端口

选择网元 D，单击[设备管理]→[以太网管理]→[创建 UNI/NNI 端口]，进入“创建 UNI/NNI 端口”对话框，如图 4-53 所示。在 EVPL 业务配置中，D 站要创建一个用户端口 UNI 和两个系统端口 NNI。用户端口 UNI 用于与用户连接，系统端口 NNI d1 用于与 C 站系统端口 NNI c 连接，系统端口 NNI d2 用于与 E 站系统端口 NNI e 连接，将 UNI 端口设置为 NNI 绑定属性设置为 CE-VLAN Bundling。

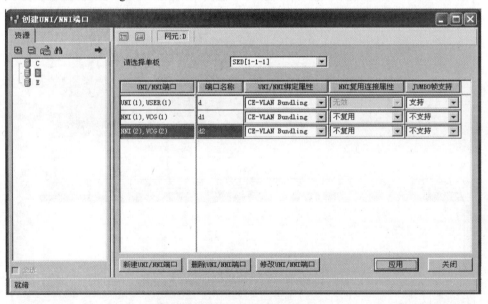

图 4-53   创建 D 站 UNI 以及 NNI

根据配置完成 C、E 两站 UNI 以及 NNI 的创建。

2）启用 C、D、E 三站的用户端口

选择网元 D，单击[设备管理]→[以太网管理]→[以太网接入适配管理]菜单项，弹出以太网接入适配管理对话框。在“MEF 数据板用户端口属性”标签，端口 1 的启用前方框勾选上，表明启用用户端口 1，单击“应用”保存，如图 4-54 所示。

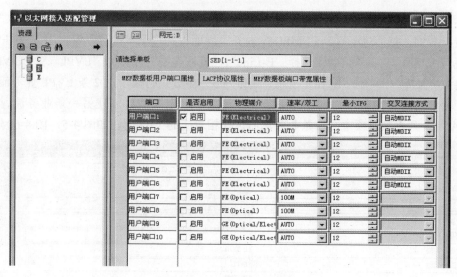

图 4-54　启用 D 站用户端口

按照上述方法启用 C、E 两站的"用户端口 1"。

3）创建 CE-VLAN 列表

单击[设备管理]→[以太网管理]→[CE-VLANID 列表属性配置]菜单项，进入"CE-VLANID 列表属性配置"界面，C、D、E 三个站的起始 ID 以及终止 ID 如表 4-8 所示。

表 4-8　C、D、E 三站的 VLAN ID 配置

站点	C	D	D	E
VLAN 起始 ID	100	100	102	102
VLAN 终止 ID	100	100	102	102

在新增 ID 窗口输入上述参数，如图 4-55 所示。单击"增加"，"应用"，返回"CE-VLANID 列表属性配置"窗口，单击"应用"以保存配置。D 站新建 2 个 VLAN，如图 4-56 所示。

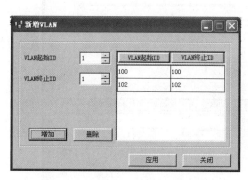

图 4-55　D 站新建的 CE-VLAN ID

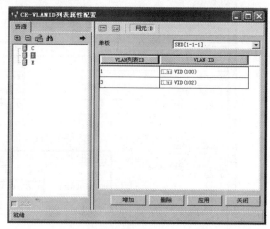

图 4-56　D 站建立 VLAN ID 成功

4）在 C、D、E 三站新建 MFDFr

C、E 站新建的 MFDFr 为 EVPL 型业务。D 站新建 2 个 EVPL 型业务。

　　选中三个网元,单击[设备管理]→[以太网管理]→[CE-VLANID 列表属性配置],进入"MFDFr 业务配置"界面, 然后进入"新建 MFDFr 业务"界面, 在"基本信息"窗口中,"用户标签"根据实际情况填写,"业务类型"选择"E-Line","流域类型"选择为"EVPL","CE-VLAN ID 保持"设为"保持"(即勾选);在左下角"端口列表"中分别将属于这 2 条 EVPL 业务流的 UNI 和 NNI 端口拖入右侧窗口,创建完一条业务流按"确定"后再创建另一条业务流,并且在"CE-VLANID 列表"选项中, 每条业务流需选择相对应的 VID 值,如图 4-57~图 4-60 所示。

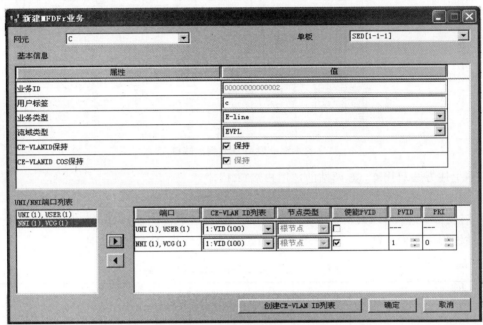

图 4-57　创建 C 站 MFDFr 业务

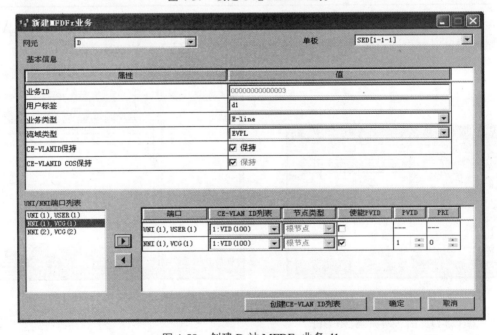

图 4-58　创建 D 站 MFDFr 业务 d1

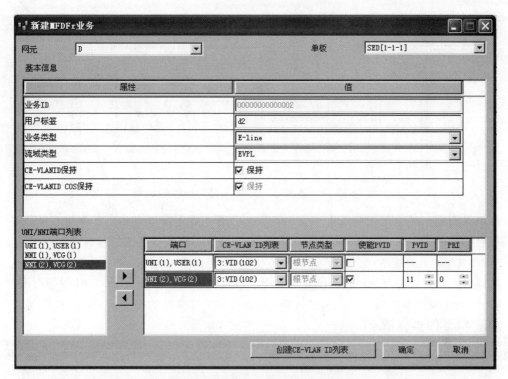

图 4-59 创建 D 站 MFDFr 业务 d2

图 4-60 创建 E 站 MFDFr 业务

D 站需创建的 2 个 EVPL 业务。上述 MFDFr 业务创建完成后，MFDFr 配置视图如图 4-61 所示。

图 4-61　已创建的 C、D、E 三站的 MFDFr 业务

在该界面上，必须首先要点击"应用"后，业务才能下发下去。在"业务信息"窗口中点击相应的业务流，在下方的"端口信息"窗口中会显示该条业务流所包含的端口信息。

5）设置端口入口速率

端口带宽属性设置与 AB 站透传业务的端口带宽属性设置相似。D 站 UNI 限制类型为"端口"，2 个 NNI 限制类型均选择"端口+CE-VLAN"。C、E 两站的 UNI、NNI 的设置与 D 站类似，如图 4-62~图 4-64 所示。

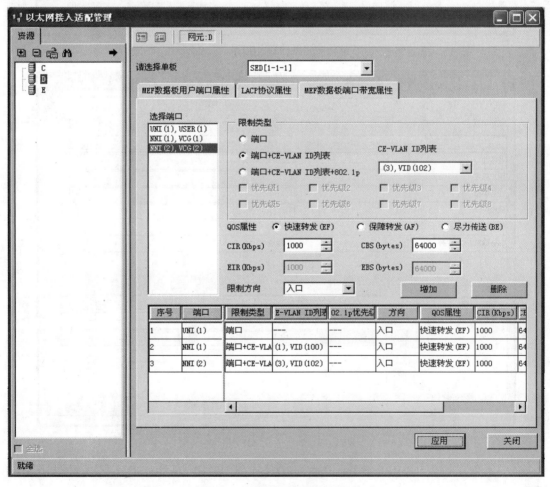

图 4-62　D 站端口带宽属性设置

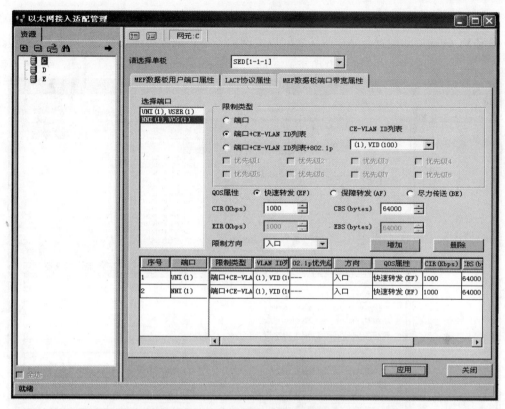

图 4-63　C 站端口带宽属性设置

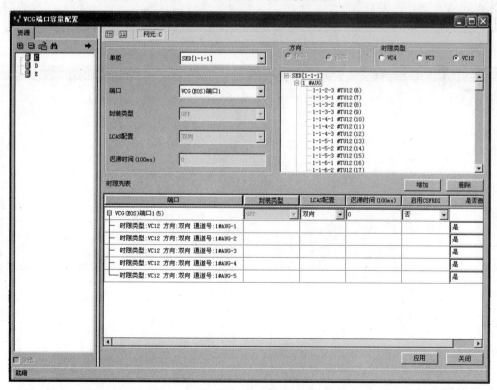

图 4-64　C 站端口容量配置

6）将 C、D、E 站绑定 VCG 端口

绑定 VCG 端口和配置与 AB 两站之间以太网业务透传配置过程相似，此处不赘述。D、C、E 三站配置界面如图 4-65，图 4-66 所示。

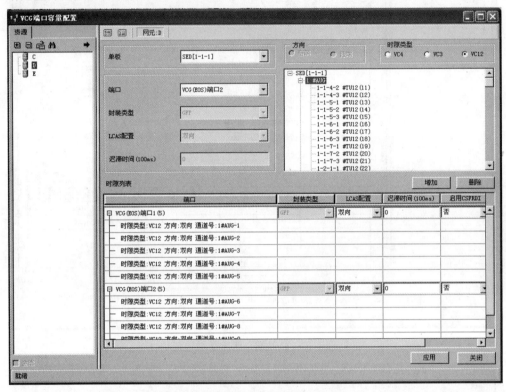

图 4-65　D 站端口容量配置

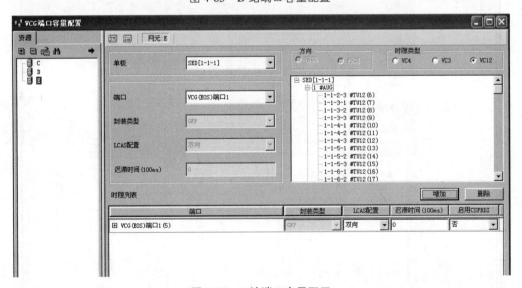

图 4-66　E 站端口容量配置

7）配置时隙交叉

配置时隙交叉与 AB 两站之间以太网业务透传相似。三站之间的时隙配置信息为：

C：1#SED（1AUG 1TUG3 1TUG2 1#~5# TU12）——7#OL1（1PORT 1AUG 1TUG3 1TUG2 1#~5# TU12）

D：6#OL1（1PORT 1AUG 1TUG3 1TUG2 1#~5# TU12）——1#SED（1AUG 1TUG3 1TUG2 1#~5# TU12）

6#OL1（2PORT 1AUG 1TUG3 1TUG2 1#~5# TU12）——1#SED（1AUG 1TUG3 1TUG2 6#~10# TU12）

E：1#SED（1AUG 1TUG3 1TUG2 1#~5# TU12）——8#OL1（1PORT 1AUG 1TUG3 1TUG2 1#~5# TU12）

三站时隙配置业务报表如图 4-67 所示。

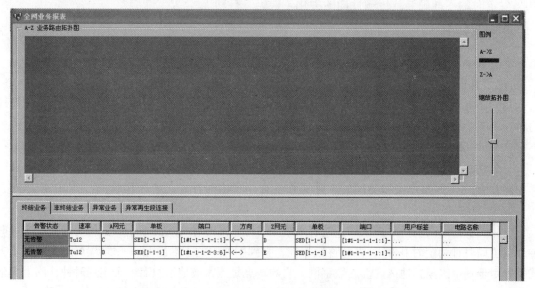

图 4-67　C、D、E 三站之间虚拟局域网业务报表

测试：在 CDE 三站以太网用户端口 1 各接一台计算机，IP 地址设置为同一网段，C、D 两站间可互 ping，D、E 两站间可互 ping，C、E 两站间不能 ping 通。

4.4.4　任务总结

在"以太网业务配置"任务中，要求能够根据实际需求选择合适的以太网业务种类，并掌握透传以太网业务和虚拟局域网业务的配置方法。

1. 配置成透传模式的两个用户 ping 不通

检查用户的 IP 地址是否在同一子网内，再检查 SED 板的用户端口、系统端口是否启动，时隙配置是否正确。用户端口启动后，如连有电脑，该端口黄色指示灯会亮。

2. 同一 VLAN 内的用户 ping 不通

检查用户的 IP 地址是否在同一子网内；再检查 SED 板的用户端口、系统端口是否启动，时隙配置是否正确，Pvid 与 VLAN ID 是否一致，时隙配置是否正确。用户端口启动后，如果连有电脑，该端口黄色指示灯会亮。

4.5 同步网

4.5.1 同步方式

数字网中要解决的主要问题之一是网同步问题，若要保证发端在发送数字脉冲信号时将脉冲放在特定时间位置（特定的时隙）上，而收端要能在特定的时隙上将该脉冲解读以保证收发两端的正常通信。这种功能则是由收/发两端的时钟同步来实现的。因此，网同步的目的是使网中各节点的时钟频率和相位都限制在预先确定的容差范围内，以免由于数字传输系统中收/发定时的不准确导致传输性能的劣化（误码、抖动）。

1. 同步方式

解决数字网同步有多种方法，但目前应用较多的有两种方法：伪同步和主从同步。

1）伪同步

伪同步是指数字交换网中各数字交换局在时钟上相互独立，毫无关联，而各数字交换局的时钟都具有极高的精度和稳定度，一般用铯原子钟。由于时钟精度高，网内各局的时钟虽不完全相同（频率和相位），但误差很小，接近同步，于是称之为伪同步。

一般伪同步方式用于国际数字网中，也就是一个国家与另一个国家的数字网之间采取这样的同步方式，例如中国和美国的国际局均各有一个铯时钟，二者采用伪同步方式。

2）主从同步

主从同步指网内设一时钟主局，配有高精度时钟，网内各局均受控于该主局（即跟踪主局时钟，以主局时钟为定时基准），并且逐级下控，直到网络中的末端网元——终端局。主从同步方式一般用于一个国家、地区内部的数字网，它的特点是国家或地区只有一个主局时钟，网上其他网元均以此主局时钟为基准来进行本网元的定时，主从同步和伪同步的原理如图 4-68 所示。

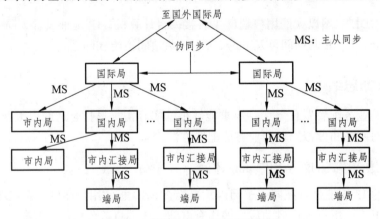

图 4-68 伪同步和主从同步原理图

为了增加主从同步系统的可靠性，可在网内设一个副时钟，采用等级主从控制方式。两个时钟均采用铯时钟，在正常时主时钟起网络定时基准作用，副时钟亦以主时钟的时钟为基准。当主时钟发生故障时，改由副时钟给网络提供定时基准，当主时钟恢复后，再切换回由主时钟提供网络基准定时。

2. 我国的同步方式

中国电信采用的同步方式是等级主从同步方式，其中主时钟在北京，副时钟在武汉。在采用主从同步时，上一级网元的定时信号通过一定的路由——同步链路或附在线路信号上从线路传输到下一级网元。该级网元提取此时钟信号，通过本身的锁相振荡器跟踪锁定此时钟，并产生以此时钟为基准的本网元所用的本地时钟信号，同时通过同步链路或通过传输线路（即将时钟信息附在线路信号中传输）向下级网元传输，供其跟踪、锁定。若本站收不到从上一级网元传来的基准时钟，那么本网元可采用本站的外部定时基准，或启动设备的内置晶体振荡器提供本网元使用的本地时钟并向下一级网元传送时钟信号。

数字网的同步方式除伪同步和主从同步外，还有相互同步、外基准注入等。下面介绍外基准注入同步方式。

外基准注入方式起备份网络上重要节点的时钟的作用，以避免当网络重要结点主时钟基准丢失，而本身内置时钟的质量又不够高，以至大范围影响网元正常工作的情况。外基准注入方法是利用 GPS（卫星全球定位系统），在网元重要节点局安装 GPS 接收机，提供高精度定时，形成地区级基准时钟（LPR），该地区其他的下级网元在主时钟基准丢失后仍采用主从同步方式跟踪这个 GPS 提供的基准时钟。

3. 主从同步网中从时钟的工作模式

主从同步的数字网中，从站（下级站）的时钟通常有三种工作模式。

1）正常工作模式——跟踪锁定上级时钟模式

此时从站跟踪锁定的时钟基准是从上一级站传来的，可能是网中的主时钟，也可能是上一级网元内置时钟源下发的时钟，也可是本地区的 GPS 时钟。与从时钟工作的其他两种模式相比较，此种从时钟的工作模式精度最高。

2）保持模式

当所有定时基准丢失后，从时钟进入保持模式，此时从站时钟源利用定时基准信号丢失前所存储的最后频率信息作为其定时基准而工作。也就是说从时钟有"记忆"功能，通过"记忆"功能提供与原定时基准较相符的定时信号，以保证从时钟频率在长时间内与基准时钟频率只有很小的频率偏差。但是由于振荡器的固有振荡频率会慢慢地漂移，故此种工作方式提供的较高精度时钟不能持续很久。此种工作模式的时钟精度仅次于正常工作模式的时钟精度。

3）自由振荡模式

当从时钟丢失所有外部基准定时，也失去了定时基准记忆或处于保持模式太长，从时钟内部振荡器就会工作于自由振荡方式。此种模式的时钟精度最低，实属万不得已而为之。

4.5.2　SDH 网同步

1. SDH 网同步原则

我国数字同步网采用分级的主从同步方式，即用单一基准时钟经同步分配网的同步链路控制全网同步，网中使用一系列分级时钟，每一级时钟都与上一级时钟或同一级时钟同步。

SDH 网的主从同步时钟可按精度分为四个类型（级别），分别对应不同的使用范围：作为全网定时基准的主时钟；作为转接局的从时钟；作为端局（本地局）的从时钟；作为 SDH 设备的时钟（即 SDH 设备的内置时钟）。ITU-T 将各级别时钟进行规范，时钟质量级别由高到低分列于下：

（1）基准主时钟——满足 G.811 规范。

（2）转接局时钟——满足 G.812 规范（中间局转接时钟）。

（3）端局时钟——满足 G.812 规范（本地局时钟）。

（4）SDH 网络单元时钟——满足 G.813 规范（SDH 网元内置时钟）。

在正常工作模式下，传到相应局的各类时钟的性能主要取决于同步传输链路的性能和定时提取电路的性能。在网元工作于保护模式或自由运行模式时，网元所使用的各类时钟的性能，主要取决于产生各类时钟的时钟源的性能（时钟源位于不同的网元节点处），因此高级别的时钟须采用高性能的时钟源。

在数字同步网中传送时钟基准应注意几个问题：

（1）在同步时钟传送时不应存在环路。如图 4-69 所示。

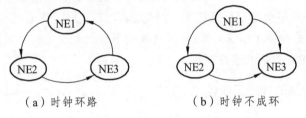

（a）时钟环路　　　　　　　　（b）时钟不成环

图 4-69　环路时钟传送示意图

（2）尽量减少定时传递链路的长度，避免由于链路太长影响传输的时钟信号的质量。

（3）从站时钟要从高一级设备或同一级设备获得基准。

（4）选择可用性高的传输系统来传递时钟基准。

2. SDH 网元时钟源种类

在 SDH 网元时钟配置中，可选用的时钟源的种类如下：

（1）外部时钟源——由 SETPI 功能块提供输入接口。

（2）线路时钟源——由 SPI 功能块从 STM-N 线路信号中提取。

（3）支路时钟源——由 PPI 功能块从 PDH 支路信号中提取，不过该时钟一般不用，因为 SDH/PDH 网边界处的指针调整会影响时钟质量。

（4）内置时钟源——由 SETS 功能块提供。

同时，SDH 网元通过 SETPI 功能块向外提供时钟源输出接口。

3. SDH 网络常见的定时方式

SDH 网络是整个数字网的一部分，它的定时基准应该是这个数字网的统一定时基准。通常，某一地区的 SDH 网络以该地区高级别局的转接时钟为基本定时源，这个基准时钟可能是该局跟踪的网络主时钟、GPS 提供的地区时钟基准（LPR）或本局的内置时钟源提供的时钟（保持模式或自由振荡模式）。在 SDH 网络要有一个 SDH 网元主时钟，网上的其他网元时钟跟踪这个主时钟。

从站跟踪主站网元时钟有两种途径。途径一是通过 SETPI（同步设备时钟物理接口）提供的时钟输出口将本网元时钟输出给其他 SDH 网元。途径二是将本 SDH 主站的时钟发送到 SDH 网上传输的 STM-N 信号中，其他 SDH 网元通过设备的 SPI 功能来提取 STM-N 信号中的时钟信息，并进行跟踪锁定。方法二使用居多。

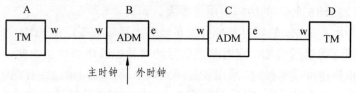

图 4-70　链形网组拓扑图

如图 4-70 所示是一个链形网的拓扑，B 站为时钟主站，网元 B 的外时钟作为定时基准。在网元 B 将业务复用进 STM-N 帧时，时钟信息也就随 STM-N 发送出去。网元 A 接收网元 B 的信号，即可从线路 W 侧端口接收的线路信号中提取定时时钟，作为网元 A 的本地时钟。同理，网元 C 可从西向线路端口的接收信号提取 B 网元的时钟信息作为工作时钟；网元 D 通过从西向线路端口来自于网元 C 的线路信号中提取时钟，作为工作时钟。这样通过主从同步方式实现了该 SDH 网的所有网元的同步。

若网元 B 的时钟性能劣化，由于 ACD 三个网元都是跟踪到这个主时钟，因此整个 SDH 网络时钟性能均劣化；若网元 A 的同步性能劣化，不会影响到其他网元，没有网元跟踪此设备时钟；若网元 C 的同步性能劣化，网元 D 跟踪此设备时钟，故会影响到网元 D 的时钟性能。

为防止 SDH 主站的基准时钟源丢失，可将多路基准时钟源输入 SDH 主站，这多个基准时钟源可按其质量划分为不同级别，SDH 主站在正常时跟踪外部高级别时钟，在高级别基准时钟丢失后，转向跟踪较低级别的外部基准时钟，用来提高系统同步性能的可靠性。

与环网时钟的跟踪方式类似，环网拓扑结构如图 4-71 所示。环网中 NE1 为时钟主站，其所接的外时钟源为主时钟，其他网元跟踪这个主时钟。环网上网元 NE2-NE6 均从线路信号上提取时钟。考虑到转接次数和传输距离对时钟信号的影响，从站网元抽取最短路径时钟。

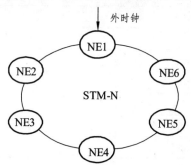

图 4-71　环网拓扑结构

4. S1 字节及时钟保护原理

SDH 网络的业务分插和路由重选能力使得网络的应用具有了前所未有的灵活性和高生存性，同时也使网络的同步定时选择变得更加复杂。在 SDH 网络中，节点间的定时基准分配是经过大量低等级的 SDH 网元时钟进行的，因而需要通过一定的手段对定时基准的质量进行标志，同步状态消息（SSM）就是用来显示定时基准质量的信息。

在 SDH 网络中，一个网元通常有多条同步时钟源的路径。为避免由于一套失踪同步路径的中断，导致整个同步网失步，可启用同步时钟自动保护倒换功能。即，若某个网元跟踪的同步时钟源丢失了，要求该设备能自动倒换到另一路径时钟源上。为了完成以上功能需要知道各时钟源的同步质量信息（SSM）。SDH 复用段开销利用 S1 字节的第 5 至第 8 比特传递 SSM 信息并可以表示 16 种不同的同步质量等级，如表 4-8 所示。

在 SDH 网络中，节点间的定时基准分配是经过大量较低等级的 SDH 网络时钟进行的。随着同步链路上网元数量的增加，定时基准信号的质量也逐渐恶化。因此，当网元有多个质量等级相同的同步路径可供选择时，采用经过网元数量最少的同步路径有助于提高 SDH 网络的定时性能。根据这个原则设计的 S1 字节算法，可以使网元能够选择质量等级最高、同步路径最短的时钟基准信号，其时钟选择遵循以下原则。

（1）当网元具有多个有效的时钟源可供选择时，网元首先根据时钟源的质量等级信息选择质量等级最高的时钟。

（2）当网元的多个时钟源质量等级一样时，网元根据时钟源传递路径经过的网元数量，选取经过网元数量最少的时钟源。

（3）网元将当前采用的时钟源质量等级信息和经过的网元数量信息通过 S1 字节传递给下游网元，并向其上游网元发送"不可用"的状态信息。

表 4-8　同步状态信息编码

S1（b5~b8）	S1	SDH 同步质量等级描述
0000	0x00	同步质量不可知（现存同步网）
0001	0x01	保留
0010	0x02	G.811 时钟信号
0011	0x03	保留
0100	0x04	G.812 转接局时钟信号
0101	0x05	保留
0110	0x06	保留
0111	0x07	保留
1000	0x08	G.812 本地局时钟
1001	0x09	保留
1010	0x0A	保留
1011	0x0B	同步设备定时源（SETS）
1100	0x0C	保留
1101	0x0D	保留
1110	0x0E	保留
1111	0x0F	不应用作同步

4.5.3　公务电话

1. 公务电话的作用

公务电话能够实现会议电话的功能，最多可举办 3 个会议电话，每个会议电话可处理最少 12 个方向、最多 28 个方向的会议电话，用于排障时各站之间的相互沟通。

2. 公务电话的呼叫方式

公务电话的呼叫功能是由公务板（OW）来实现的，公务板支持 3 种呼叫方式：点呼、群呼和主呼（强插）。

1）点　呼

呼叫号码设置：$P1P2P3$，其中 $Pn=0\sim9$（$n=1$，2，3）。摘机后，若听到拨号音则可以拨所设 3 位号码，进行点呼；若摘机后听到忙音表示目前无空闲信道。若拨"000"为本站振铃测试；若拨错号或等待 30 s 仍未拨号，则将听到忙音提示挂机。拨号后听到回铃音表示呼叫成功；若等待 30 s 对方仍未摘机，或对方正在与他站通话，则将听到忙音提示挂机。

点呼只能在对方站空闲的时候才能建立通话连接，对方挂机后将听到忙音。

2）群　呼

呼叫号码设置：群呼密码为 888，群呼号码为 $Q1Q2Q3$，其中 $Qn=0\sim9$（$n=1$，2，3）结合通配符使用。若拨号"*12"则为呼叫所有后两位为 12 的站点，"***"为呼叫所有站点。拨 #888$Q1Q2Q3$ 七位号码呼叫各对方站。

群呼只能与空闲的各被呼站监理通话连接，某被呼站挂机不会回送忙音。

3）主呼（强插）

呼叫号码设置：主呼密码为 999，主呼号码为 AAA，AAA=111 表示强插入 E1，AAA=222 表示强插入 E2。摘机后无论听到拨号音或忙音均可进行强插拨号。拨#999AAA 七位号码呼叫对方各站；若密码或号码错误，或等待 30 s 仍未拨号则将听到忙音提示挂机。若被强插的站点正在与它站进行通话，主呼站可直接加入其通话，即主呼可与无论忙闲的任何站建立通话连接，某被呼站挂机不会回送忙音。

3. 公务控制点及保护字节设置

1）公务控制点设置原则

控制点：可发送本点级别的检测信令的网元。

非控制点：只能转发收到的检测信令的网元。

由于公务电话工作于总线广播方式，当网络为环形组网时，公务信号反复叠加，引起啸叫。通过设置公务控制点可以切断网络环路，如图 4-72 所示，公务保护的基本目标：将环形网络打破，以保证公务正常。

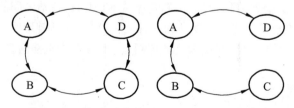

图 4-72　利用公务保护实现自动破环的示意图

设置公务控制点时，要遵循一定的原则，首先要分析组网图中的每一个环路，通过设置控制点将网络中所有的环路打断。控制点要尽量少，尽量选取光方向少的网元为控制点。

2）公务保护字节

公务控制点利用保护字节承载测试信息发送出去，通过是否能收到字节发送出去的信息来检测网络是否成环。

保护字节的设置是以光方向为单位的，各个光方向可以设置使用不同的字节。可设置的保护字节有：E2，F1，D12，R2C9（第 2 行第 9 列）。

3）保护字节配置的基本原则

光纤连接的 2 个光口使用的保护字节必须一致。如果组网中有设备只能使用 E2 字节，最好全网均使用 E2 做保护字节（此时只通一路公务）；若全网的设备均支持 R2C9，就用 R2C9 做保护字节。

4.6　任务：时钟和公务的配置

4.6.1　任务描述

某传输网络如图 4-73 所示，其中站 A、B、C、D 构成二纤环形光传输网，速率为 STM-4；站 D、E 构成二纤链形光传输线路，速率为 STM-1。

业务要求如下：

A 站位中心站，设置为中心网元、时钟和网管监控中心。

B 站为公务控制点。

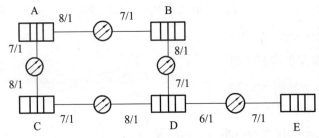

图 4-73　光传输网络示意图

4.6.2　任务分析

A、B、C、D 4 个站组成二纤环网，链路速率为 STM-4，各站之间的距离均在 45~80 km，各站业务均采用 SDH 系统进行传输。D 站和 E 站是 STM-1 二纤链形网，A 站为中心站，设置为网元头、时钟和网管监控中心。B 站为公务控制点，用来切断公务环路，保证公务通话正常。

4.6.3　任务实施

1. 配置步骤

公务及时钟配置步骤：

步骤一：列出各站所需单板类型及数量。

步骤二：进入网管软件，创建各网元并配置单板。

步骤三：完成各站之间的光纤连接。

步骤四：配置时钟优先级和 SSM 状态。

步骤五：配置公务联络号码及公务保护。

2. 时钟源配置

在客户端操作窗口，选择 SDH 网元，单击[设备管理]→[SDH 管理]→[时钟源]菜单项，弹出时钟源配置对话框，如图 4-74 所示。

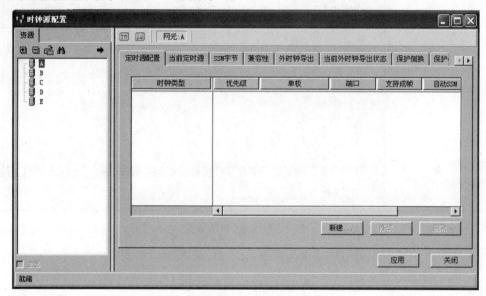

图 4-74　时钟源配置

时钟配置注意选择一个网头，一般情况下网头只可以配置外时钟和内时钟，如果用的是标准的 SSM，选择"时钟源配置"的"SSM 字节"中"启用 SSM"，在"时钟源配置"的"定时源配置"中的"自动 SSM"才会生效。

（1）配置 A 网元：双击左边的字母 A，箭头显示为蓝色，表面选择的网元为 A 网元。在"定时源配置"对话框中单击"新建"按钮，弹出定时源配置对话框，选择时钟类型为"外时钟"，如图 4-75 所示。

图 4-75　定时源配置

单击"确定"按钮，在时钟源配置对话框中单击"应用"。

选择"SSM 字节"标签，选定"启用 SSM 字节"复选框，在"SSM 配置"中选择"ITU标准"；在"自振质量等级"中选择"PRC/G.811 时钟信号（等级最高）"，如图 4-76 所示，先单击"应用"，再单击"关闭"。

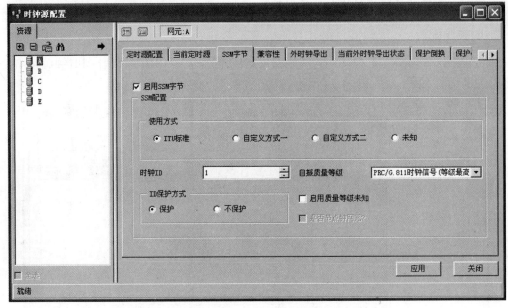

图 4-76 SSM 字节配置

（2）依照 A 网元的配置方法依次配置 B、C、D、E 网元，如表 4-9 所示。

表 4-9 时钟源配置明细表

网元	时钟源类型	优先级	单板	端口
A	外时钟	1	—	—
B	线路抽时钟	1	OL4[1-1-7-3]	1
C	线路抽时钟	1	OL4[1-1-8-3]	1
D	线路抽时钟	1	OL4[1-1-7-3]	1
E	线路抽时钟	1	OL1[1-1-7-3]	1

3. 公务配置

选择 SDH 网元，在客户端操作窗口中，单击[设备管理→公共管理→公务配置]菜单项，弹出公务配置对话框，如图 4-77 所示。

（1）公务号码的配置，可以选择"自动设置"。

自动设置可将全网中所有网元进行公务号码的分配，不再对一个个网元去配置号码。公务号码会按照创建网元的顺序倒着安排，譬如一共有 10 个网元，A 是第一个创建的网元，Z是第十个创建的网元，则 A 的号码就为 109，Z 为 100，如果不满意，可以自行修改。

（2）公务控制点的配置：当网络成环的时候，为了防止公务成环，会配置公务控制点。链形网无需配置公务控制点。

公务控制点可以使网络中的任意一个网元，可以选择多个控制点，但是注意对于每一个控制点都有一个优先级。点击"查询保护"查看所有的公务控制点以及优先级顺序。

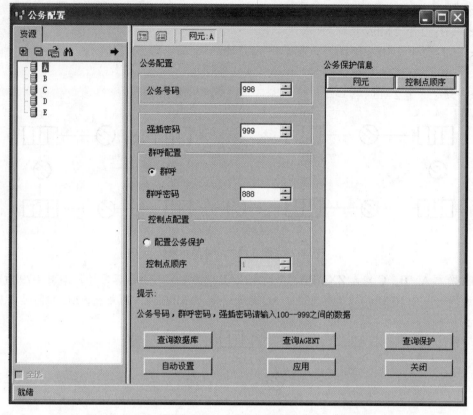

图 4-77　公务配置

4.6.4　任务总结

（1）本次任务主要完成时钟和公务的配置，要正确配置时钟和公务，就需要了解掌握 SDH 网元时钟源的种类、SDH 网络时钟配置原则、公务字节配置原则等方面的知识。

（2）SDH 一个显著特点是时钟和公务不能成环，如果是链形网络就不存在这个问题。

（3）设置公务控制点时，将设置为控制点的网元断开，如果所有的环路都被打破则设置正确。

思考与拓展

（1）简述我国的复用路线图。

（2）MSTP 采用的哪几种封装技术？

（3）虚级联技术可以对哪几种 VC 实现虚级联，各 VC 级联的个数范围是多少？

（4）SDH 网元的时钟源有哪几种？

（5）某光传输网如图 4-78 所示：站点 A、B、C、D 构成二纤环形光传输网，速率为 STM-1；站点 E、F、G、H 构成二纤环形光传输网，速率为 STM-4。CH 是 STM-4 二纤链。各站点均使用 ZXMP S325 设备。

业务说明如下：

A<—>C：2 个 2 Mb/s 接口。

E<—>G：2 个 2 Mb/s 接口。

A<—>H：2 个 2 Mb/s 接口。

A<—>F：2 个 2 Mb/s 接口。

D<—>F：2 个 2 Mb/s 接口。

D<—>G：2 个 2 Mb/s 接口。

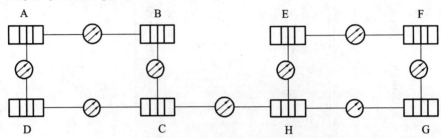

图 4-78　题 5 网元间连接示意图

（6）网元 A、B、C 均为 ZXMP S325 设备；ABC 组成 622 Mb/s 二纤环，如图 4-79 所示。配置 AB 站间的一个 10 Mb/s 以太网业务，AC 站间一个 10 Mb/s 以太网业务，BC 站间可以互通。

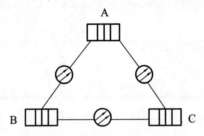

图 4-79　题 6 网元间连接示意图

若将上述业务要求改为 BC 站间不能互通业务，又该如何配置。

（7）组网规划如图 4-80 所示。

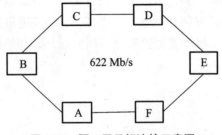

图 4-80　题 7 网元间连接示意图

A、B、C、D、E 为 ZXMP S325 设备，共同组成一个 622 Mb/s 环。其中 B 为网头网元，C 为公务控制点，配置时钟和公务。

第 5 章　传输网的自愈性及网络保护的配置

【内容概述】

本章基于实际工程中传输网络的生存性的需要，介绍了传输网的链形网保护及环形网保护，对于通道保护和复用段保护进行了详细的区分。设置出"通道保护的配置"和"复用段保护的配置"两个学习任务，使学生能够独立完成 SDH 传输网络保护的配置，理解网络自愈保护的原理及重要性。

【学习目标】

在知识准备模块，会系统介绍网络自愈的知识，在典型任务模块，完成通道保护的配置任务。理论与实际相结合，全面掌握自愈网络的保护原理及配置。

【知识要点】

（1）网络自愈原理。
（2）链网保护机制。
（3）通道环网保护机制
（4）复用段环网保护机制。

5.1　链形网保护

5.1.1　网络的自愈性

1. 网络保护的重要意义

随着科技的发展，人们的生活和工作对通信的依赖越来越大。据统计，通信中断 1 小时可使保险公司损失 2 万美元、使航空公司损失 250 万美元、使投资银行损失 600 万美元，通信中断 2 天足以让银行倒闭。所以通信网络的生存性已成为现代网络规划设计和运行的关键性因素之一。

网络生存性是指在网络发生故障后能尽快利用网络中空闲资源为受影响的业务重新选路，使业务继续进行，以减少因故障而造成的社会影响和经济上的损失，使网络维持一个可以接受的业务水平的能力。

网络生存性包括广义网络生存性、狭义网络生存性。其中广义网络生存性又可分为故障检测、故障定位、故障通知、故障恢复；狭义网络生存性分为保护机制和恢复机制。

保护机制是利用节点之间预先分配的带宽资源对网络故障进行修复的机制，一般在工作路径建立的同时建立保护路径。

恢复机制是指不进行预先的带宽资源预留，当发生故障后，再利用节点之间的可用资源动态地进行重路由来代替故障路由的机制。

2. 自愈的概念及分类

传输网上的业务按流向可分为单向业务和双向业务。以环网为例说明单向业务和双向业务的区别。如图 5-1 所示。

若 A 和 C 之间互通业务，A 到 C 的业务路由假定是 A→B→C，若此时 C 到 A 的业务路由是 C→B→A，则业务从 A 到 C 和从 C 到 A 的路由相同，称为一致路由。若此时 C 到 A 的路由是 C→D→A，那么业务从 A 到 C 和业务从 C 到 A 的路由不同，称为分离路由。

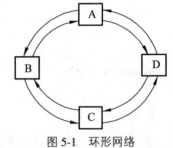

图 5-1　环形网络

网络中一致路由的业务为双向业务，分离路由的业务为单向业务。常见组网的业务方向和路由如表 5-1 所示。

表 5-1　常见组网的业务方向和路由表

组网类型		路由	业务方向
链形网		一致路由	双向
环形网	双向通道环	一致路由	双向
	双向复用段环	一致路由	双向
	单向通道环	分离路由	单向
	单向复用段环	分离路由	单向

所谓自愈是指在网络发生故障（如光纤断）时，无需人为干预，网络自动地在极短的时间内（ITU-T 规定为 50 ms 以内），使业务自动从故障中恢复传输，使用户几乎感觉不到网络出了故障。

自愈的基本原理是：网络要具备发现替代传输路由并重新建立通信的能力。替代路由可采用备用设备或利用现有设备中的冗余能力，以满足全部或指定优先级业务的恢复。由上可知网络具有自愈能力的先决条件是有冗余的路由、网元强大的交叉能力以及网元一定的智能。

自愈是通过备用信道将失效的业务恢复，而不涉及具体故障的部件和线路的修复或更换。所以故障的修复仍需人工干预才能完成，正如断了的光缆还需人工接续一样。

自愈网的分类方式分为多种，按照网络拓扑的方式可以分为：

1）链形网络业务保护方式

（1）1+1 通道保护。

（2）1+1 复用段保护。

（3）1：1 复用段保护。

2）环形网络业务保护方式

（1）二纤单向通道保护环。

（2）二纤双向通道保护环。

（3）二纤单向复用段保护环。

（4）二纤双向复用段保护环。

（5）四纤双向复用段保护环。

3）环间业务保护方式

（1）双节点互连：DNI 保护方式。

（2）多节点互连：转化为双节点互连。

5.1.2　链形网保护

链形网的特点：具有时隙复用功能，即线路 STM-N 信号中某一序号的 VC 可在不同的传输光缆段上重复利用。

如图 5-2 所示，A—B、B—C、C—D 以及 A—D 之间通有业务，这时可将 A—B 之间的业务占用 A—B 光缆段 X 时隙（序号为 X 的 VC，例如 3×VC-4 的第 48 个 VC-12），将 B—C 的业务占用 B—C 光缆段的 X 时隙（第 3×VC-4 的第 48 个 VC-12），将 C—D 的业务占用 C—D 光缆段的 X 时隙（第 3×VC4 的第 48 个 VC-12），这种情况就是时隙重复利用。这时 A—D 的业务因为光缆的 X 时隙已被占用，所以只能占用光路上的其他时隙 Y 时隙，例如第 3×VC-4 的第 49 个 VC-12 或者第 7×VC-4 的第 48 个 VC-12。

链网的这种时隙重复利用功能，使网络的业务容量增大。网络的业务容量指能在网上传输的业务总量。网络的业务容量和网络拓扑，网络的自愈方式和网元节点设备间业务分布关系有关。

链网的最小业务量发生在链网的端站为业务主站的情况下，所谓业务主站是指各网元都与主站互通业务，其余网元之间无业务互通。以图 5-2 为例，若 A 为业务主站，那么 B、C、D 之间无业务互通。此时，B、C、D 分别与网元 A 通信。这时由于 A—B 光缆段上的最大容量为 STM-N（因系统的速率级别为 STM-N），则网络的业务容量为 STM-N。

链网达到业务容量最大的条件是链网中只存在相邻网元间的业务。如图 5-2 所示，此时网络中只有 A—B、B—C、C—D 的业务不存在 A—D 的业务。这时时隙可重复利用，那么在每一个光缆段上业务都可占用整个 STM-N 的所有时隙，若链网有 M 个网元，此时网上的业务最大容量为（M-1）×STM-N，M-1 为光缆段数。

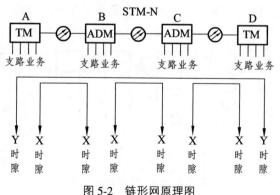

图 5-2　链形网原理图

常见的链网：二纤链——不提供业务的保护功能（不提供自愈功能）；四纤链——一般提供业务的 1＋1 或 1：1 保护，四纤链中两根光纤收/发作主用信道，另外两根光纤收/发作备用信道。

链形网保护的基本类型有：通道 1+1 保护，复用段 1+1 保护，复用段 1：1 保护。

1. 通道 1+1 保护

通道 1+1 保护是以通道为基础的，倒换与否按分出的每一通道信号质量的优劣而定。

通道 1+1 保护使用并发优收原则。插入时，通道业务信号同时馈入工作通路和保护通路；分出时，同时收到工作通路和保护通路两个通道信号，按其信号的优劣来选择一路作为分路信号。

通常利用简单的通道 PATH-AIS 信号作为倒换依据，而不需 APS 协议，倒换时间不超过 10 ms。

2. 复用段 1+1 保护

复用段保护是以复用段为基础的，倒换与否按每两站间的复用段信号质量的优劣而定。当复用段出故障时，整个站间的业务信号都转到保护通路，从而达到保护的目的。

复用段 1+1 保护方式中，业务信号发送时同时跨接在工作通路和保护通路。正常时工作通路接收业务信号，当系统检测到 LOS、LOF、MS-AIS 以及误码 > 10E-3 告警时，则切换到保护通路接收业务信号，如图 5-3 所示。

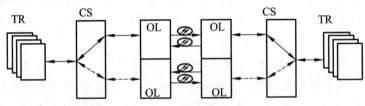

图 5-3 1+1 复用段保护链

3. 复用段 1：1 保护

复用段 1：1 保护与复用段 1+1 保护不同，业务信号并不总是同时跨接在工作通路和保护通路上的，所以还可以在保护通路上开通低优先级的额外业务。

当工作通路发生故障时，保护通路将丢掉额外业务，根据 APS 协议，通过跨接和切换的操作，完成业务信号的保护。正常工作时，1：1 相当于 2+0，如图 5-4 所示。

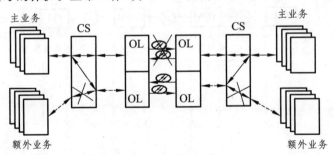

图 5-4 1：1 复用段保护链

5.2　通道保护环

5.2.1　自愈环的分类

按环上业务的方向可将自愈环分为：单向环和双向环两大类；按网元节点间的光纤数可将自愈环划分为：二纤环（一对收/发光纤）和四纤环（两对收发光纤）；按保护的业务级别可将自愈环划分为：通道保护环和复用段保护环两大类。通道保护环和复用段保护环的区别如表 5-2 所示。

由于 STM-N 帧中只有 1 个 K1 和 1 个 K2，所以复用段保护倒换是将环上的所有主用业务 STM-N（四纤环）或 1/2STM-N（二纤环）都倒换到备用信道上去，而不是仅仅倒换其中的某一个通道。

表 5-2　通道环与复用段环的区别

项目	通道保护环	复用段倒换环
保护单元	以通道为基础，保护的是 STM-N 信号中的某个 VC（某一路 PDH 信号）	以复用段为基础，保护的是一个 STM-N 中的每个 STM-1
倒换条件	PATH-AIS	LOF、LOS、MS-AIS、MS-EXC 四种告警指示信号
倒换方式	仅将该 TU-12 通道切换到备用信道上去	环上整个 STM-N 或 1/2STM-N 的业务信号都切换到备用信道上
光纤利用率	专用保护，在正常情况下保护信道也传主用业务（业务的 1+1 保护），信道利用率不高	正常时主用信道传主用业务，1:1 保护的保护方式备用信道传额外业务，信道利用率高

5.2.2　二纤单向通道保护环

二纤单向通道保护环由两根光纤组成两个环，其中一个为主环 S1，一个为备环 P1。两环的业务流向一定要相反，通道保护环的保护功能是通过网元支路板的倒换功能来实现的，也就是支路板将支路上环业务并发到主环 S1、备环 P1 上，两环上业务完全一样且流向相反，平时网元支路板从主环下支路的业务，如图 5-5 所示。

若环网中网元 A 与 C 互通业务，网元 A 和 C 都将上环的支路业务并发到环 S1 和 P1上。P1 为顺时针。在网络正常时，网元 A 和 C 都选收主环 S1 上的业务。那么 A 与 C 业务互通的方式是 A 到 C 的业务经过网元 B 穿通，由 S1 光纤传到 C（主环业务）；由 P1 光纤经过网元 D 穿通传到 C（备环业务）。在网元 C 支路板选收主环 S1 上的 A→C 业务，完成网元 A 到网元 C 的业务传输。网元 C 到网元 A 的业务传输与此类似：S1：C→D→A；P1：C→B→A。收端选用 S1：C→D→A。

当 BC 光缆段的光纤同时被切断，注意此时网元支路板的并发功能没有改变，也就是此时 S1 环和 P1 环上的业务还是一样的，如图 5-6 所示。

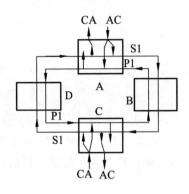

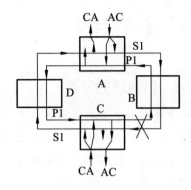

图 5-5　二纤单向通道保护环　　　　图 5-6　二纤单向通道保护环的倒换（故障时）

这时网元 A 与网元 C 之间的业务如何被保护呢？网元 C 到网元 A 的业务由网元 C 的支路板并发到 S1 和 P1 光纤上，其中 S1 光纤的业务经网元 D 穿通传至网元 A，P1 光纤的业务经网元 B 穿通，由于 BC 间光缆断，所以光纤 P1 上的业务无法传到网元 A，不过由于网元 A 默认选收主环 S1 上的业务，这时网元 C 到网元 A 的业务并未中断，网元 A 的支路板不进行保护倒换。

网元 A 的支路板将到网元 C 的业务并发到 S1 环和 P1 环上，其中 P1 环上的 A 到 C 业务经网元 D 穿通传到网元 C，S1 环上的 A 到 C 业务，由于 BC 间光纤断所以无法传到网元 C，网元 C 默认是选收主环 S1 上的业务，此时由于 S1 环上的 A→C 的业务传不过来，网元 C 的支路板就会收到 S1 环上 TU-AIS 告警信号。网元 C 的支路板收到 S1 光纤上的 TU-AIS 告警后，立即切换到选收备环 P1 光纤上的 A 到 C 的业务，于是 A→C 的业务得以恢复，完成环上业务的通道保护，此时网元 C 的支路板处于通道保护倒换状态——切换到选收备环方式。

二纤单向通道保护环的优点是倒换速度快。由于上环业务是并发选收，所以通道业务的保护实际上是 1+1 保护。业务流向简洁明了，便于配置维护。

二纤单向通道保护环的缺点是网络的业务容量不大。二纤单向保护环的业务容量恒定是 STM-N，与环上的节点数和网元间业务分布无关。若网元 A 和网元 D 之间有一业务占用 X 时隙，由于业务是单向业务，那么 A→D 的业务占用主环的 A—D 光缆段的 X 时隙（占用备环的 A—B、B—C、C—D 光缆段的 X 时隙）；D—A 的业务占用主环的 D—C、C—B、B—A 的 X 时隙（备环的 D—A 光缆段的 X 时隙）。也就是说 A—D 间占 X 时隙的业务会将环上全部光缆的（主环、备环）X 时隙占用，其他业务将不能再使用该时隙了（没有时隙重复利用功能）。这样，当 A—D 之间的业务为 STM-N 时，其他网元之间将不能再互通业务了——即环上无法再增加业务了，因为环上整个 STM-N 的时隙资源都已被占用，所以单向通道保护环的最大业务容量是 STM-N。

二纤单向通道环多用于环上有一站点是业务主站、业务集中站的情况。

在组成通道环时要特别注意的是主环 S1 和备环 P1 光纤上业务的流向必须相反，否则该环网无保护功能。通道保护环是仅仅倒换其中的某一个通道。

5.2.3　二纤双向通道保护环

二纤双向通道保护环上业务为双向（一致路由），保护机理也是支路的"并发优收"，业务保护是 1+1 的，网上业务容量与单向通道保护二纤环相同，如图 5-7 所示。二纤双向通道环与二纤单向通道环之间可以相互转换。多数厂商设备在配置通道环时按照二纤双向通道环方式配置，当只有一端发生倒换时，则转变成二纤单向通道环；若两端都发生倒换时，则仍然是二纤双向通道环。

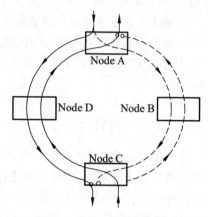

图 5-7　二纤双向通道保护环

当网络发生自愈时，业务切换到备用信道传输，切换的方式有返回式和非返回方式两种。返回式指在主用信道发生故障时，业务切换到备用信道，当主用信道修复后，再将业务切回主用信道。在主要信道修复后还要再等一段时间，一般是几到十几分钟，以使主用信道传输性能稳定，这时才将业务从备用信道切换过来。非返回式指在主用信道发生故障时，业务切换到备用信道，主用信道恢复后业务不切回主用信道，此时将原主用信道作为备用信道，原备用信道当作主用信道，在原备用信道发生故障时，业务才会切回原主用信道。

5.3　任务：通道保护的配置

5.3.1　任务描述

某地市构建了如图 5-8 所示的光传输网络。其中站 A、B、C、D 构成二纤环形光传输网，速率为 STM-4；站 D、E 构成二纤链形光传输线路，速率为 STM-1。

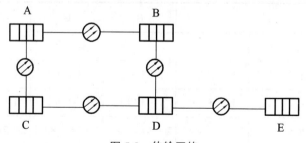

图 5-8　传输网络

各站点已经配置好的业务类型及数量如下。

A 站上下的业务：电话 130 路，采用 64 kb/s 的 PCM 编码。其中对 B 站 50 路，配置 2 个 2 Mb/s 接口；对 C 站 80 路，配置 3 个 2 Mb/s 接口；与 D 站有 10 条 E1 进行连接；共计 15 条 2 Mb/s 接口；与 C 站进行图像数据传输 1 路，配置 1 个 E3 接口。

B 站上下的业务：电话 50 路，采用 64 kb/s 的 PCM 编码，配置 2 个 2 Mb/s 接口。

C 站上下的业务：电话 80 路，采用 64 kb/s 的 PCM 编码，配置 3 个 2 Mb/s 接口；与 A 站进行图像数据传输 1 路，配置 1 个 E3 接口。

D 站上下的业务：与 E 站通信配置 4 个 E1，与 A 站有 10 条 E1 进行连接，共计 14 条 E1。

E 站上下的业务：与 D 站通信配置 4 个 2 Mb/s 接口。

基于传输网络的生存性，要求在 A、D 间增加双向的通道保护环以及 D、E 间的通道保护链。

5.3.2 任务分析

A、B、C、D 4 个站组成二纤环网，链路速率为 STM-4，各站之间的距离均在 45～80 km 之间，各站业务均采用 SDH 系统进行传输。D 站和 E 站是 STM-1 二纤链形网，A 站为中心站，设置为网元头、时钟和网管监控中心。本次任务需要完成 A 和 D 之间的二纤通道保护环以及 D 和 E 之间的四纤通道保护链。在链形网，二纤是无法进行保护的，必须是四纤才能进行通道保护配置，因此 D、E 两站间采用四纤连接。

1. 业务分析

1）各站需要的业务类型及数量

A 到 D 的工作通道为 A—B—D，保护通道为 A—C—D。D 到 E 的工作通道为槽位 4，保护通道为槽位 5。对 A 到 D 业务，B 和 C 都是直通站，不需要上下业务。

2）各站所需要的光接口数量

A、B、C、D 4 个站构成了一个环网，每个站至少有 2 个光方向，所以网元类型均为 ADM。D 站和 E 站分布有一个 STM-1 光支路信号，并且 D 和 E 之间需要配置通道保护，因此 D 站与 E 站均需提供 4 个 STM-1 光接口。

2. 各站设备及单板选择

选用中兴通讯 ZXMP S325 传输设备，各站单板配置如表 5-3 所示。

表 5-3 站点配置明细表

站点	A	B	C	D	E
单板类型	单板数量				
网元控制板（NCP）	1（17#）	1（17#）	1（17#）	1（17#）	1（17#）
公务板（OW）	1（18#）	1（18#）	1（18#）	1（18#）	1（18#）
交叉时钟线路板（OCS4）	2（7#、8#）	2（7#、8#）	2（7#、8#）	2（7#、8#）	2（7#、8#）
2 Mb/s 电业务板（EPE1x21）	1（1#）	1（1#）	1（1#）	1（1#）	1（1#）
34 Mb/s 电业务板（ETT3）	1（2#）	—	1（2#）	—	—
光线路板（OL1）	—	—	—	1（6#）	—

其中，E 站的 OCS4 单板配置的光线路信号处理模块为 OL1。

5.3.3 任务实施

1. 配置步骤

配置步骤如下：

步骤一：列出各站所需单板类型及数量。

步骤二：进入 E300 网络管理软件，创建个网元并配置单板。

步骤三：完成各站之间的光纤连接。

步骤四：根据业务规划，完成各站之间的业务配置。

步骤五：链形网通道保护业务配置。

步骤六：环形网通道保护业务配置。

2. 链形网通道保护配置

D 站与 E 站间配置四纤的网元间连接，各需要 2 对 STM-1 光接口。网元间连接示意图如图 5-9 所示，传输网络建立后如图 5-10 所示。

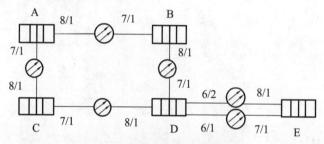

图 5-9　网元间连接示意图

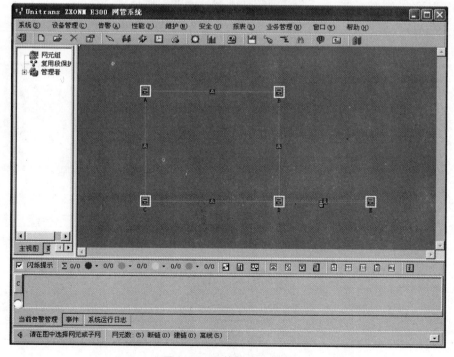

图 5-10　网络组网示意图

本任务是在已配置业务的网络基础上，再配置与其收发节点相同而传送路由不同的时隙连接。通道保护配置是将已配置的业务，在另一个路由上再配置一遍。也即将该业务配置两遍，先配置的时隙为工作通路，后配置的时隙为保护通路。

第一步：配置 D 与 E 的工作通路。

详见第 4 章任务一。D 站业务配置到接口 1 上。E 站配置到槽位 7 的光线路板上。

第二步：配置 D 与 E 的保护通路（图 5-11 ~ 5-12）。

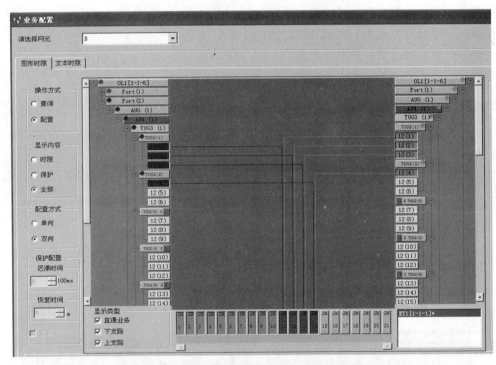

图 5-11　D 站到 E 站业务 D 站通道保护的配置

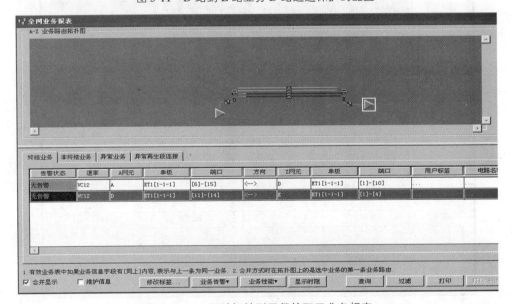

图 5-12　DE 两站间链形网保护配置业务报表

方法同上。D 站保护通路连接的 6 号槽位 OL1 单板的接口 2，电支路板的时隙号保持不变。E 站保护通路连接的 8 号槽位 OL1 单板的接口 1，电支路板的时隙号保持不变。

业务配置后，在业务配置窗口光线路板前有一个绿色圆点，保护通路配置完成后，在该光线路板端口前圆点的颜色改变了。未配置通道保护的为绿色。配置了通道保护的为红色或蓝色。先配置时隙的为工作通路，显示为红色；后配置的时隙为保护通路，显示为蓝色。如图 5-11 所示。

第三步：检查保护配置是否正确。

选中 D、E 网元，单击[报表→全网业务报表]，弹出"全网业务网元选择框"，选中网元后，单击"确定"，弹出"全网业务报表"。单击 DE 两站间的业务，查看业务视图。在其业务视图上显示该单个业务有两条传输路径，即一个为工作路径，一个为保护路径，如图 5-12 所示。

3. 二纤双向通道保护环的配置

A 站到 D 站的工作通道 A—B—D 已配置完成，本任务主要阐述 A 站到 D 站的保护通路 A—C—D 的业务配置。

保护通路需配置为工作通路的冗余时隙，需要参考工作通路时隙配置来进行配置。以下为参考工作通路时隙配置（包括所有业务时隙配置）。

1）工作通路时隙配置

（1）A—B 有两个 2 Mb/s 的业务。

A：1#ET1（1#~2# 2M）——8#OL4（1PORT <u>1AUG 1TUG3 1TUG2 1#~2# TU12</u>）

B：7#OL4（1PORT <u>1AUG 1TUG3 1TUG2 1#~2# TU12</u>）——ET1（1#~2# 2M）

（2）A—C 有 3 个 2 Mb/s 的业务和一个 34 Mb/s 的业务。

A：1#ET1（3#~5# 2M）——7#OL4（1PORT <u>1AUG 1TUG3 1TUG2 1#~3# TU12</u>）

ETT3（1# 34M）——7#OL4（1PORT <u>1AUG 2TUG3</u>）

C：8# OL4 OL4（1PORT <u>1AUG 1TUG3 1TUG2 1#~3# TU12</u>）——1#ET1（1#~3# 2M）

8# OL4（1PORT <u>1AUG 2TUG3</u>）——2#ETT3（1# 34M）

（3）A—D 有 10 个 2 Mb/s 的业务。

此业务需经由 B 点转发（A—B—D），B 站是直通站，不需要上下业务（亦可由 C 转发）。

A：1#ET1（6#~15# 2M）——8#OL4（1PORT <u>1AUG 1TUG3 1TUG2 3#~12# TU12</u>）

B：7#OL4（1PORT <u>1AUG 1TUG3 1TUG2 3#~12# TU12</u>）——

8#OL4（1PORT <u>1AUG 1TUG3 1TUG2 1#~10# TU12</u>）

D：7#OL4（1PORT <u>1AUG 1TUG3 1TUG2 1#~10# TU12</u>）——1#ET1（1#~10# 2M）

（4）D—E 有 4 个 2 Mb/s 业务。

D：1#ET1（11#~14# 2M）——6#OL1（1PORT <u>1AUG 1TUG3 1TUG2 1#~4# TU12</u>）

E：7#OL1（1PORT <u>1AUG 1TUG3 1TUG2 1#~4# TU12</u>）——1#ET1（1#~4# 2M）

2）保护通路时隙配置

第一步：配置 A 站的保护业务。

A 站发送到目的网元 D 站 10 条 E1 业务的保护通路时隙配置：

A：1#ET1（6#~15# 2M）——7#OL4（1PORT <u>1AUG 1TUG3 1TUG2 4#~13# TU12</u>）

具体配置如图 5-13 所示。

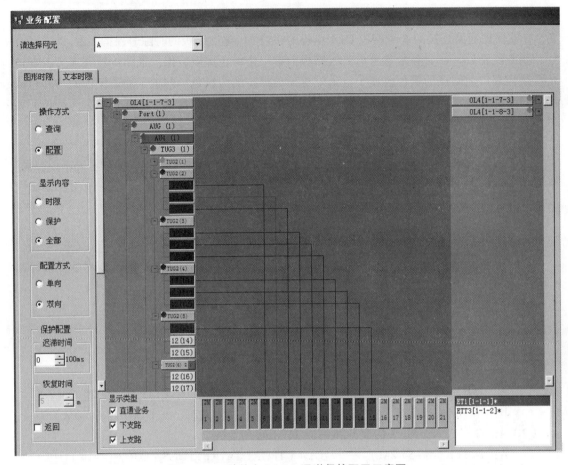

图 5-13　A 站的上 2 Mb/s 通道保护配置示意图

第二步：配置 C 站的直通业务。

C 站的直通业务从 8 号槽位的 OL4 单板配置到 7 号槽位的 OL4 单板上，其配置如下：

C：8#OL4（1PORT <u>1AUG 1TUG3 1TUG2 4#~13# TU12</u>）——7#（1PORT <u>1AUG 1TUG3 1TUG2 1#~10# TU12</u>）

第三步：配置 D 站的保护业务。

D 站接收源自 A 站的 10 条 E1 业务的保护通路时隙配置：

D：8#（1PORT <u>1AUG 1TUG3 1TUG2 1#~10# TU12</u>）——1#ET1（1#~10# 2M）

第四步：检查配置是否正确。

选中 A、B、C、D 4 个网元，查看全网业务报表。在全网业务报表中显示该业务有 2 条路径传送，这两条路径构成封闭的环形，即配置成功，如图 5-14 所示。

5.3.4　任务总结

本任务介绍了光传输自愈网的基本概念、保护的分类、保护机制及二纤单/双向通道保护环的原理，通道保护的配置过程、基本原则。要求学生能够对所给业务配置通道保护并能进行检查。

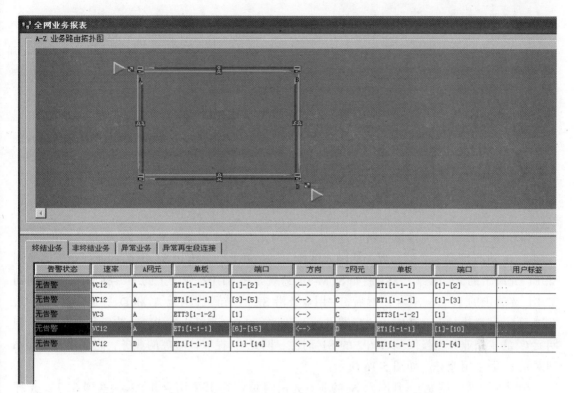

图 5-14　A 站到 D 站 10 个 2 Mb/s 电路业务报表（配置通道保护）

5.4　复用段保护

5.4.1　复用段自愈环保护

1. 二纤双向复用段保护环

二纤双向复用段倒换环（也称二纤双向复用段共享环）是一种时隙保护。即将每根光纤的前一半时隙（例如 STM-16 系统为 1#~8#AU4）作为工作时隙，传送主用业务；后一半时隙（例如 STM-16 系统的 9#~16#AU4）作为保护时隙，传送额外业务。也就是说一根光纤的保护时隙用来保护另一根光纤上的主用业务。例如，S1/P2 光纤上的 P2 时隙用来保护 S2/P1 光纤上的 S2 业务，因此在二纤双向复用段保护环上无专门的主、备用光纤，每一条光纤的前一半时隙是主用信道，后一半时隙是备用信道，两根光纤上业务流向相反。二纤双向复用段保护环的保护机理如图 5-15 和图 5-16 所示。

在网络正常情况下，网元 A 到网元 C 的主用业务放在 S1/P2 光纤的 S1 时隙（对于 STM-16 系统，主用业务只能放在 STM-16 的 1#~8#AU4 中），沿 S1/P2 光纤由网元 B 穿通传到网元 C，网元 C 从 S1/P2 光纤上的接收 S1 时隙所传的业务。网元 C 到 A 的主用业务放于 S2/P1 光纤的 S2 时隙，经网元 B 穿通传到网元 A，网元 A 从 S2/P1 光纤上提取相应的业务，如图 5-15 所示。

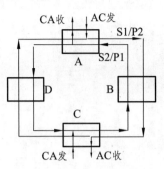

图 5-15 二纤双向复用段保护环

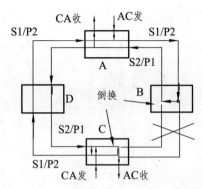

图 5-16 二纤双向复用段保护环（故障时）

当环网 B-C 间光缆段被切断时，网元 A 到网元 C 的主用业务沿 S1/P2 光纤传到网元 B，在网元 B 进行倒换（故障邻近点的网元倒换），将 S1/P2 光纤上 S1 时隙的业务全部倒换到 S2/P1 光纤上的 P1 时隙上去（例如 STM-16 系统是将 S1/P2 光纤上的 1#~8#AU4 全部倒到 S2/P1 光纤上的 9#~16#AU4），然后，主用业务沿 S2/P1 光纤经网元 A 和 D 穿通传到网元 C，在网元 C 同样执行倒换功能（故障端点站），即将 S2/P1 光纤上的 P1 时隙所载的网元 A 到网元 C 的主用业务倒换回到 S1/P2 的 S1 时隙，网元 C 提取该时隙的业务，完成接收网元 A 到网元 C 的主用业务，如图 5-16 所示。

在图 5-16 中，网元 C 到网元 A 的业务先由网元 C 将其主用业务 S2 倒换到 S1/P2 光纤的 P2 时隙上，然后，主用业务沿 S1/P2 光纤经网元 D 和 A 穿通到达网元 B，在网元 B 处同样执行倒换功能，将 S1/P2 光纤的 P2 时隙业务倒换到 S2/P1 光纤的 S2 时隙上去，经 S2/P1 光纤传到网元 A 落地。以上倒换完成了环网在故障时业务的自愈。

P1、P2 时隙在线路正常时也可以用来传送额外业务。当光缆故障时，额外业务被中断，P1、P2 时隙作为保护时隙传送主用业务。

与通道保护环比较起来，复用段环需要用到 APS 协议，因此保护倒换时间稍长，通常设备的保护倒换时间小于 30 ms。

二纤双向复用段保护环的业务容量即最大业务量为（K/2）×STM-N，K 为网元数（K≤16）。这是在一种极限情况下的最大业务量，即环网上只存在相邻节点的业务，不存在跨节点业务。这时每个光缆段均为相邻互通业务的网元专用，例如 A-D 光缆只传输 A 与 D 之间的双向业务，D-C 光缆段只传输 D 与 C 之间的双向业务等。相邻网元间的业务不占用其他光缆段的时隙资源，这样各个光缆段都最大传送 1/2×STM-N 的业务（时隙可重复利用），而环上的光缆段的个数等于环上网元的节点数，所以这时网络的业务容量达到最大（K/2）×STM-N。

（中兴通讯设备的复用段保护方式是返回式的，默认的保护倒换恢复时间为 8 分钟。）

2. 四纤双向复用段保护环

四纤环由 4 根光纤组成，这 4 根光纤分别为 S1、P1、S2、P2。其中，S1、S2 为主纤传送主用业务；P1、P2 为备纤传送保护业务。也就是说 P1、P2 光纤分别用来在主纤故障时保护 S1、S2 上的主用业务。请注意 S1、P1、S2、P2 光纤的业务流向，S1 与 S2 光纤业务流向相反（一致路由，双向环），S1、P1 和 S2、P2 两对光纤上业务流向也相反，从图 5-17 可看出 S1 和 P2，S2 和 P1 光纤上业务流向相同。另外，要注意的是，四纤环上每个节点设备的配置要求是双 ADM 系统，因为一个 ADM 只有东/西两个线路端口（一对收发光纤称之为一个线路端口），而四纤环上的网元节点是东/西向各有两个线路端口，所以要配置成双 ADM 系统。

在环网正常时，网元 A 到网元 D 的主用业务从 S1 光纤经 B 网元到 C，网元 D 到网元 A 的业务经 S2 光纤经网元 B 到 A（双向业务）。网元 A 和 D 通过收主纤上的业务互通两网元之间的主用业务，如图 5-17 所示。

当 B-C 间光缆发生故障时，环上业务会发生跨段倒换或跨环倒换，倒换触发条件和倒换过程如下：

1）跨段倒换

对于四纤环，如果故障只影响工作信道，业务可以通过倒换到同一跨段的保护信道来进行恢复。如图 5-18 所示，当网元 B→C 间的工作光纤 S1 断开，而 S2、P1、P2 光纤都是正常的，则 A 到 D 的业务经 S1 光纤传到 B 点后在 B 点发生跨段倒换，即业务由 S1 倒换到 P2，在 C 点再发生跨段倒换，业务由 P2 倒换回 S1，继续经 S1 传到 D 点落地。而 D 到 A 的业务同样在 C、B 两点发生跨段倒换。因此，在发生跨段倒换前后，业务经过的路由没有改变，仍然是：A→B→C→D 和 D→C→B→A。

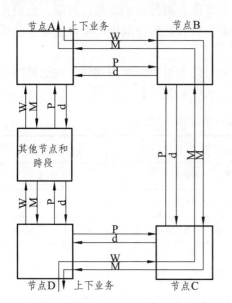

图 5-17　正常情况下节点 A、D 之间业务经由节点 B、C

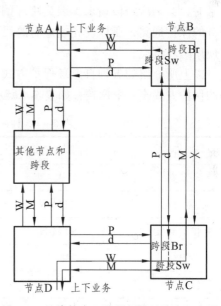

图 5-18　故障状态下跨段倒换时路由示意图

2）跨环倒换

对于四纤环，如果故障既影响工作信道，又影响保护信道，则业务可以通过跨环倒换来进行恢复。如图 5-19 所示，当网元 B→C 间的工作光纤 S1 和 P1 都断开时，A 到 D 的业务经 S1 光纤传到 B 点后在 B 点发生跨环倒换，即业务由 S1 倒换到 P1，由 P1 传回到 A 点，再继续传到 D 点、C 点，在 C 点再发生跨环倒换，业务由 P1 倒换回 S1，继续经 S1 传到 D 点落地。而 D 到 A 的业务同样在 C、B 两点发生跨环倒换。因此，在发生跨环倒换后，A－D 的双向业务经过的路由发生了改变，分别是：A→B→A→D→C→D 和 D→C→D→A→B→A。

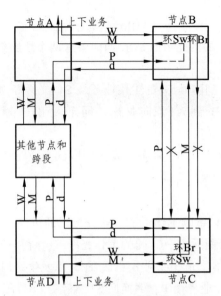

图 5-19　故障状态下跨环倒换时路由示意图

跨段倒换的优先级高于跨环倒换，对于同一段光纤如果既有跨段倒换请求又有跨环倒换请求时，会响应跨段请求，因为跨环倒换后会沿着长径方向的保护段到达对端，会挤占其他业务的保护通路，所以优先响应有跨段请求的业务。只有在跨段倒换不能恢复业务的情况下才使用跨环倒换。

以上所介绍的五种自愈环保护方式中，有三种是设备组网时常用到的，在此将这三种常用的保护方式作一个比较，如表 5-4 所示。

表 5-4　3 种常用的自愈环保护方式特点比较

项目	二纤单向通道环	二纤双向复用段环	四纤双向复用段环
节点数	K	K	K
线路速率	STM-N	STM-N	STM-N
环传输容量	STM-N	K/2×STM-N	k×STM-N
APS	协议	不用	用
倒换时间	< 30 ms	50 ms	50~200 ms
节点成本	低	中	高
系统复杂性	简单	复杂	复杂
主要应用场合	接入网、中继网等（集中型业务）	中继网、长途网等（分散型业务）	中继网、长途网等（分散型业务）

5.4.2　复杂网络的拓扑结构及特点

通过链和环的组合，可构成一些较复杂的网络拓扑结构。下面将讲述几个在组网中要经常用到的拓扑结构。

1. T形网

T形网实际上是一种树形网,如图5-20所示。设干线上为STM-16 系统,支线上设为STM-4 系统,T 型网的作用是将支路的业务STM-4 通过网元 A 分支/插入到干线 STM-16 系统上去。此时支线接在网元 A 的支路上,支线业务作为网元 A 的低速支路信号,通过网元 A 进行分支/插入。

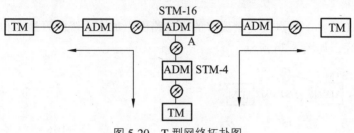

图 5-20　T 型网络拓扑图

2. 环带链

网络结构如图 5-21 所示。环带链是由环网和链网两种基本拓扑形式组成,链接在网元 A 上。链的 STM-4 业务作为网元 A 的低速支路业务,并通过网元 A 的分/插功能上/下业务。STM-4 业务在链上无保护,上环的业务会享受环的保护功能。例如:网元 C 和网元 D 互通业务,如果 A-B 段光缆断,链上业务传输中断。如果 A-C 段光缆断,通过环的保护功能,网元 C 和网元 D 的业务不会中断。

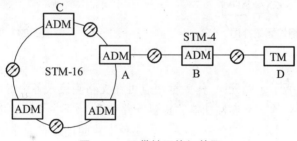

图 5-21　环带链网络拓扑图

3. 环形子网的支路跨接

网络结构如图 5-22 所示。两个 STM-16 环通过 A、B 两网元之间的支路通道连接在一起。两环中任何两网元都可通过 A、B 之间的支路互通业务,且可选路由多,系统冗余度高。两环间互通的业务都要经过 A、B 两网元间的低速支路传输,存在一个低速支路的速率瓶颈问题和安全保障问题。

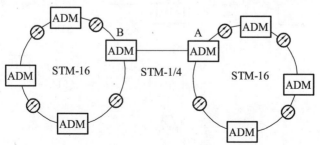

图 5-22　环形子网的支路跨接网络拓扑图

1）相切环

网络结构如图 5-23 所示。图中三个环相切于公共节点网元 A，网元 A 可以是 DXC，也可用 ADM 等效（环Ⅱ、环Ⅲ均为网元 A 的低速支路）。这种组网方式可使环间业务任意互通，具有比通过支路跨接环网更大的业务疏导能力，业务可选路由更多，系统冗余度更高。不过这种组网存在中心节点（网元 A）的安全保护问题。

2）相交环

为备份中心（重要）节点及提供更多的可选路由，加大系统的可靠性和冗余度，可将相切环扩展为相交环，如图 5-24 所示。

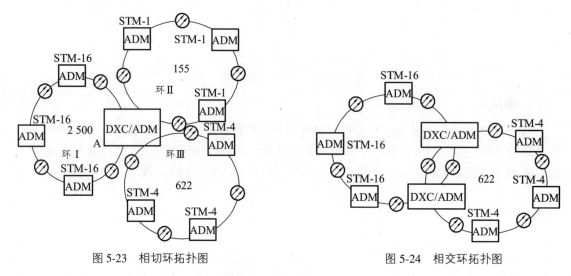

图 5-23　相切环拓扑图　　　　　　　　　图 5-24　相交环拓扑图

4. 枢纽网

枢纽网如图 5-25 所示。网元 A 作为枢纽点可在支路侧接入各个 STM-1 或 STM-4 的链路或环路，通过网元 A 的交叉连接功能，提供支路业务上/下主干线，以及支路间业务互通。支路间业务的互通经过网元 A 的分支/插入，可避免支路间铺设直通路由和设备，也不需要占用主干网上的资源。

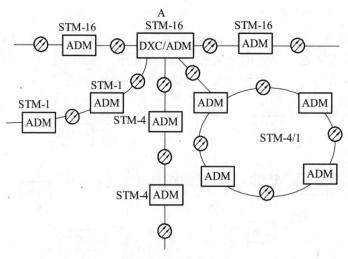

图 5-25　枢纽网

5.4.3　SDH 网络层次结构

传统的组网概念中，提高传输设备利用率是第一位的。为了增加线路的利用率和安全性，在每个节点之间都建立了许多直达通道，致使网络结构非常复杂。而现代通信的发展，最重要的任务是简化网络结构，建立强大的运营、维护和管理（OAM）功能，降低传输费用并支持新业务的发展。

我国的 SDH 网络结构分为四个层面，如图 5-26 所示。

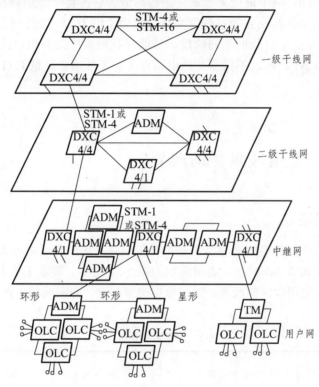

图 5-26　SDH 网络结构

最高层面为长途一级干线网，主要省会城市及业务量较大的汇接节点城市装有 DXC4/4，其间由高速光纤链路 STM-4/STM-16 组成，形成了一个大容量、高可靠的网孔形国家骨干网结构，并辅以少量线形网。由于 DXC4/4 也具有 PDH 体系的 140 Mb/s 接口，因而原有的 PDH 的 140 Mb/s 和 565 Mb/s 系统也能纳入由 DXC4/4 统一管理的长途一级干线网中。

第二层面为二级干线网，主要汇接节点装有 DXC4/4 或 DXC4/1，其间由 STM-1/STM-4 传输链组成，形成省内网状或环形骨干网结构并辅以少量线性网结构。由于 DXC4/1 有 2 Mb/s、34 Mb/s 或 140 Mb/s 接口，因而原来 PDH 系统也能纳入统一管理的二级干线网，并具有灵活调度电路的能力。

第三层面为中继网（即长途端局与市局之间以及市话局之间的传输部分），可以按区域划分为若干个环，由 ADM 组成速率为 STM-1/STM-4 的自愈环，也可以是路由备用方式的两节点环。这些环具有很高的生存性，又具有业务量疏导功能。环形网中主要采用复用段保护倒换环方式，但究竟是四纤还是二纤取决于业务量和经济的比较。环间由 DXC4/1 沟通，完成业务量疏导和其他管理功能。同时也可以作为长途网与中继网之间以及中继网和用户网之间的网关或接口，最后还可以作为 PDH 与 SDH 之间的网关。

最低层面为用户接入网。由于处于网络的边界处，业务容量要求低，且大部分业务量汇集于一个节点（端局）上，因而通道倒换环和星形网都十分适合于该应用环境，所需设备除 ADM 外还有光用户环路载波系统（OLC）。速率为 STM-1/STM-4，接口可以为 STM-1 光/电接口、PDH 体系的 2 Mb/s、34 Mb/s 或 140 Mb/s 接口、普通电话用户接口、小交换机接口、2B+D 或 30B+D 接口以及城域网接口等。

用户接入网是 SDH 网中最庞大、最复杂的部分，它占整个通信网投资的 50% 以上，用户网的光纤化是一个逐步渐进的过程。光纤到路边（FTTC）、光纤到大楼（FTTB）、光纤到家庭（FTTH）就是这个过程的不同阶段。目前在我国推广光纤用户接入网时必须要考虑采用一体化的 SDH/CATV 网，不仅要开通电信业务，而且还要提供 CATV 服务，这比较适合我国国情。

5.5 任务：复用段保护的配置

5.5.1 任务描述

某市传输网络拓扑如图 5-28 所示，各站的传输设备采用中兴通讯的 ZXMP S325，各站点上下业务类型和数量如表 5-5 所示，组网规划如图 5-27 所示。要求工程人员根据实际情况完成各站点的二纤双向复用段保护配置，确保数据配置无误，并完成相关报表。

表 5-5 传输网络系统列表

所在区域	站点编号	网元类型	业务配置
			2 Mb/s
滨海区（A）	121	ADM	45
桃源区（B）	122	ADM	15
湿地区（C）	123	ADM	15
临山区（D）	124	ADM	15

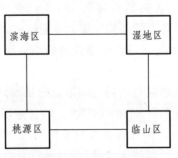

图 5-27 某市传输网络组网图

5.5.2　任务分析

A（滨海区）、B（桃源区）、C（临山区）、D（湿地区）四个站组成二纤环网，链路速率为 STM-4，各站之间的距离均在 45~85 km，各站业务均采用 SDH 系统进行传输。A 站为中心站，设置为网元头、时钟和网管监控中心。本次任务重点考虑各站点之间的二纤双向复用段保护配置。

A 站上下的业务：共计 45×2 Mb/s，其中对 B 站 15×2 Mb/s，对 C 站 15×2 Mb/s，对 D 站 15×2 Mb/s。

B 站上下的业务：对 A 站 15×2 Mb/s。

C 站上下的业务：对 A 站 15×2 Mb/s（A—D—C）。

D 站上下的业务：对 A 站 15×2 Mb/s。

ABCD 四个站点均采用 ZXMP S325 设备。

5.5.3　任务实施

1. 配置步骤

配置步骤如下：

步骤一：列出各站所需单板类型及数量。

步骤二：在 E300 网管软件，创建个网元并配置单板，完成各站之间的光纤连接。

步骤三：完成各站间电路业务配置。

步骤四：配置复用段保护。

2. 建立传输网

创建网元安装单板等操作可参见第 3 章任务二。本任务中各网元所配置单板如表 5-6 所示。

表 5-6　各站配置明细表

站　　点	A	B	C	D
单板类型	单板数量			
网元控制板（NCP）	1（17#）	1（17#）	1（17#）	1（17#）
公务板（OW）	1（18#）	1（18#）	1（18#）	1（18#）
交叉时钟线路板（OCS4）	2（7#、8#）(OL4)	2（7#、8#）(OL4)	2（7#、8#）(OL4)	2（7#、8#）(OL4)
2 Mb/s 电业务板（EPE1x21）	3（1#~3#）	1（1#）	1（1#）	1（1#）

传输网络建立网元间连接示意图如图 5-28 所示，业务配置如图 5-29 所示。

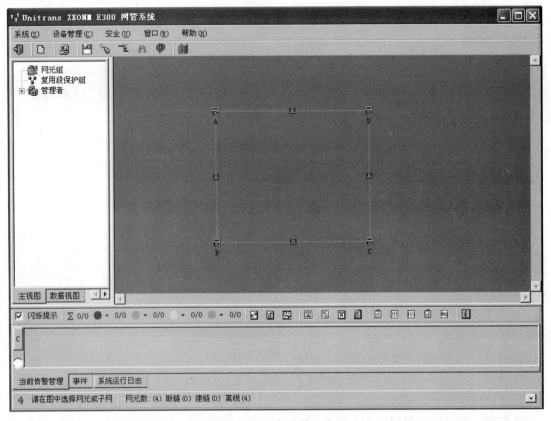

图 5-28　网元间连接示意图

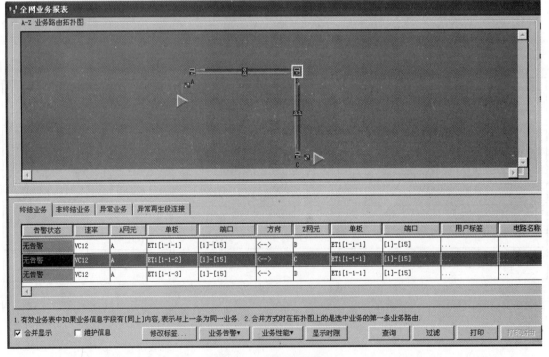

图 5-29　全网业务报表

3. 复用段保护配置

在客户端操作窗口中，单击［设备管理→公共管理→复用段保护配置］菜单项，弹出复用段保护组配置对话框，如图 5-30 所示。

（1）单击"新建"，弹出"复用段保护组配置"窗口，选择复用段保护类型，如图 5-31 所示。单击"确定"，保存配置并返回复用段保护配置对话框，在"保护组列表"中将增加新建保护组的信息，"保护组网元树"中显示新建保护组的名称，如图 5-32 所示。

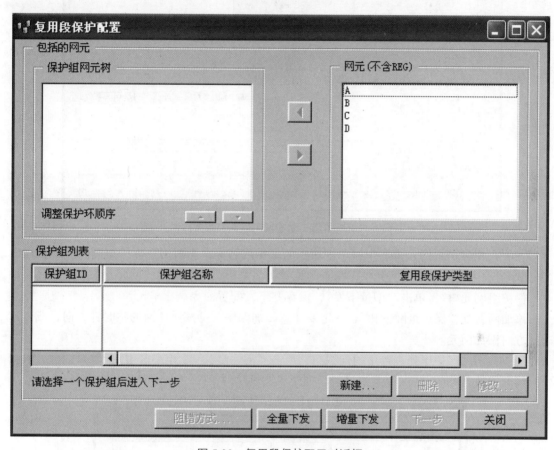

图 5-30　复用段保护配置对话框

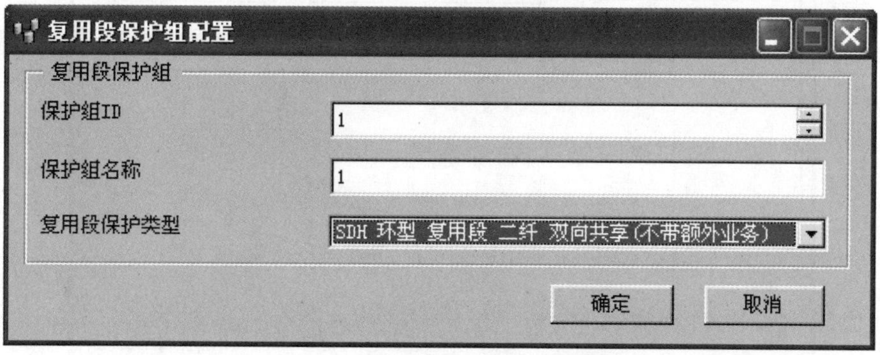

图 5-31　复用段保护配置对话框

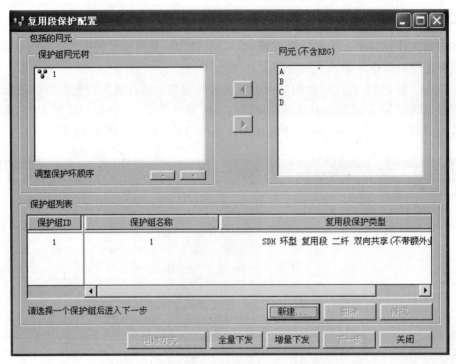

图 5-32　配置了保护组的复用段保护配置对话框

（2）在"保护组网元树"中，单击新建的保护组名称，当前所选保护组高亮显示，同时"网元"列表中将显示所选网元中可配置为该保护组复用段保护类型的网元。将所选网元添加至"保护组网元树"，单击"增量下发"，保存并下发配置命令。

添加网元到"保护组网元树"，一定要注意添加顺序，可按照环网的顺时针方向，或者逆时针方向添加网元。

（3）选定"保护组列表"中的保护组，单击"下一步"，弹出 APS ID 配置对话框，根据实际情况修改 APS ID 或保存系统设置，如图 5-33 所示。

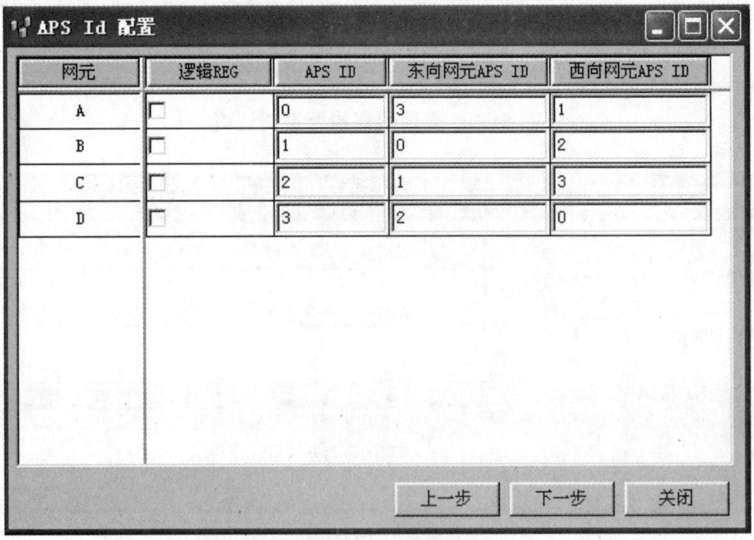

网元	逻辑REG	APS ID	东向网元APS ID	西向网元APS ID
A	☐	0	3	1
B	☐	1	0	2
C	☐	2	1	3
D	☐	3	2	0

图 5-33　APS ID 配置对话框

（4）单击"下一步"，进入复用段保护关系配置对话框，如图 5-34 所示。

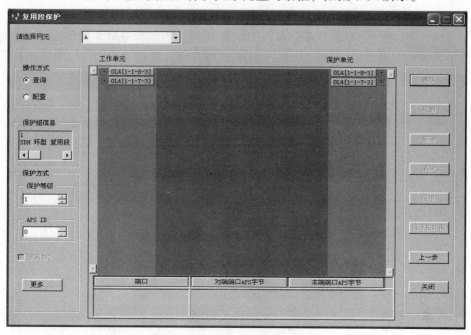

图 5-34　复用段保护关系配置对话框

以配置 ZXMP S325 网元 A 的二纤双向复用段共享保护环境为例：选择"配置"，双击左、右侧树的节点，站靠节点下的端口节点"Port（1）（W）"和"Port（2）（E）"，将两端口连接起来。单击"确定"、"应用"以保存配置，如图 5-35 所示。

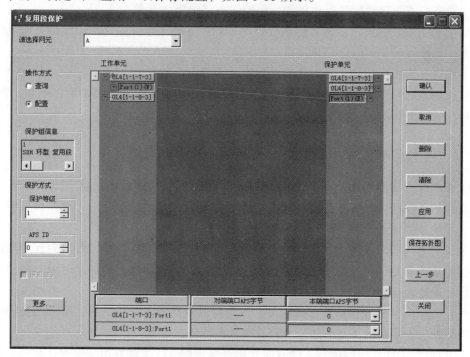

图 5-35　A 网元的复用段保护关系配置示意图

（5）在"请选择网元"下拉列表框中选择保护组中的其他网元，重复步骤 4，进行复用段保护关系的配置，完成以后单击"关闭"按钮关闭[复用段保护]对话框。

（6）选择 SDH 网元，在客户端总窗口中，单击[维护→诊断→APS 操作]菜单项，在弹出的对话框中单击"全部启动"，启动 APS，如图 5-36 所示。单击"应用"以下发配置。

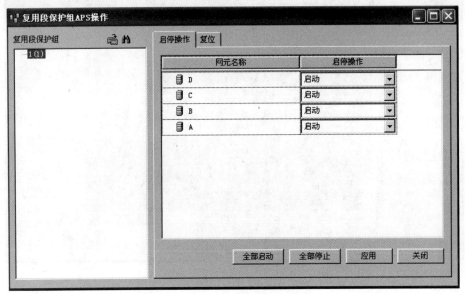

图 5-36 启动 APS 标识

4. 常见问题解决方法

（1）业务配置正确后配置通道保护，但搜索电路结果为 0 条。

该结果表明通道保护时隙配置错误，影响了原配置的工作时隙，应逐段检查通道保护的时隙配置，修改完后先解除电路再搜索。

（2）配置复用段保护时，复用段关系配置对话框中无工作/保护单板显示。

导致该现象的原因是保护组网元树中各网元没有按顺时针或逆时针的顺序添加，可在[复用段保护配置]对话框中单击上移或者下移按钮，调整网元顺序。

5.5.4 任务总结

（1）本次任务主要完成二纤双向复用段保护环的配置，要正确配置复用段保护环，就需要复用段保护环境的保护机理方面的知识：复用段保护 APS 协议，当一个复用段故障，整个站间的业务信号都转到保护通路，从而达到保护的目的。

（2）二纤单向和双向的区别在于业务的流向是单向或是双向。在二纤双向复用段保护换上无专门的的主备用光纤，每一条光纤的前一半时隙是工作通路，后一半时隙时备用通路，两根光纤上业务流向相反。

（3）四纤双向复用段保护环上的业务会发生跨段倒换或者跨环倒换，跨段倒换的优先级高于跨环倒换，一半情况下优先响应有跨段请求的业务。

（4）通过对 SDH 环形网进行二纤双向复用段保护配置，掌握复用段保护环和通道保护环的区别。

思考与拓展

（1）简述传输网络自愈性的概念。

（2）简述 SHD 网络保护的分类。

（3）列表说明通道保护倒换与复用段保护倒换的异同点。

（4）光传输网络如图 5-37 所示。各站点已经配置好的业务类型及数量如下：

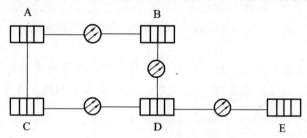

图 5-37　题 4 组网规划图

A 站上下的业务：电话 130 路，采用 64 kb/s 的 PCM 编码。其中对 B 站 50 路，需要 2 个 2 Mb/s 接口；对 C 站 80 路，需要 3 个 2 Mb/s 接口；共计 5 条 2 Mb/s 接口。与 B 站间配置 10 Mb/s 以太网业务。与 C 站间有一路图像数据业务。

B 站上下的业务：电话 50 路，采用 64 kb/s 的 PCM 编码，配置 2 个 2 Mb/s 接口。与 A 站间配置 10 Mb/s 以太网业务。

C 站上下的业务：电话 80 路，采用 64 kb/s 的 PCM 编码，配置 3 个 2 Mb/s 接口。与 A 站间有一路图像数据业务。

D 站上下的业务：与 E 站通信配置 4 个 E1 接口，与 A 站有 10 条 E1 进行连接，共计 14 条 E1。

E 站上下的业务：与 D 站通信配置 4 个 2 Mb/s 接口。

业务要求：根据实际情况在 A、D 间增加双向的通道保护环，并完成双向通道保护环的配置，完成 A、C 间图像数据业务（34 Mb/s）的二纤通道保护配置。

（5）配置如图 5-38 所示环形网络的二纤单向复用段保护环。环网速率为 STM-4，ABCD 型号自选。

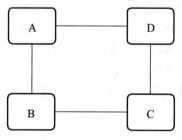

图 5-38　题 5 组网规划图

第 6 章　PTN 分组传送网络技术基础

【内容概述】

PTN 是基于分组交换的传输网络，PTN 网络技术涉及大量的数据通信网技术，本章节对数据通信网络基础作了介绍，包括 IP 地址规划、ACL 技术和 MPLS 技术。

【学习目标】

掌握 IP 地址规划原则，ACL 工作原理，MPLS 工作原理。

【知识要点】

（1）IP 地址的规划。
（2）ACL 访问控制列表技术。
（3）MPLS 多协议标记交换技术。
（4）PTN 设备开局配置。

6.1　以太网基础知识

以太网是在 70 年代由 Xerox 公司 Palo Alto 研究中心推出的。由于介质技术的发展，Xerox 可以将许多机器相互连接，形成巨型打印机，这就是以太网的原型。后来，Xerox 公司推出了带宽为 2 Mb/s 的以太网，又与 Intel、DEC 公司合作推出了带宽为 10 Mb/s 的以太网，这就是通常所称的以太网 II 或以太网 DIX（Digital，Intel and Xerox）。IEEE（电器和电子工程师协会）下属的 802 标准委员会制定了一系列局域网标准，其中以太网标准（IEEE802.3）与由 Intel、Digital 和 Xerox 推出的以太网 II 非常相似。

随着以太网技术的不断进步与带宽的提升，目前在很多情况下以太网成为了局域网的代名词。

电器和电子工程师协会（IEEE）在 1980 年 2 月组成了一个 802 委员会，制定了一系列局域网方面的标准，802.3 协议簇制定了以太网的标准。

以太网以其高度灵活，相对简单，易于实现的特点，成为当今最重要的一种局域网建网技术。虽然其他网络技术也曾经被认为可以取代以太网的地位，但是绝大多数的网络管理人员仍然将以太网作为首选的网络解决方案。为了使以太网更加完善，解决所面临的各种问题和局限性，一些业界主导厂商和标准制定组织不断地对以太网规范做出修订和改进。也许有的人会认为以太网的扩展性能相对较差，但是以太网所采用的传输机制仍然是目前网络数据传输的重要基础。

6.1.1　IPv4 地址规划

1. IPv4 地址概述

所谓 IP 地址就是给每个连接在 Internet 上的主机分配的一个 32 bit 地址。按照 TCP/IP 协议规定，IP 地址用二进制来表示，每个 IP 地址长 32 bit，比特换算成字节，就是 4 个字节。每个字节用一个十进制的数字表示，字节与字节之间用"·"分开，这种表示方法称为点分十进制表示法。每一个 IP 地址包括网络部分和主机部分。设备的 IP 地址如图 6-1 所示。

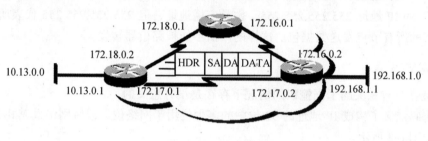

图 6-1　IP 地址介绍

2. IP 地址分类

按照原来的定义，IP 寻址标准并没有提供地址类，为了便于管理后来加入了地址类的定义。地址类的实现将地址空间分解为数量有限的特大型网络（A 类），数量较多的中等网络（B 类）和数量非常多的小型网络（C 类）。

另外，还定义了特殊的地址类，包括 D 类（用于多点传送）和 E 类，通常指试验或研究类。IP 地址分类如图 6-2 所示。

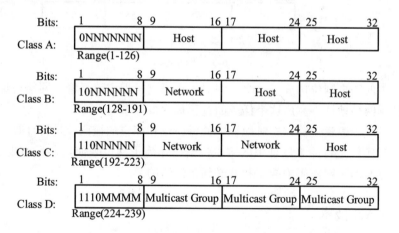

图 6-2　IP 地址分类

IP 地址的类别可以通过查看地址中的前 8 位位组（最重要的）而确定。最高位的数值决定了地址类。位格式也定义了和每个地址类相关的 8 位位组的十进制的范围。

3. 保留的 IP 地址

IP 地址用于唯一的标识一台网络设备，但并不是每一个 IP 地址都是可用的，一些特殊的 IP 地址被用于各种各样的用途，但不能用于标识网络设备。

对于主机部分全为"0"的 IP 地址，称为网络地址，网络地址用来标识一个网段。例如，A 类地址 1.0.0.0，私有地址 10.0.0.0，192.168.1.0 等。

对于主机部分全为"1"的 IP 地址，称为网段广播地址，广播地址用于标识一个网络的所有主机。例如，10.255.255.255，192.168.1.255 等，路由器可以在 10.0.0.0 或者 192.168.1.0 等网段转发广播包。广播地址用于向本网段的所有节点发送数据包。

对于网络部分为 127 的 IP 地址，例如 127.0.0.1 往往用于环路测试目的。

全"0"的 IP 地址 0.0.0.0 代表所有的主机，在路由器上用 0.0.0.0 地址指定默认路由。

全"1"的 IP 地址 255.255.255.255，也是广播地址，但 255.255.255.255 代表所有主机，用于向网络的所有节点发送数据包。这样的广播不能被路由器转发。

4. 子网掩码

IP 地址在没有相关的子网掩码的情况下存在是没有意义的。

子网掩码定义了构成 IP 地址的 32 位中的多少位用于网络位，或者网络及其相关子网位。子网掩码如图 6-3 所示。

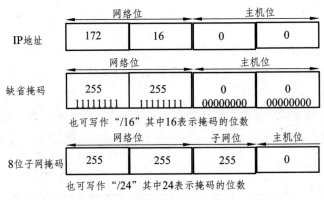

图 6-3 子网掩码

子网掩码中的二进制位构成了一个过滤器，它通过标识应该解释为网络地址的 IP 地址的那一部分来计算网络地址。完成这个任务的过程称为按位求与。

按位求与是一个逻辑运算，它对地址中的每一位和相应的掩码位进行计算。

划分子网其实就是将原来地址中的主机位借位作为子网位来使用，目前规定借位必须从左向右连续借位，即子网掩码中的 1 和 0 必须是连续的。

6.1.2 VLAN 技术

1. VLAN 概述

VLAN（Virtual Local Area Network）即虚拟局域网，是一种通过将局域网内的设备逻辑地而不是物理地划分成不同网段从而实现虚拟工作组的新兴技术。IEEE 于 1999 年颁布了用以标准化 VLAN 实现方案的 802.1Q 协议标准草案。

VLAN 技术允许网络管理者将一个物理的 LAN 逻辑地划分成不同的广播域（即 VLAN）。每一个 VLAN 都包含一组有着相同需求的计算机工作站，与物理上形成的 LAN 有着相同的属性。由于它是逻辑地而不是物理地划分，同一个 VLAN 内的各个工作站无须被放置在同一个物理空间里，即这些工作站不一定属于同一个物理 LAN 网段。一个 VLAN 内部的广播和单播流量都不会转发到其他 VLAN 中，从而有助于控制流量、减少设备投资、简化网络管理、提高网络安全性。

VLAN 是为解决以太网的广播问题和安全性而提出的一种协议。它在以太网帧的基础上增加了 VLAN 头，用 VLAN ID 把用户划分为更小的工作组，限制不同工作组间的用户二层互访，每个工作组就是一个虚拟局域网。虚拟局域网的好处是可以限制广播范围，并能够形成虚拟工作组，动态管理网络。

VLAN 是一个广播域，其中的成员就像共享同一物理网段一样。不同 VLAN 成员不能直接访问。

在 VLAN 中，划分在同一广播域中的成员并没有任何物理或地理上的限制，它们可以连接到一个交换网络中的不同交换机上。广播分组、未知分组及成员之间的数据分组都被限定在 VLAN 之内。

2. VLAN 成员划分的方式

VLAN 分为以下几种类型，最常用的就是基于端口的 VLAN。

（1）基于端口的 VLAN。L2 设备（交换机，桥接器）的端口分配给了 VLAN。由端口接收的任何流量都被认为属于该端口所属的 VLAN。目前最普遍的 VLAN 划分方式是基于端口的静态划分方式。网络管理员将端口划分为某个特定 VLAN 的端口，连接在这个端口的主机即属于这个特定的 VLAN。此种 VLAN 配置相对简单，对交换机转发性能几乎没有影响，但需要为每个交换机端口配置所属的 VLAN，一旦用户移动位置需要对交换机相应端口进行重新设置。

（2）基于 MAC 地址的 VLAN。在该类型的 VLAN 中，每个交换设备保持追踪网络中的所有 MAC 地址，根据网络管理器配置的信息将它们映射到相应的虚拟局域网（VLAN）上。在端口接收帧时，根据目的 MAC 地址查询 VLAN 数据库，VLAN 数据库将该帧所属 VLAN 的名字返回。该 VLAN 类型的优势表现在网络设备（打印机或工作站）可在网络内任意移动无需重新配置，但是由于网络上的所有 MAC 地址需要掌握和配置，所以管理任务较重。

（3）基于协议的 VLAN。基于协议的 VLAN 将物理网络划分成基于协议的逻辑 VLAN。在端口接收帧时，它的 VLAN 由该信息包的协议决定。例如，IP，IPX 和 Appletalk 可能有各自独立的 VLAN。IP 广播帧只被广播到 IP VLAN 中的所有端口接收。

（4）基于子网的 VLAN。基于子网的 VLAN 是基于协议的 VLAN 的一个子集，根据帧所属的子网决定一个帧所属的 VLAN。要做到这点，交换机必须查看入帧的网络层包头。这种 VLAN 划分与路由器相似，把不同的子网分成不同的广播域。

（5）基于组播的 VLAN。基于组播的 VLAN 为组播分组动态创建的。典型的例子就是每个组播分组都与一个不同 VLAN 对应。这就保证了组播帧只被相应的组播分组成员的那些端口接收。

（6）基于策略的 VLAN。基于策略的 VLAN 是 VLAN 的最基本的定义。对于每个入（无标签的）帧都查询策略数据库，从而决定该帧所属的 VLAN。比如，可以建立一个公司的管理人员之间来往电子邮件的特别 VLAN 策略，防止这些流量被其他人看见。

3. VLAN 的工作原理

每个 VLAN 相当于一个物理上独立的网桥，不同 VLAN 成员不能直接访问。VLAN 可以跨越交换机，不同交换机上相同 VLAN 的成员处于一个广播域，可以直接相互访问。由于 VLAN 的划分是基于交换机的物理端口，交换机从连接主机的某个端口上接收到一个数据帧，交换机知道这个数据帧是属于哪个 VLAN 的。VLAN 运行机制如图 6-4 所示。

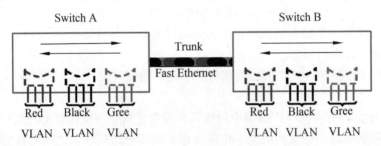

图 6-4　VLAN 的运行机制

对于连接两台交换机的链路而言，此链路需要承载不同 VLAN 的数据，连接此链路的交换机端口不属于某个特定 VLAN。如果不对数据帧做标记，交换机对从这样的链路上接收到的数据帧将无法确定其所属的 VLAN。所以交换机将数据帧发送到这样的链路前必须对数据帧做标记，即为每一个数据帧都被加上了一个标记，用来确定该分组所属的 VLAN。故 VLAN 的标记使交换机能够将来自不同 VLAN 上的业务流复用到一条物理线路上。

4. VLAN 的端口类型

VLAN 报文分为 tag 和 untag 两种，网络设备的端口类型包括 access、trunk、Hybrid 三种，分别作如下说明。

1）Tag 和 untag 报文

untag 就是普通的 ethernet 报文，普通 PC 机的网卡可以识别这样的报文进行通信。tag 报文结构的变化是在源 mac 地址和目的 mac 地址之后，加上了 4 Bytes 的 vlan 信息，也就是 vlan tag 头。一般来说这样的报文普通 PC 机的网卡是不能识别的，主要用于交换机级联时报文的传递。

2）Access、Trunk 和 Hybrid

Access 类型的端口只能属于 1 个 VLAN，一般用于连接计算机的端口。Trunk 类型的端口可以允许多个 VLAN 通过，可以接收和发送多个 VLAN 的报文，一般用于交换机之间连接的端口。配置 Hybrid 类型的端口可以允许多个 VLAN 通过，可以接收和发送多个 VLAN 的报文，用于交换机之间连接，也可用于连接用户的计算机。

Hybrid 端口和 Trunk 端口在接收数据时，处理方法是一样的，唯一不同在于发送数据 Hybrid 端口可以允许多个 VLAN 的报文发送时不打标签，而 Trunk 端口只允许缺省 VLAN 的报文发送时不打标签。

在某些情况下 VLAN 域内端口未标记 VLAN ID，此为缺省 VLAN 。Access 端口只属于一个 VLAN，所以它的缺省 VLAN 就是它所在的 VLAN，不用设置。Hybrid 端口和 Trunk 端口属于多个 VLAN，所以需要设置缺省 VLAN ID。缺省情况下，Hybrid 端口和 Trunk 端口的缺省 VLAN 为 VLAN 1。

如果设置了端口的缺省 VLAN ID，当端口接收到不带 VLAN Tag 的报文后，则将报文转发到属于缺省 VLAN 的端口。当端口发送带有 VLAN Tag 的报文时，如果该报文的 VLAN ID 与端口缺省的 VLAN ID 相同，则系统将去掉报文的 VLAN Tag，然后再发送该报文。

3）VLAN 转发原则

Access 端口收报文，收到一个报文，判断是否有 VLAN 信息。如果没有则打上端口的 PVID，并进行交换转发，如果有则直接丢弃（缺省）。Access 端口发报文，将报文的 VLAN 信息剥离，直接发送出去。

Trunk 端口收报文，收到一个报文，判断是否有 VLAN 信息。如果没有则打上端口的 PVID，并进行交换转发，如果有判断该 Trunk 端口是否允许该 VLAN 的数据进入，如果可以则转发，否则丢弃。Trunk 端口发报文，比较端口的 PVID 和将要发送报文的 VLAN 信息，如果两者相等则剥离 VLAN 信息，再发送，如果不相等则直接发送。

Hybrid 端口收报文，收到一个报文，判断是否有 VLAN 信息。如果没有则打上端口的 PVID，并进行交换转发，如果有则判断该 Hybrid 端口是否允许该 VLAN 的数据进入，如果可以则转发，否则丢弃（此时端口上的 untag 配置是不用考虑的，untag 配置只对发送报文时起作用）。Trunk 和 Hybrid 的区别主要是，Hybrid 端口可以允许多个 vlan 的报文不打标签，而 Trunk 端口只允许缺省 VLAN 的报文不打标签。Hybrid 端口发报文：① 判断该 VLAN 在本端口的属性（untag/ tag）；② 如果是 untag 则剥离 VLAN 信息，再发送，如果是 tag 则直接发送。

6.2　ACL 技术

6.2.1　ACL 的概念

ACL（Access Control List，访问控制列表）是一种对经过路由器的数据流进行判断、分类和过滤的方法。通常人们使用 ACL 实现对数据报文的过滤、策略路由以及特殊流量的控制。一个 ACL 中可以包含一条或多条针对特定类型数据包的规则，这些规则告诉网络设备，对于与规则中规定的选择标准相匹配的数据包是允许还是拒绝通过。

网络设备为了过滤数据，需要设置一系列匹配规则，以识别需要过滤的对象。在识别出特定的对象之后，根据预先设定的策略允许或禁止相应的数据包通过。

ACL 的应用主要包括以下三种：

（1）将 ACL 应用到接口上，根据数据包与数据段的特征来进行判断，决定是否允许数据包通过路由器转发，主要目的是对数据流量进行管理和控制。

（2）使用 ACL 实现策略路由和特殊流量的控制，在一个 ACL 中可以包含一条或多条特定类型的 IP 数据报规则。ACL 可以简单到只包含一条规则，也可以是复杂到包含很多规则。通过多条规则来定义与规则中相匹配的数据分组。

（3）ACL 作为一个通用的数据流量的判别标准还可以和其他技术配合，应用在不同的场合，例如：防火墙、QOS 与队列技术、策略路由、数据速率限制、路由策略、NAT 等。

6.2.2　ACL 的功能和分类

通常使用 ACL（Access Control List）实现对数据报文的过滤、策略路由以及特殊流量的控制。一个 ACL 中可以包含一条或多条针对特定类型数据包的规则。这些规则告诉设备，对于与规则中规定的选择标准相匹配的数据包是允许还是拒绝通过。

ACL 可以限制网络流量、提高网络性能，比如可以根据数据包的协议，指定数据包的优先级。ACL 提供对通信流量的控制手段，比如可以限定或简化路由更新信息的长度，从而限制通过路由器某一网段的通信流量。ACL 可为网络提供网络安全访问的基本手段。ACL 可以在路由器端口处决定哪种类型的通信流量被转发或被拦截。比如用户可以允许 E-mail 通信流量被路由，拒绝所有的 Telnet 通信流量。

ACL 一般分为以下 8 种类型：

（1）基本 ACL：只对源 IP 地址进行匹配。

（2）扩展 ACL：对源 IP 地址、目的 IP 地址、IP 协议类型、TCP 源端口号、TCP 目的端口号、UDP 源端口号、UDP 目的端口号、ICMP 类型、ICMP Code、DSCP（DiffServ Code Point）、ToS、Precedence 进行匹配。

（3）二层 ACL：对源 MAC 地址、目的 MAC 地址、源 VLAN ID、二层以太网协议类型、802.1p 优先级值进行匹配。

（4）混合 ACL：对源 MAC 地址、目的 MAC 地址、源 VLAN ID、源 IP 地址、目的 IP 地址、TCP 源端口号、TCP 目的端口号、UDP 源端口号、UDP 目的端口号进行匹配。

（5）基本 IPv6 ACL：只对 IPv6 的源 IP 地址进行匹配。

（6）扩展 IPv6 ACL：对 IPv6 的源和目的地址进行匹配。

（7）用户自定义 ACL：对 VLAN TAG 的个数和偏移字节进行匹配。

（8）ATM ACL：对 VPI、VCI、时间段进行匹配。

6.2.3　ACL 的判决标准及工作流程

ACL 根据 IP 包及 TCP 或 UDP 数据段中的信息来对数据流进行判断，即根据第 3 层及第 4 层的头部信息进行判断。其使用的判别标准包括：源 IP、目的 IP、协议类型（IP、UDP、TCP、ICMP）、源端口号、目的端口号等。ACL 可以根据这五个要素中的一个或多个要素的组合来作为判别的标准。

接下来以应用在外出接口方向（outbound）的 ACL 为例，说明 ACL 的工作流程。首先数据包进入路由器的接口，根据目的地址查找路由表，找到转发接口（如果路由表中没有相应的路由条目，路由器会直接丢弃此数据包，并给源主机发送目的不可达消息）。确定外出接口后，需要检查是否在外出接口上配置了 ACL，如果没有配置 ACL，路由器将做与外出接口数据链路层协议相同的 2 层封装，并转发数据。如果在外出接口上配置了 ACL，则要根据 ACL 制定的原则对数据包进行判断，如果匹配了某一条 ACL 的判断语句并且这条语句的关键字是 permit，则转发数据包。如果匹配了某一条 ACL 的判断语句并且这条语句的关键字不是 permit，而是 deny，则丢弃数据包。

在进行 ACL 过滤时，需要注意每个 ACL 可以有多条语句（规则）组成，当一个数据包要通过 ACL 的检查时首先检查 ACL 中的第一条语句。如果匹配其判别条件则依据这条语句所配置的关键字对数据包操作。如果关键字是 permit 则转发数据包，如果关键字是 deny 则直接丢弃此数据包。如果没有匹配第一条语句的判别条件则进行下一条语句的匹配，同样如果匹配其判别条件则依据这条语句所配置的关键字对数据包操作。如果关键字是 permit 则转发数据包，如果关键字是 deny 则直接丢弃此数据包。这样的过程一直进行，一旦数据包匹配了某条语句的判别语句则根据这条语句所配置的关键字或转发或丢弃。如果一个数据包没有匹配上 ACL 中的任何一条语句则会被丢弃掉，因为缺省情况下每一个 ACL 在最后都有一条隐含的匹配所有数据包的条目，其关键字是 deny。

总的来说，ACL 内部的处理过程就是自上而下，顺序执行，直到找到匹配的规则。

6.3　MPLS 技术

Internet 的网络规模和用户数量迅猛发展，如何进一步扩展网上运行的业务种类和提高网络的服务质量是目前人们最关心的问题。由于 IP 协议是无连接协议，Internet 网络中没有服务质量的概念，不能保证有足够的吞吐量和符合要求的传送时延，只是尽最大的努力（Best-effort）来满足用户的需要。所以如果不采取新的方法改善目前的网络环境，就无法大规模发展新业务。

在现有的网络技术中，从支持 QoS 的角度来看，ATM 作为继 IP 之后迅速发展起来的一种快速分组交换技术具有得天独厚的技术优势。因此 ATM 曾一度被认为是一种处处适用的技术，人们最终将建立通过网络核心便可到达另一个桌面终端的纯 ATM 网络。但是，实践证明这种想法是错误的。首先，纯 ATM 网络的实现过于复杂，导致应用成本太高，难以为大众所接受。其次，在网络发展的同时相应的业务开发没有跟上，导致目前 ATM 的发展举步维艰。最后，虽然 ATM 交换机作为网络的骨干节点已经被广泛使用，但 ATM 信元到桌面的业务发展却十分缓慢。

6.3.1　传统转发技术及 MPLS 技术

IP 网络是传统的计算机通信网络，其数据包的转发是基于 hop by hop 的方式。数据包到达某路由器后根据路由表中的路由信息决定转发的出口和下一跳设备的地址，数据包被转发以后就不再受这台路由器的控制。数据包每到达一台路由器都是依靠当前所在的路由器的路由表中的信息做出转发决定的，因此数据包能否被正确转发至目的地取决于整条路径上所有的路由器是否都具备正确的路由信息。其次，报文在进行路由查找时采用的是最长匹配原则，使用路由表中到达同一目的地的子网掩码最长的路由，因此无法实现高速转发。再次，路由设备必须通过各种路由协议收集网络中的各网段信息，否则不能转发相应的报文。同时 IP 是无连接网络，因此 QoS 无法得到有力的保障。

由于 IP 技术和 ATM 技术在各自的发展领域中都遇到了实际困难，彼此都需要借助对方以求得进一步发展，所以这两种技术的结合有着必然性。多协议标签交换（MPLS）技术就是为了综合利用网络核心的交换技术和网络边缘的 IP 路由技术各自的优点而产生的。

MPLS 协议特点就是使用标记交换（Label Switching），网络路由器只需要判别标记后即可进行转送处理。并且 MPLS 支持任意的网络层协议（IPV6、IPX、IP 等）及数据链路层协议（如 ATM、F/R、PPP 等），具有以下特点：

（1）MPLS 为 IP 网络提供面向连接的服务。

（2）通过集成链路层（ATM、帧中继）与网络层路由技术，解决了 Internet 扩展、保证 IP QoS 传输的问题，提供了高服务质量的 Internet 服务。

（3）通过短小固定的标签，采用精确匹配寻径方式取代传统路由器的最长匹配寻径方式，提供了高速率的 IP 转发。

（4）在提供 IP 业务的同时，提供高可靠的安全和 QoS 保证。

（5）利用显式路由功能同时通过带有 QoS 参数的信令协议建立受限标签交换路径（CR-LSP），因而能够有效地实施流量工程。

（6）利用标签嵌套技术 MPLS 能很好地支持 VPN。

6.3.2　MPLS 的基本概念和术语

MPLS 为每个 IP 数据包提供一个标记，并由此决定数据包的路径以及优先级。其核心是标记的语义、基于标记的转发方法和标记的分配方法，如图 6-5 所示。下面介绍几个 MPLS 的相关概念。

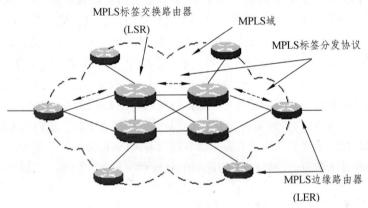

图 6-5　MPLS 的组成

MPLS 域是指由运行 MPLS 协议的交换节点构成的区域。这些交换节点就是 MPLS 标记交换路由器，按照它们在 MPLS 网络中所处位置的不同，可划分为 LER（Label Edge Router）MPLS 边缘路由器和 LSR（Label Switching Router）MPLS 标签交换路由器。LER 位于 MPLS 网络边缘与其他网络或者用户相连，进入 MPLS 域的流量由 LER 分配请求相应的标签，它提供流量分类和标签的映射、标签的移除功能。LSR 位于 MPLS 网络内部，是 MPLS 的网络的核心路由器，提供标签交换和标签分发功能。LDP（Label Distribution Protocol）称为标签分发协议，负责在 MPLS 域内运行从而实现设备之间的标签分配。MPLS 的组成如图 6-5 所示。

在 MPLS 域内另外有一些术语，包括标签、标签交换路径、转发等价类等。下面分别进行介绍。

1. 标签（Label）

标签是一个比较短的整数，只具有局部意义。标签通常位于数据链路层的二层封装头和三层数据包之间，通过绑定过程同 FEC（转发等价类）相映射。

MPLS 支持多种数据链路层协议，标记栈都是封装在数据链路层信息之后，三层数据之前，只是每种协议对 MPLS 协议定义的协议号不同。

MPLS 协议报文中有栈底标志（S），当该位置为"1"，表示相应的标记是标记栈中的最后一个条目（栈底）；置"0"表示除栈底标记之外的所有其他标记栈条目。因此在 MPLS 网络就可以对报文嵌套多个标签。当报文被打上多个标签时，LSR 仅根据最顶部的标签进行转发判断，而不查看内部标签。MPLS 从理论上讲支持无限制的标签嵌套，从而提供无限的业务支持能力。正因为 MPLS 提供了标签嵌套技术，可应用于各种业务当中。如 MPLS VPN、流量工程等都是基于多层标签嵌套实现的。

2. 转发等价类（FEC）

MPLS 是一种分类转发技术，它将具有相同转发处理方式（目的地相同、使用的转发路径相同、具有相同的服务等级等）的分组归为一类，就是转发等价类。属于相同转发等价类的分组在 MPLS 网络中将获得完全相同的处理。在 LDP 的标签绑定（Label Binding）过程中，各种转发等价类将对应于不同的标签，在 MPLS 网络中，各个节点将通过分组的标签来识别分组所属的转发等价，如图 6-6 所示。

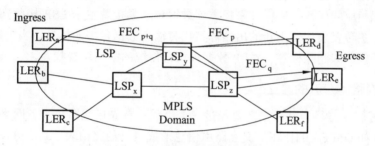

图 6-6　FEC 转发等价类示意图

当源地址相同、目的地址不同的两个分组进入 MPLS 网络时，MPLS 网络根据 FEC 对这两个分组进行判断，发现是不同的 FEC 则使用不同的处理方式（包括路径、资源预留等），在入口节点处将其分归为不同类，打上不同的标签，送入 MPLS 网络。MPLS 网络内部的节点将只依据标签对分组进行转发，这两个分组在 MPLS 网络中获得的处理是不同的。当这两个分组离开网络时，出口节点负责去掉标签，两个分组将按照所进入的新网络要求进行转发。

6.3.3　MPLS 工作原理

1. MPLS 的体系结构

在 MPLS 的体系结构中，包括两个平面：控制平面和转发平面。控制平面（Control Plane），相互之间基于无连接服务，利用现有 IP 网络实现。转发平面（Forwarding Plane）也称为数据平面（Data Plane），是面向连接的，可以使用 ATM、帧中继等二层网络。MPLS 使用短而定长的标签（label）封装分组，在数据平面实现快速转发。在控制平面，MPLS 拥有 IP 网络强大灵活的路由功能，可以满足各种新应用对网络的要求。对于核心 LSR，在转发平面只需要进行标签分组的转发。对于 LER，在转发平面不仅需要进行标签分组的转发，也需要进行 IP 分组的转发，前者使用标签转发表 LFIB，后者使用传统转发表 FIB（Forwarding Information Base）。

2. MPLS 的工作原理

MPLS 的工作原理如图 6-7 所示。在 MPLS 域外采用传统的 IP 转发方式，在 MPLS 域内按照标签交换方式转发，无需查找 IP 信息。

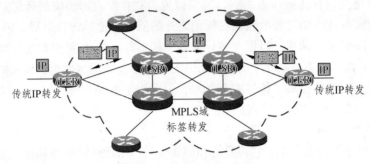

图 6-7　MPLS 的工作原理

在运营 MPLS 的网络内（即 MPLS 域内），路由器之间运行 MPLS 标签分发协议（如 LDP、RVSP 等），使 MPLS 域内的各设备都分配到相应的标签。

IP 数据包通过 MPLS 域的传播过程是基于标签交换的过程。若入口边界 LER 接收数据包，则为数据包分配相应的标签，用标签来标志该数据包。紧接着主干 LSR 接收到被标志的数据包，立即查找标签转发表，使用新的出站标签代替输入数据包中的标签。当出口边界 LSR 接收到该标签数据包，即删除标签，对 IP 数据包执行传统的第三层查找。

3. 标签交换路径 LSP 的建立

LSP 是标签转发路径，其建立需要经过三个过程。首先形成路由表，网络中各路由器在动态路由协议（如 OSPF）的作用下交互路由信息形成自己的路由表。其次分发标签，路由器之间运行标签分发协议来分配标签。最后形成 LSP 标签交换路径。路由器完成标签交互过程即形成了标签交换路径 LSP。当进行报文转发时只需按照标签进行交换，而不需要路由查找。

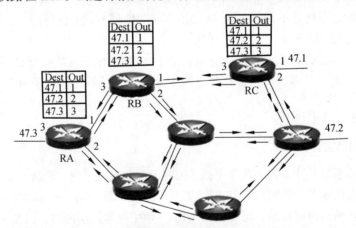

图 6-8　MPLS 基于标记交换的转发过程

以图 6-8 为例，RA、RB、RC 三台路由器上都学习到边缘网络的路由信息 47.1.0.0/16，47.2.0.0/16 和 47.3.0.0/16，并建立了路由信息表。接着，路由器 RC 作为 47.1.0.0/16 网段的出口 LSR 随机分配标签"40"，发送给上游邻居 RB，并记录在标签交换转发数据库 LIB 中。当路由器 RC 收到标记"40"的报文时就知道这是发送给 47.1.0.0/16 网段的信息，如图 6-9 所示。当路由器 RB 收到 RC 发送的关于 47.1.0.0/16 网段及标签"40"的绑定信息后，将标签信息及接收端口记录在自己的 LIB 中，并为 47.1.0.0/16 网段随机分配标签发送给除接收端口外相应的邻居。假设 RB 为 47.1.0.0/16 网段分配标签"50"发送给接口 int3 的邻居 RA。在 RB 的 LIB 中就产生这样的一条信息（见表 6-1）：

表 6-1　标签转发表

IntfIn	LabelIn	Dest	IntfOut	Labelout
3	50	47.1.0.0	1	40

该信息表示，当路由器 RB 从接口 int3 收到标记为"50"的报文时，将标记改为"40"并从接口 int1 转发，不需要经过路由查找。同理 RA 收到 RB 的绑定信息后将该信息记录，并为该网段分配标签。这样就在 RA、RB、RC 之间形成了关于 47.1.0.0/16 网段的标签交换路径 LSP。当路由器 RA 收到一个目的地址为 47.1.1.1 的报文后，先查找路由表，再查找标签转发表，找到 FEC 47.1.0.0/16 的对应标签"50"后，加入报文头部，从 IntfOut 端口 int1 发送。路由器 RB 从接口 int3 收到标记为"50"的报文后直接查找标签转发表，改变标签为"40"，从接口 int1 发送。路由器 RC 从接口 int3 收到标记为"40"的报文后查找标签转发表，发现是属于本机的直连网段，删除标签头部信息，发送 IP 报文。MPLS 标签分发及基于标签的交换过程如图 6-9、图 6-10 所示。

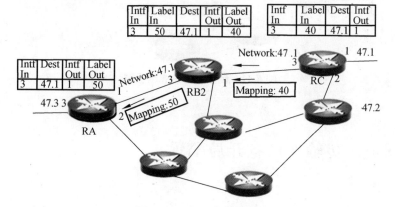

图 6-9　MPLS 标签分发

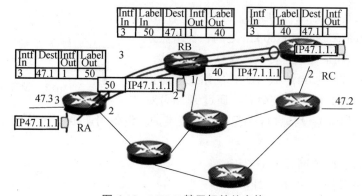

图 6-10　MPLS 基于标签的交换

4. 倒数第二跳弹出机制

当数据包到达路由出口 LSR 的前一跳，即倒数第二跳时，对标记分组不进行标记调换的操作，只作旧标记的弹出，然后传送没有标记的分组。因为 Egress 已是目的地址的输出端口，不再需要对标记分组按标记转发，而是直接读出 IP 分组组头，将 IP 分组传送到最终目的地址。这种处理方式，是保证 MPLS 全程所有 LSR 对需处理的分组只作一次查表处理，也便于转发功能的分级处理。

倒数第一跳分配标签时采用特殊标签 3。

如图 6-11 所示，RC 是 47.1.0.0/16 网段的出口 LSR，因此 RC 给 47.1.0.0/16 网段分配标签时使用特殊标签 3。当 RB 收到 RC 分配的标签 3 时，就知道自己是倒数第二跳 LSR。

RB 从 RA 那里收到标签为"50"的报文时，因其对应的发送标签 LabelOut 是 3（POP），因此，RB 将标签去除，直接从接口 int1 发送 IP 报文。RC 收到报文后因未携带标签，直接按照目的地址进行路由查找转发，无需再通过标签转发表查找。

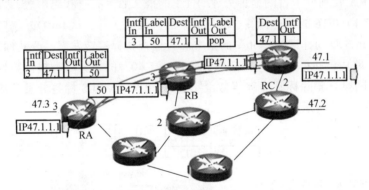

图 6-11　倒数第二跳弹出机制

6.4　任务：传输网设备开局配置

6.4.1　任务描述

A、B、C 3 个站组成二纤环形网，链路速率为 GE bit/s，各站之间的距离均在 40~80 km 之间，各站业务均采用 ZXCTN 6200 系统进行传输。A 站为中心站，加电开通各站 ZXCTN 6200，A、B、C 三站之间能正常进行通信，A 设置为网管监控中心，通过 A 站可对

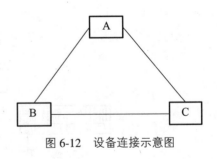

图 6-12　设备连接示意图

其他 B、C 两网元的传输设备进行配置、管理及维护。设备间连接示意图如图 6-12 所示。

业务要求：

（1）为网络设置网关网元。

（2）规划网络各网元的 IP 地址。

（3）开通网络，能从网管计算机监控到各网元，初始化并保存各网元的配置数据。

6.4.2　任务分析

对设备进行初始化配置，首先将网管计算机与设备连接，目前使用的连接多为以太网方式。需要将网管计算机的 IP 地址与 PTN 设备的 Qx IP 地址放在同一个网段，假设网管计算机 IP 地址为 192.168.54.241，则网关网元的 IP 地址设为 192.168.54.242。

将 A、B、C 三个网元命名为 6200_NE1、6200_NE2、6200_NE3，其管理 IP 设置保证全网唯一，如表 6-2 所示。

表 6-2　网元管理 IP 地址表

网元名称	网元标识	管理 IP 地址
A	6200_NE1	1.1.1.1/32
B	6200_NE2	2.2.2.2/32
C	6200_NE3	3.3.3.3/32

规划好 IP 的网元间连接示意图如图 6-13 所示。

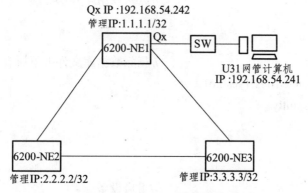

图 6-13　网元 IP 规划示意图

6.4.3　任务实施

1. 准备工作

确认已经将电源线引到电源分配箱柜相应的二次下电端口，电源单板开关处于 OFF 状态，打开列头柜的电源，给设备机架供电，查看运行状态指示灯，确认能正常工作。

2. 接入网元初始化

接入网元即与网管计算机相连的网元，在本任务中，接入网元为 6200_NE1，用串口线 C-232-007-V1.1 连接台式计算机的串口与 PTN 网元的 CON 口。若为笔记本计算机，则需 USB-Serial 转接线。

初始化流程如下：

（1）删除设备上的初始数据。

（2）修改设备主机名称，配置设备管理 IP，即环回地址。

（3）配置 Qx 口地址，与网管计算机 IP 地址在同一网段。

（4）保存配置的数据。

其初始化步骤及如下：

ZXR10>enable

password：

ZXR10#show nm-version   //查看对接网管的软件版本

ZXR10#show version   //查看设备型号及硬件版本

ZXR10#dir   //查看 flash 存储器中的文件夹

ZXR10#dir cfg   //查看 cfg 下文件

ZXR10#cd cfg   //进入 cfg 文件夹

ZXR10#dir

ZXR10#delete *.*   //删除 cfg 文件夹下所有文件

Are you sure to delete files?[yes/no]：yes

ZXR10#dir

ZXR10#cd ..   //退出 cfg 文件夹到上一级文件夹

ZXR10#cd db   //进入数据库 db 文件夹

ZXR10#

ZXR10#dir

ZXR10#delete *.*   //删除数据库文件夹下所有文件

Are you sure to delete files?[yes/no]：yes

file deleted successfully.

ZXR10#

ZXR10#

ZXR10#dir

ZXR10#reload   //重启设备

//重启设备之前，不要 write，否则无法删除的前面文件

Proceed with reload? [yes/no]：yes

ZXR10#

ZXR10#con ter

ZXR10（config）#hostname 6200_NE1

6200_NE1（config）#dcn enable   //dcn 使能

6200_NE1（config）#dcn mngip 1.1.1.1 255.255.255.255

//1.1.1.1 为我们规划的接入网元的管理 IP，1.1.1.1 不是固定的

6200_NE1（config）# dcn qx attribute 192.168.54.242 255.255.255.0 1 1 2.0.0.0

//192.168.54.242 为 Qx 口地址，与网管计算机 IP 地址在同一网段

//第一个 1 为 ospf 使能

//第二个 1 为主动状态

//2.0.0.0 为域 ID

//只需要更改 IP 地址即可，其他默认

6200_NE1（config）#exit

6200_NE1#write   //保存配置的数据

6200_NE1#reload　　　　　　　　　//重启设备

Proceed with reload? [yes/no]：yes

3. 非接入网元初始化

非接入网元 B、C 初始化流程和接入网元相比，省去配置 Qx 口地址。以 B 网元为例，初始化配置如下：

Username：who

Password：

ZXR10>ena

Password：

ZXR10#dir

ZXR10#dir cfg

ZXR10#cd cfg

ZXR10#dir

ZXR10#delete *.*

Are you sure to delete files?[yes/no]：yes

file deleted successfully.

ZXR10#dir

ZXR10#

ZXR10#cd ..

ZXR10#cd db

ZXR10#dir

ZXR10#delete *.*

Are you sure to delete files?[yes/no]：yes

file deleted successfully.

ZXR10#

ZXR10#dir

ZXR10#reload

Proceed with reload? [yes/no]：yes

ZXR10#

ZXR10#con ter

ZXR10（config）#hostname 6200_NE2

6200_NE2（config）#dcn enable　　　　//dcn 使能

6200_NE2（config）#dcn mngip 2.2.2.2 255.255.255.255

//2.2.2.2 为我们规划的接入网元的管理 IP

6200_NE1（config）#exit

6200_NE1#write　　　　　　　　　//保存配置的数据

6200_NE1#reload　　　　　　　　　//重启设备

Proceed with reload? [yes/no]：yes

按照上述操作步骤初始化 C，删除设备上的初始数据，修改设备主机名称，配置设备管理 IP，保存配置的数据。

6.4.4 任务总结

通过本任务的训练，应掌握以下知识及技能：

（1）本次任务主要是根据业务需求对设备进行初始化。包括为网络设置网关网元，规划网络各网元的 IP 地址，并初始化网元。

（2）网关网元即接入网元，在规划 IP 地址时，须保证其与网管计算机在同一网段。

（3）在配置环回地址即管理 IP 时须保证全网唯一。

（4）初始化流程如下：

删除设备上的初始数据。

修改设备主机名称，配置设备管理 IP 地址。

保存配置的数据。

思考与拓展

（1）私网 IP 地址的范围有哪些？

（2）简述 ACL 功能。

（3）简述在 MPLS 网络中标签交换路径 LSP 形成的三个过程。

（4）简述倒数第二跳弹出机制。

第7章 PTN 网络设备介绍及传输网的创建

【内容概述】

本章介绍了中兴通讯公司的 **ZXCTN** 系列 **PTN** 传输设备，对设备系统结构、单板功能进行了详细描述，同时给出"传输网络的创建"任务，通过任务训练，让学生掌握 **PTN** 网络规划及创建过程。

【学习目标】

通过章节学习，学生可以掌握 **PTN** 设备的系统结构及单板功能，了解传输网管软件的基本结构和组成，能够进行 **PTN** 传输网络的规划及创建。

【知识要点】

（1）**ZXCTN 6200** 的硬件及工作原理。
（2）**ZXCTN 9004** 的硬件及工作原理。
（3）传输网的规划及创建实施。

7.1 ZXTN 6200 简介

ZXCTN 6200 是最高速率为 10 Gb/s 的面向分组的电信级多业务传送设备，交换容量为 88 Gb/s，适用于接入层以及小容量的汇聚层，可应用于 Backhual 和多业务网络融合的承载和传送。

7.1.1 ZXTN 6200 子架介绍

ZXCTN 6200 使用中兴通讯传输设备标准机柜，尺寸为 2 000×600×300（高×宽×深）或 2 200×600×300。机柜顶部安装电源分配箱，用于接入外部输入的主、备电源，对外部电源进行滤波和防雷等处理后，分配主、备电源各 4 对至各子架。电源分配箱外形如图 7-1 所示。

ZXCTN 6200 子架采用横插式结构，分为交换主控时钟板区、业务线卡区、电源板区、风扇区等。子架提供 9 个插板槽位，包括 2 个主控板槽位、4 个业务单板槽位、2 个电源板槽位和 1 个风扇槽位。子架实物图及结构示意图如图 7-1 所示，插板区板位排列及槽位背板带宽如表 7-1 所示，单板安插槽位如表 7-2 所示。

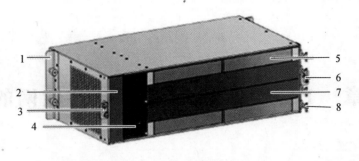

（a）示意图

（b）实物图

图 7-1　ZXCTN 6200 子架图片

1—安装支耳；2—风扇区；3—子架保护地接线柱；4—电源板区；5—业务单板区；
6—静电手环插孔；7—交换主控时钟板区；8—走线卡

表 7-1　ZXCTN 6200 子架槽位及背板带宽安排表

Slot9 风扇	Slot7 电源板	Slot1　低速 LIC 板卡　8 Gb/s		Slot2　低速 LIC 板卡　8 Gb/s
		Slot5　交换主控时钟板		
	电源板	Slot6 交换主控时钟板		
	Slot8	Slot3　高速 LIC 板卡　10 Gb/s		Slot4　高速 LIC 板卡　10 Gb/s

说明：Slot3、Slot4 槽位插入 GE 单板时，支持 4GE 的背板带宽。插入 10GE 单板时，支持 10GE 的背板带宽。

表 7-2　ZXCTN 6200 子架单板命名和槽位列表

单板类型	单板标识	单板名称	对应槽位
处理板	RSCCU2	主控交换时钟单元板	5# ~ 6#
业务板	R16E1F	16 端口前出线 E1 板（75 ）	1# ~ 4#
	R16E1F	16 端口前出线 E1 板（120 ）	1# ~ 4#
	R16T1F	16 端口前出线 T1 板	1# ~ 4#
	R4CPS	4 端口通道化 STM-1 POS 板	1# ~ 4#
		1 端口通道化 STM-4 POS 板	1# ~ 4#
	R4ASB	4 端口 ATM（Asynchronous Transfer Mode，异步传输模式）STM-1 板	1# ~ 4#

续表

业务板	R4CSB	4 端口通道化 STM-1 板	1# ~ 4#
		1 端口通道化 STM-4 板	1# ~ 4#
	R4EGC	4 端口增强千兆 Combo 板	1# ~ 4#
	R8EGE	8 端口增强千兆电口板	1# ~ 4#
	R8EGF	8 端口增强千兆光口板	1# ~ 4#
	R1EXG	1 端口增强 10GE 光口板	1# ~ 4#
	R4GW	4 端口 STM-1 网关板	1# ~ 4#
		1 端口 STM-4 网关板	1# ~ 4#
	R8FEI	8 端口百兆电口板	1# ~ 4#
	R8FEF	8 端口百兆光口板	1# ~ 4#
	R4GCG	4 端口增强千兆 GRE（General Routing Encapsulation，通用路由封装）板	1# ~ 4#
	R1OA	1 端口光放大板	1# ~ 4#
	R1GNE	1 端口网关网元板	1# ~ 4#
电源板	RPWD2	直流-48 V 电源板	7# ~ 8#
风扇	RFAN2	风扇板	9#

7.1.2　ZXTN 6200 单板介绍

ZXCTN 6200 提供全宽单板和半宽单板。

1. RSCCU2 主控交换时钟单元板

主控交换时钟单元板 RSCCU2 集成主控、交换和时钟同步处理功能，是系统的核心单板。该单板具备主控功能，交换功能以及时钟同步功能，可 1+1 主备用配置。

（1）主控功能，负责实现系统控制与通信、网管命令处理，管理单板，收集单板性能事件和告警信息上报网管。运行路由协议，维护路由转发表。

（2）交换功能，实现业务转发、调度，支持 44GE（Gigabit Ethernet，千兆以太网）交换容量。

（3）时钟同步功能，向各单板提供系统同步时钟。支持使用 1588 协议作为时钟参考源，锁定 1588 时钟源。支持 SSM（Synchronization Status Message，同步状态消息）处理，根据 SSM 信息可实现全网同步，自动选择优先级时钟，防止时钟成环。支持 5 种工作模式：锁定、快捕、正常跟踪、保持和自由运行方式。通过 BITS 时钟接口，支持 1 路相位同步信息，通过 GPS 接口，支持相位同步信息和绝对时间值的输入/输出。

主控交换时钟板对外的接口包括：1 路 BITS（Building Integrated Timing Supply），大楼综合定时供给）外时钟输入接口和 1 路 BITS 外时钟输出接口、1 路网管接口 Qx、1 路本地维护终端接口 LCT、1 路 consol 调试接口、1 路 GPS 时钟输入/输出接口、可支持相位同步信息和绝对时间值的输入/输出和告警输入/输出接口，支持 3 路设备告警输出和 4 路外部告警信号输入。

RSCCU2 单板面板示意图如图 7-2 所示。

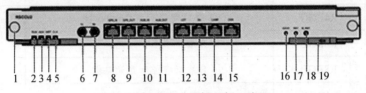

图 7-2　RSCCU2 单板面板示意图

1—松不脱螺钉；2—单板运行指示灯 RUN；3—单板告警指示灯 ALM；4—单板主备指示灯 MST；
5—时钟运行状态指示灯 CLK；6—BITS 接口 Tx；7—BITS 接口 Rx；8—时间接口 GPS_IN；
9—时间接口 GPS_OUT；10—告警输入接口 ALM_IN；11—告警输出接口 ALM_OUT；
12—本地维护终端接口 LCT；13—网管接口 Qx；14—设备运行指示灯接口 LAMP；
15—设备调试接口 CON；16—单板强制倒换按钮 EXCH；17—单板复位按钮 RST；
18—截铃按钮 B_RST；19—扳手

2. R16E1F 16 端口前出线 E1 板

R16E1F 单板是 E1 电路仿真单板。在 UNI 侧，R16E1F 单板实现 TDM E1 或 IMA（Inverse Multiplexing over ATM，ATM 反向复用）E1 业务的接入和承载，网管显示为 R16E1F-（TDM+IMA）。在 NNI 侧，R16E1F 单板实现 ML-PPP（Multilink-Point to Point Protocol，多链路点对点协议）工作方式，网管显示为 R16E1F-（ML-PPP）。该单板提供接口功能、E1 业务处理功能、时钟功能及 ML-PPP 功能。R16E1F 单板面板示意图如图 7-3 所示。

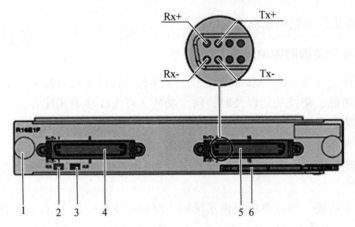

图 7-3　R16E1F 单板面板示意图

1—松不脱螺钉；2—单板运行指示灯 RUN；3—单板告警指示灯 ALM；
4—E1 电接口（1~8 路）；5—E1 电接口（9~16 路）；6—扳手

（1）接口功能上，单板提供 16 路 E1 接口，每路接口带宽为 2.048 Mb/s。对于 R16E1F-（TDM+IMA）单板，其 E1 接口的业务工作方式可配置为 TDM E1（CES）或 IMA E1。对于

R16E1F-（ML-PPP）单板，其 E1 接口的业务工作方式可配置为 ML-PPP E1。E1 接口支持成帧和成帧检测功能，支持 PCM30/PCM30CRC/PCM31/PCM31 CRC 四种帧格式，所有 E1 接口支持告警上报和性能上报。

（2）E1 业务处理功能，TDM E1 业务支持结构化或非结构化的电路仿真方式。其中，结构化业务支持 E1 成帧处理和时隙压缩功能。TDM E1 业务支持使用 PWE3 封装和解封装。

（3）时钟处理功能，经过网络传输的 TDM E1 和 IMA E1 业务，在恢复重组时，支持自适应时钟恢复和差分时钟恢复。支持 16 路 E1 再定时。

（4）E1 接口工作在 ML-PPP 业务方式时，可实现基站语音和信令业务分离承载，同时支持线路提取同步时钟，支持 ML-PPP 链路状态检测，支持板内 ML-PPP 组中 E1 链路的保护。

3. R4EGC 4 端口增强千兆 Combo 板

R4EGC 单板可以实现 4 路 GE 电信号或光信号业务处理。

单板可以提供的接口包括 4 个千兆 SFP 光接口和 4 个千兆以太网电接口。其中光接口类型支持 100Base-FX、1000Base-SX 和 1000Base-LX，电接口类型支持 10Base-T、100Base-TX 和 1000Base-T。单板支持光接口速率配置及数字诊断，支持电接口全双工工作模式。电接口 10M/100M/1000M 自动协商，支持电接口强制模式、支持电接口在任何模式下的自动交叉功能、支持电接口线缆测试。

单板的激光器支持光接口激光器自动关断。单板支持同步以太网，并能协助系统完成 LM 和 DM 的 OAM 功能。

R4EGC 单板面板示意图如图 7-4 所示。

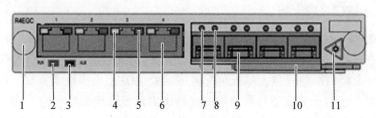

图 7-4　R4EGC 单板面板示意图

1—松不脱螺钉；2—单板运行指示灯；3—单板告警指示灯；4—GE 以太网电接口 ACT 指示灯；5—GE 以太网电接口 LINK 指示灯；6—GE 以太网电接口；7—GE 以太网光接口 ACT 指示灯；8—GE 以太网光接口 LINK 指示灯；9—GE 以太网光接口；10—扳手；11—激光警告标识

4. R4GW 4 端口 STM-1 网关板/1 端口 STM-4 网关板

R4GW 是 4 端口 STM-1 网关板/1 端口 STM-4 网关板，该单板有两种实现形式：4 端口 STM-1 网关板和 1 端口 STM-4 网关板。这两种实现形式可提供 4 路 Ch.STM-1 或 1 路 Ch.STM-4 接口，实现网络间的业务互通。

该单板支持标准的 SDH 帧结构、SDH 帧定界、时钟恢复、段层开销处理以及告警性能统计，支持 SDH 业务虚级联，支持跨板以及板内 STM-1 端口的 MSP 保护，支持 PWE3 业务封装承载，支持非结构化 TDM 业务的处理。

R4GW 单板面板示意图如图 7-5 所示。

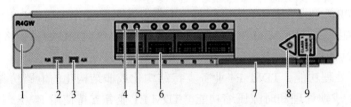

图 7-5　R4GW 单板面板示意图

1—松不脱螺钉；2—单板运行指示灯 RUN；3—单板告警指示灯 ALM；4—光接口发送指示灯；
5—光接口接收指示灯；6—STM-1/STM–4 光接口；7—扳手；
8—激光警告标识；9—激光等级标识

5. R4CPS　4 端口通道化 STM-1 POS 板/1 端口通道化 STM-4 POS 板

R4CPS 单板是 4 端口通道化 STM-1 POS 板/1 端口通道化 STM-4 POS 板。R4CPS 单板有两种实现方式：4 端口通道化 STM-1 POS 板和 1 端口通道化 STM-4 POS 板，分别提供 4 路 STM-1 POS 接口和 1 路 STM-4 POS 接口。R4CPS 单板可用于网络的 NNI 侧和 UNI 侧。在 NNI 侧，R4CPS 单板使用 VC12、VC3 和 VC4 通道承载分组业务，实现从 MPLS-TP 到 TDM 业务的封装。在 UNI 侧，R4CPS 单板可用于与路由器对接。

该单板的第 1 路 STM-1 接口可以配置为 STM-4 速率级别的接口，此时，后 3 路 STM-1 接口不可用。支持光接口数字诊断、支持 GFP-F 协议封装业务、支持标准的 SDH 帧结构、SDH 帧定界、时钟恢复、段层开销处理以及告警性能统计。支持 SDH 业务虚级联、支持跨板以及板内 STM-1 端口的 MSP 保护。

6. R1OA　1 端口光放大板

单通道光放大板 R1OA 单板利用 EDFA（Erbium Doped Fiber Amplifier，掺铒光纤放大器）实现对光信号的放大，以补偿在终端节点中由合分波器或线路中光传输引入的衰减损耗。它可提供 1 个光放大接口。信号放大单板可配置不同的 EDFA 光模块，实现三种光放大单板的切换。OBA 单板，使放大后光信号有足够的光功率完成光纤线路的传输。OPA 单板，使接收侧能够检测到正常的光信号。OLA 单板，使光信号在线路传输中进行放大。

7. R1GNE　1 端口网关网元板

R1GNE 单板对外提供一个 Qx 接口，借助 NAT（Network Address Translation，网络地址翻译）技术实现网络地址的转换，并通过板间通讯链路，实现外网与 DCN（Data Communications Network，数据通信网）内网的信息交互，从而实现内外网 IP 地址的隔离。

8. 其他单板功能

R8EGE 单板是 8 端口增强千兆电口板，实现 8 路 FE/GE 电业务处理，可提供 8 个千兆以太网电口，其接口类型支持 10Base-T、100Base-TX 和 1000Base-T。

R8EGF 单板是 8 端口增强千兆光口板，提供 8 端口 GE/FE SFP 光接口。

R1EXG 是 1 端口增强 10GE 光口板，可实现 1 路 10GE 光业务处理功能。

R4CSB 板是 4 端口通道化 STM-1 板/1 端口通道化 STM-4 板，有两种单板的实现形式：4 端口通道化 STM-1 板和 1 端口通道化 STM-4 板，分别实现 4 路通道化 STM-1 和 1 路 STM-4

业务处理，完成结构化和非结构化 TDM 业务的汇聚和透传。R4CSB 单板对外提供 4 路 STM-1 光汇聚接口，背板侧提供 1GE 的带宽，为低端 E1 单板提供 E1 业务的接入和汇聚。

RPWD2 单板是直流-48V 电源板，输入-48 V 直流电源，通过背板给子架各单板供电。

7.1.3　ZXTN 6200 的网络应用

以太网单板均可工作于 UNI 模式或 NNI 模式。如图 7-6 所示，以太网单板通过 GE 端口接入业务信号，交由主控单板进行业务交换，业务从网络侧单板发送出去。

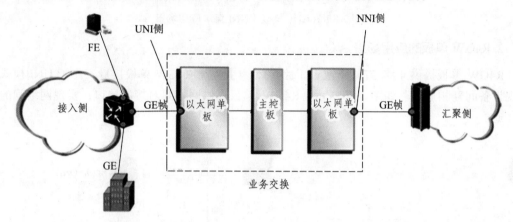

图 7-6　以太网单板应用场景

1. R16E1F 单板的网络应用

前出线 E1 板 R16E1F 提供 16 路 E1 接口，完成 E1 信号的接入和处理。通过下载和运行不同的软件程序，R16E1F 单板有两种类型：R16E1F（TDM+IMA）和 R16E1F（ML-PPP），R16E1F（TDM+IMA）工作于 UNI 侧，R16E1F（ML-PPP）工作于 NNI 侧。

工作在 UNI 侧时，R16E1F（TDM+IMA）单板可实现 TDM/IMA E1 业务的接入和处理。如图 7-7 所示，ZXCTN 6200 设备通过 R16E1F（TDM+IMA）单板接入基站的语音业务，处理后的语音业务最终通过线路侧的以太网单板传送到汇聚侧。

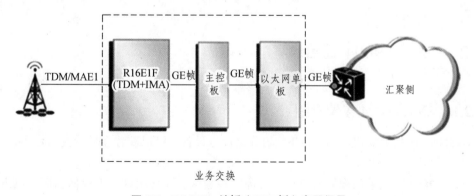

图 7-7　R16E1F 单板（UNI 侧）应用场景

工作在 NNI 侧时，R16E1F（ML-PPP）单板实现 ML-PPP E1 业务的传送。如图 7-8 所示，R16E1F（ML-PPP）单板对业务报文进行 ML-PPP 协议处理和 PWE3 封装后，将业务传送给与其相连的 SDH/SONET 网络，实现 ML-PPP E1 业务在 SDH/SONET 网络的传输。

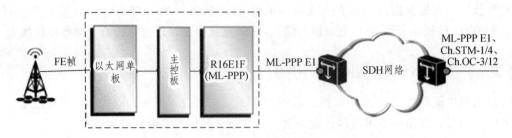

图 7-8 R16E1F 单板（NNI 侧）应用场景

2. R4GW 单板的应用场景

R4GW 单板提供 4 路 STM-1 或者 1 路 STM-4 接口。R4GW 单板接口工作于 UNI 模式，实现设备间互相通信。如图 7-9 所示，R4GW 单板提供网络间对接的接口，实现网络间的业务互通。

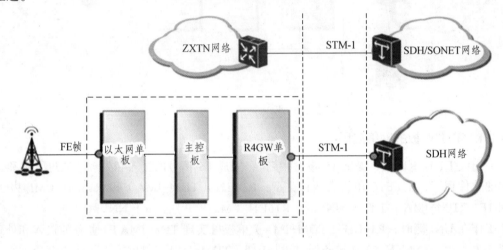

图 7-9　R4GW 单板的应用场景

7.2　ZXTN 9004 简介

7.2.1　ZXTN 9004 子架介绍

ZXCTN 9004 是最高速率为 10 Gb/s 的分组传送设备，可以配置在城域网的汇聚层或者核心层。

ZXCTN 9004 子架采用横插式结构，分为主控板区、业务板区、电源插箱区、风扇区等，可以安装到 IEC 或 ETS 标准机柜中。ZXCTN 9004 子架单板包括 4 个业务处理板槽位、2 个 MSC 主控板槽位、3 个电源板槽位和 1 个风扇槽位。子架结构示意图如图 7-10 所示，其子架插板区板位排列如表 7-3 所示，ZXCTN 9004 单板安插槽位如表 7-4、表 7-5 所示。

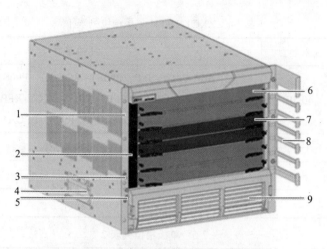

（a）示意图

（b）实物图

图 7-10　ZXCTN 9004 子架图片

1—安装支耳；2—风扇区；3—静电手环插孔；4—搬运拉手；5—子架保护地接线柱；
6—业务板区；7—主控板区；8—走线卡；9—电源插箱区

表 7-3　子架插板区板位排列表

门　　头			
Slot10 FAN	Slot1	业务处理板	
	Slot2	业务处理板	
	Slot5	MSC	
	Slot6	MSC	
	Slot3	业务处理板	
	Slot4	业务处理板	
	Slot7 Power	Slot8 Power	Slot9 Power

表 7-4　ZXCTN 9004 单板槽位列表 1

槽位号	接入容量	可插单板
Slot1 ~Slot4	40GE	P90S1-24GE-SFP、P90S1-48GE-RJ、P90S1-48GE-SFP、P90S1-24GE2XGE-SFPXFP、P90S1-2XGE-XFP、90S1-24GE-RJ、P90S1-4XG、E-XFP 或 P90S1-LPCA+接口子卡
Slot5 ~Slot6	—	P9004-MSC
Slot7~Slot9	—	电源板（可任选 2 个槽位，形成电源板 1+1 冗余）
Slot10	—	风扇板

表 7-5　单板槽位列表 2

单板类型	单板	占用槽位数量	插槽位置	备　注
主控板	P9004-MSC	1	5#、6#	支持 1：1 冗余，建议冗余配置
固定接口业务板	P90S1-24GE-SFP	1	1# ~4#	
	P90S1-48GE-RJ	1	1# ~4#	
	P90S1-48GE-SFP	1	1# ~4#	
	P90S1-24GE2XGE-SFP XFP	1	1# ~4#	
	P90S1-2XGE-XFP	1	1# ~4#	
	P90S1-24GE-RJ	1	1# ~4#	
	P90S1-4XGE-XFP	1	1# ~4#	
多业务母板	P90S1-LPCA	1	1# ~4#	槽位与接口子卡配合使用
接口子卡	P90-1P192-XFP	—	P90S1-LPCA	与多业务母板配合使用，子卡本身不占用槽位
	P90-8P12/3-SFP	—	P90S1-LPCA	
	P90-8GE1CP12/3-SFP	—	P90S1-LPCA	
	P90-8GE4COC3-SFP	—	P90S1-LPCA	
	P90-8GE4A3-SFP	—	P90S1-LPCA	
电源模块	PM-AC2U	1	7#~9#	
	PM-DC2UB	1	7#~9#	
风扇模块	M9004-FAN	1	10#	

7.2.2　ZXTN 9004 单板介绍

1. P9004-MSC 主控板

P9004-MSC 是 ZXCTN 9004 的主控板，由主控单元、交换单元和时钟单元等功能块组成，它采用 1+1 备份方式工作，是系统的核心单板。P9004-MSC 完成的系统功能包括数据交换功能、控制功能（运行系统网管和路由协议）、带宽管理功能、带外通讯功能（传输各业务单板之间的高速信令）、时钟同步功能等。

P9004-MSC 的组成单元模块包括以下几种：

（1）电源模块，负责接收系统背板电源输入，并完成单板所需的电源转换。

（2）监控模块，负责监控环境信息，管理各业务单板、电源板、风扇板，控制单板上电，上报板类型、板在位、复位、中断等信息，打印系统信息和告警。

（3）控制模块，负责完成网管、监控、网络协议处理，集中维护更新系统的二层和三层转发表等核心功能，运行网管协议、路由协议，维护系统的全局路由表及转发表，进行主备状态监测，完成主、备切换等互控信号，提供单板调试和管理接口，提供温度检测功能，提供系统日志管理功能。

（4）通信模块，通过带外通信方式，提供各单板之间的高速信令通道，主备主控板通过带外通讯端口，同步和备份运行数据，主控板和各业务单板通过该通道传送路由信息，主控板通过该通道向业务板传送控制指令。

（5）时钟模块，在接收方向上，接收业务单板送来的时钟基准，或 2MBITS 输入时钟基准，或由 GPS 模块产生的时钟基准，在发送方向上，产生系统同步时钟，分发给系统中的各业务单板作为发送数据的时钟。

（6）逻辑控制模块，控制各业务板的 IO（Input and Output）信号，通过带外通信，将各业务板的运行状态集中在主控板的面板上显示。控制各业务板复位信号，可对指定业务单板进行复位操作。

（7）交换模块，提供 240 Gb/s 双向无阻塞交换能力，负责整个系统业务流的集中转发以及相关业务的处理，主要完成业务缓存、队列管理和调度等功能。

P9004-MSC 单板面板示意图如图 7-11 所示。

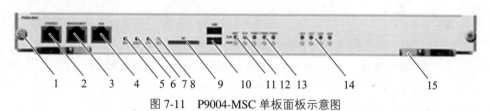

图 7-11　P9004-MSC 单板面板示意图

1—松不脱螺钉；2—调试接口 CONSOLE；3—以太网管理接口 MANAGEMENT；
4—AUX 管理接口；5—单板复位按钮 RST；6—主备倒换按钮 EXCH；7—单板拍照按钮 CPY；
8—SD 卡读写指示灯 ACT；9—SD 卡接口；10—USB 接口；11—单板主备状态指示灯 MST；
12—单板主备状态指示灯 SLA；13—电源模块运行状态指示灯　PWR1~3；
14—业务板运行状态指示灯 LIC1~4；15—扳手

2. P90S1-2XGE-XFP 业务板

P90S1-2XGE-XFP 单板提供 2 个 10GE 的 XFP（10-Gigabit Samll Form-Factor Pluggable）类型光接口，其支持的功能包括：可配置为 10GE-LAN 和 10GE-WAN、2 个接口均支持 SyncE，可抽取和接收以太网时钟、支持层次化的 QoS（Quality of Service）功能 H-QoS（Hierarchical-QoS）、协助完成系统 OAM（Operation, Administration and Maintenance）相关的 LM（frameLoss Measurement）、DM（Delay Measurement）功能。支持 T-MPLS（Transport Multi-Protocol Label Switching）OAM 功能的端到端检测和环网检测、支持上电复位和软件复位、支持 XFP 光纤

模块在线诊断功能。

P90S1-2XGE-XFP 的组成单元模块包括以下几种：

（1）以太网光接口模块，输入/输出 2 路 10 Gb/s 的以太网光信号。

（2）接口处理模块，在接收方向，接口处理模块对以太网光信号进行光电转换后，对数据进行解码和串/并转换，提取时钟后，将数据传送至业务处理模块。在发送方向，接口处理模块将业务处理模块传送来的信号进行编码和并/串转换，然后进行电光转换，再发送至以太网光接口模块。

（3）业务处理模块，将业务信号送至主控板，对业务进行交换，完成系统 OAM 信息的处理。

（4）控制模块，实现与主控板的通讯，并执行主控板下发的以下控制信息：定时查询接口处理模块的端口状态、检测以太网端口的 LED（Light Emitting Diode）指示灯状态、读取光模块数字诊断信息和单板硬件版本信息。

（5）时钟模块，接收主控板下发的时钟信号作为单板同步时钟，提供线路端口的时钟信号作为系统时钟基准。

（6）网管接口模块，完成从主控板下载单板版本和配置信息，实现对单板的管理。

（7）电源模块，接收系统背板输入电源，完成单板所需电压的转换。

P90S1-2XGE-XFP 单板面板示意图如图 7-12 所示。

图 7-12　P90S1-2XGE-XFP 单板面板示意图

1—松不脱螺钉；2—连接状态指示灯 LINK；3—数据读写指示灯 ACT；
4—10GE 光接口；5—扳手

3. P90S1-24GE2XGE-SFPXFP 业务板

P90S1-24GE2XGE-SFPXFP 单板提供 24 个 GE（Gigabit Ethernet）SFP（Small Form FactorPluggable）类型光接口和 2 个 10GE XFP 类型光接口。其支持的功能如下：24 个 GE 接口均支持 1000BASE-X 和 100BASE-FX 自适应、24 个 GE 接口中有 4 个（24~21 号端口）支持 SyncE，可抽取和接收以太网时钟，10GE 接口可配置为 10GE-LAN 和 10GE-WAN，2 个 10GE 接口均支持 SyncE，可抽取和接收以太网时钟、支持层次化的 QOS 功能（H-QOS）、协助完成系统 OAM 相关 LM、DM 功能、支持 T-MPLS OAM 功能的端到端检测和环网检测、支持上电复位和软件复位、SFP 光接口和 XFP 光接口都可以下指令关断、SFP 光模块和 XFP 光模块都支持在线诊断功能。

P90S1-24GE2XGE-SFPXFP 单板功能与 P90S1-2XGE-XFP 单板类似，其数据处理能力稍有区别，有 24 个可以处理 GE 业务，此外 SFP 以及 XFP 端口都可以关断，且支持在线诊断功能。P90S1-24GE2XGE-SFPXFP 单板面板示意图如图 7-13 所示。

图 7-13　P90S1-24GE2XGE-SFPXFP 单板面板示意图

1—松不脱螺钉；2—GE 光接口工作状态指示灯；LINK/ACT；3—GE 光接口 1~24；
4—10GE 光接口连接状态指示灯 LINK；5—10GE 光接口数据读写指示灯 ACT；
6—10GE 光接口 1~2；7—扳手

4. 其他业务单板

P90S1-24GE-RJ 单板提供 24 个 GE RJ45 电接口，每个接口均支持 10/100/1000BASE-TX 速率自适应。

P90S1-24GE-SFP 单板提供 24 个 GE SFP 光接口，每个 GE 接口均支持 1000BASE-X 和 100BASE-FX 自适应。

P90S1-48GE-RJ 单板提供 48 个 GE RJ45 电接口，每个接口均支持 100/1000BASE-TX 速率自适应。

P90S1-48GE-SFP 单板提供 48 个 GE SFP 光接口，8 个 GE 接口均支持 1000BASE-X 和 100BASE-FX 自适应。

5. P90-1P192-XFP 子卡

P90-1P192-XFP 板为接口子卡，和多业务母板 P90S1-LPCA 配合使用，提供 1 个 OC-192 的 XFP 端口。具体支持的功能包括：接口可配置为 10 GE 的 POS（Packet Over SDH）接口、实现数据流的 POS 帧封装（或解封装）、实现 POS 帧的 SDH（Synchronous Digital Hierarchy）/SONET（Synchronous Optical Networking）映射（或解映射）、支持上电复位和软件复位、XFP 光接口可以下指令关断、XFP 光模块支持在线诊断功能。

P90-1P192-XFP 的组成单元模块包括以下几种：POS 接口模块、成帧模块、业务处理模块、连接模块、控制模块、网管接口模块、时钟模块和电源模块等。其中 POS 接口模块完成 1 路 10 Gb/s 的 POS 光信号的光电转换。成帧模块实现 IP（Internet Protocol）数据包到 SDH 帧有效载荷的映射。在接收方向，将八位一组的可变长的 IP 数据包映射到 SDH 同步净荷包中；在发送方向，利用 GFP（Generic Framing Procedure）/HDLC（High-level Data Link Control）协议对 SDH 帧进行封装，将 SDH 帧转换成 IP 数据包。连接模块完成各种通信接口之间的转换，使控制模块能够访问到前拼板上的各种模块；同时提取差分时钟信号，发送给时钟模块。业务处理模块将业务信号送至主控板，对业务进行交换完成系统 OAM 信息的处理。其余模块功能可参阅业务单板相应模块功能。P90-1P192-XFP 单板面板示意图如图 7-14 所示。

6. 其他子卡功能

P90-8P12/3-SFP 板为接口子卡，和多业务母板 P90S1-LPCA 配合使用，提供 8 个 OC-3 或者 OC-12 的 SFP 端口，接口可配置为 622M 或 155M 的 POS 接口。

P90-8GE4COC3-SFP 单板提供 8 端口千兆以太网光口，配合 SFP 模块可实现通道化 POS

接口，支持 4 路通道化 STM-1/OC-3 接口，通道化接口支持 TDM。

P90-8GE4A3-SFP 单板主要提供 4 端口 OC-3C ATM 接口，同时还可以提供 8 端口千兆以太网光接口。实现非通道化 ATM STM-1 功能，线路侧接口支持 STM-1。

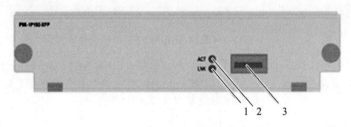

图 7-14　P90-1P192-XFP 面板示意图

1—POS 接口连接状态指示灯 LNK；2—POS 接口数据收发指示灯 ACT；3—10GE POS 接口

7. 电源单板

PM-DC2UB 为 ZXCTN 9004 使用的电源模块，为设备提供-48 V 的直流供电。PM-AC2U 为 ZXCTN 9004 使用的交流输入电源模块，为设备提供-48 V 供电。上述两种电源模块均采用 1+1 备份模式，可由两组直流电同时供电，具有过流保护功能以及过压、欠压检测功能。

7.3　任务：PTN 传输网的创建

7.3.1　任务描述

A、B、C 3 个站组成二纤环形网，链路速率为 1 Gb/s，各站之间的距离均在 40~80 km，各站业务均采用 ZXCTN 6200 系统进行传输。A 站为中心站，加电开通各站 ZXCTN 6200，A、B、C 三站之间能正常进行通信。A 设置为网管监控中心，通过 A 站可对其他 B、C 两网元的传输设备进行配置、管理及维护。设备连接示意图如图 7-15 所示。

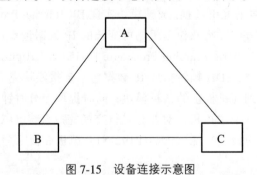

图 7-15　设备连接示意图

业务要求：

（1）创建网元 6200_NE1、6200_NE2、6200_NE3。

（2）为三个网元安装单板。

（3）进行网元间的拓扑连接，使 6200_NE1、6200_NE2、6200_NE3 组成环网。

7.3.2　任务分析

创建 6200_NE1、6200_NE2、6200_NE3，其基础业务规划如表 7-6 所示。

表 7-6　网元基础业务规划表

本端网元	对端网元	端口号	VLAN ID	接口 IP 地址	管理 IP 地址
6200_NE1	6200_NE2	GE3/2	3001	10.10.10.1/30	1.1.1.1/32
	6200_NE3	GE3/1	3002	10.10.11.1/30	
6200_NE2	6200_NE1	GE3/1	3001	10.10.10.2/30	2.2.2.2/32
	6200_NE3	GE3/2	3003	10.10.12.2/30	
6200_NE3	6200_NE1	GE3/2	3002	10.10.11.2/30	3.3.3.3/32
	6200_NE2	GE3/1	3003	10.10.12.1/30	

以 6200_NE1 为例，其对端网元分别为 6200_NE2、6200_NE3，对应端口号分别为 GE3/2、GE3/1。6200_NE1 至 6200_NE2 的 VLAN ID 规划为 3001，6200_NE1 至 6200_NE3 的 VLAN ID 规划为 3002。6200_NE1 至 6200_NE2 的接口 IP 规划为 10.10.10.1/30，6200_NE2 至 6200_NE1 的接口 IP 规划为 10.10.10.2/30，两个 IP 地址在一个网段；6200_NE1 至 6200_NE3 的接口 IP 规划为 10.10.11.1/30，6200_NE3 至 6200_NE1 的接口 IP 规划为 10.10.11.2/30，两个 IP 地址在一个网段。三个网元的拓扑规划图如图 7-16 所示。

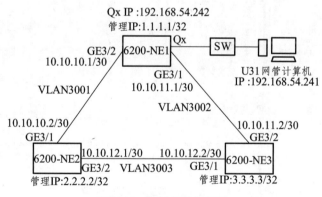

图 7-16　网元拓扑规划图

在创建网元时要按照上述规划进行，以保证网元间能够相互通信。

用网管计算机进行三个网元环形传输网构建时，要保证网管计算机与网元之间能够相互通信。

7.3.3　任务实施

将网管计算机 IP 地址设为 192.168.54.241，Ping Qx 的 IP 地址以及管理 IP 地址，看是否能通。如图 7-17 所示。

图 7-17　Ping Qx 的 IP 地址以及管理 IP 地址示意图

1. 启动 U31 网管

首先启动 U31 控制台，如图 7-18 所示。

图 7-18　启动 U31 控制台示意图

控制台登录成功，如图 7-19 所示。

图 7-19　U31 控制台登录成功示意图

接着登录 U31 客户端，点击"确定"登录，如图 7-20 所示。

图 7-20　登录 U31 客户端示意图

U31 网管登录成功，进入客户端界面，如图 7-21 所示。

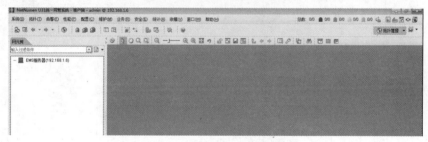

图 7-21　U31 客户端示意图

2. 创建网元，并进行数据同步

单击右键"新建对象"→"新建承载传输网元"，如图 7-22 所示。

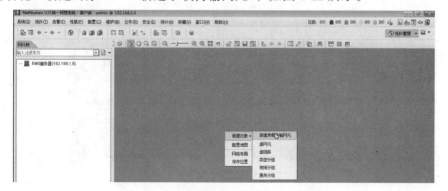

图 7-22　新建承载传输网元界面示意图

选择 ZXCTN6200，修改"网元名称"为"6200_NE1"，"IP 地址"为"1.1.1.1"，"子网掩码"为"255.255.255.255"，"硬件版本"为"V2.10"，"软件版本"为"V2.20"，"业务环回地址"为"1.1.1.1"。点击"应用"，如图 7-23 所示。

确定硬件版本和软件版本可登录网元，使用下面两条命令获取。

ZXR10#show nm-version   //查看对接网管的软件版本

ZXR10#show version   //查看设备型号及硬件版本

图 7-23　新建承载网元示意图

网元创建成功，其拓扑名称为 6200_NE1，如图 7-24 和图 7-25 所示。

图 7-24　网元创建成功提醒

图 7-25　创建完成的网元示意图

右键点击网元"工具"→"Ping"，操作如图 7-26 所示。测试显示 Ping 通，如图 7-27 所示。

图 7-26 Ping 工具示意图

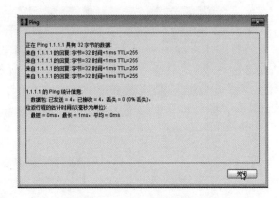

图 7-27 Ping 通示意图

在网管上创建网元成功后，若网元图标为蓝色，表示与网管断开连接。若网元图标为绿色，表示网管无数据上报。若网元图表为红色，表示设备与网管数据不同步。当设备与网管数据不同步时，需要进行数据同步。右键单击网元"数据同步"，进入数据同步界面，如图 7-28 所示。

图 7-28 数据同步入口示意图

在"上载入库"标签下，选中 6200_NE1，点击右下方"上载入库"，弹出对话框"上载入库将改变 EMS 上的现有配置数据，确认继续进行？"，点击"是"，如图 7-29 所示。

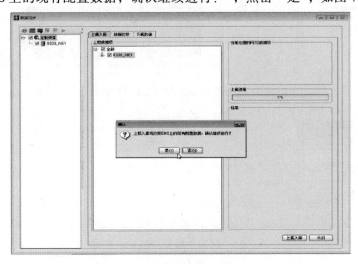

图 7-29 数据同步示意图

上载入库成功后会弹出"操作成功"对话框。如图 7-30 所示。

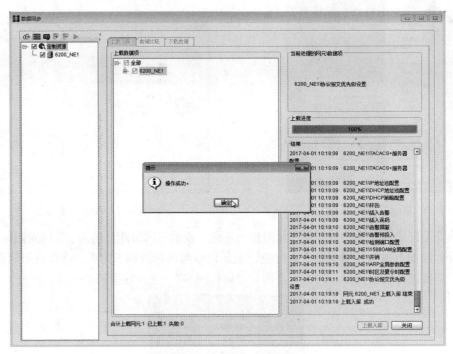

图 7-30　数据同步成功示意图

3. 安装单板

左键双击网元，查看机架单板安装，如图 7-31 所示。

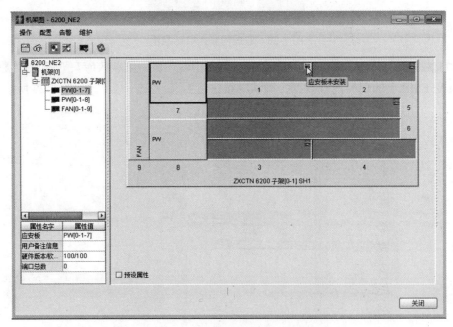

图 7-31　机架单板安装情况示意图

在未加单板的槽位，右键单击"单板自动发现"，如图 7-32 所示。

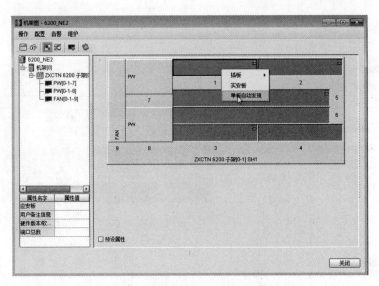

图 7-32　机架单板自动发现示意图

单击"校正"，输入校正验证码（随机），点击"确定"。弹出"操作成功"提示后点击"确定"，如图 7-33、图 7-34 所示。

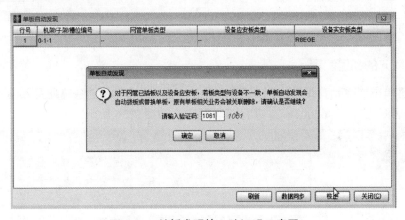

图 7-33　单板发现输入验证码示意图

图 7-34　单板自动发现成功示意图

其他应安装而未安装的槽位按照上述方法，完成所有单板的安装。完成安装后，点击右下角"关闭"，如图 7-35 所示。

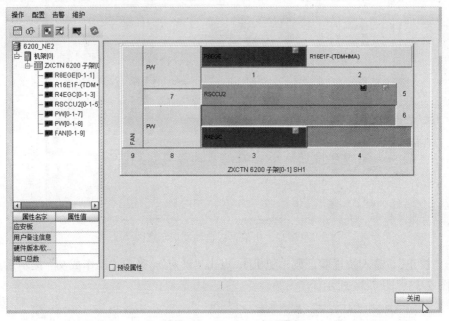

图 7-35 所有单板安装完成示意图

4. 进行网元的邻居配置

网元右键单击"网元管理"，选中网元，单击"网元操作"→"系统配置"→"DCN 管理"→"DCN 邻居配置"，为 6200_NE1 进行邻居配置，如图 7-36 所示。

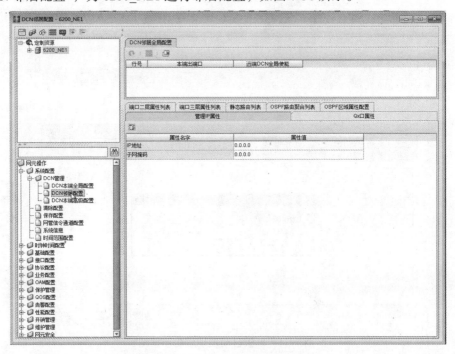

图 7-36 DCN 邻居全局配置示意图

　　按照业务规划，6200_NE1 的 GE3/1 端口连接 6200_NE3，点击"应用"，启用 GE3/1 端口，并对其邻居 6200_NE3 的管理 IP 进行配置，按照规划配置为管理 IP 地址 3.3.3.3，子网掩码为 255.255.255.255；6200_NE1 的 GE3/2 端口连接 6200_NE2，点击"应用"，启用 GE3/2 端口，并对其邻居 6200_NE2 的管理 IP 进行配置，按照规划配置为管理 IP 地址 2.2.2.2，子网掩码为 255.255.255.255，点击"应用"按钮，数据修改成功。具体操作如图 7-37~图 7-40 所示。

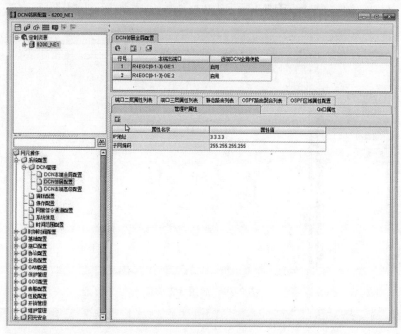

图 7-37　启用 3/1 端口

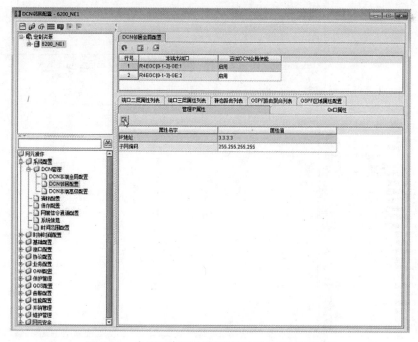

图 7-38　为 3/1 端口设置管理 IP 地址和子网掩码

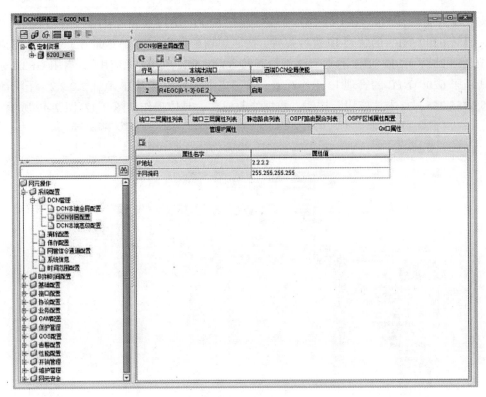

图 7-39　启用 3/2 端口

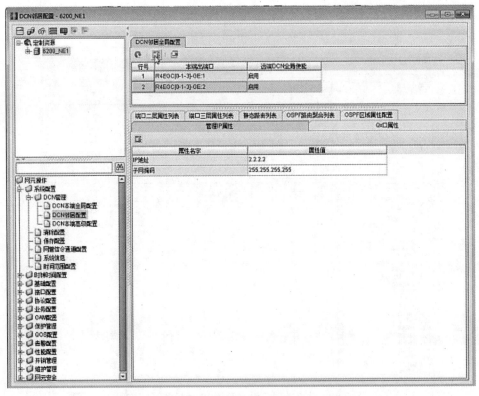

图 7-40　为 3/2 端口设置 IP 地址和子网掩码

配置完成后，网元右键单击"工具"→"telnet"登录网元，如图 7-41 所示。登录网元后，输入命令：show lldp entry，可查看邻居关系，如图 7-42 所示。

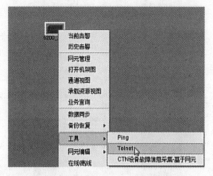

图 7-41　Telnet 界面入口示意图

```
Username:who
Password:
6200_NE1>en
Password:
6200_NE1#show lldp en
6200_NE1#show lldp entry
----------------------------------------------------
Local Port: gei_3/1 | Interface Name
Chassis ID: ec1d7f129de8 | MAC Address
Peer Port: gei_3/2 | Interface Name
TTL: 100 | Time to live
Port Description: port name gei_3/2, port is up, port is optical, pvid 1
System Name: zxr10
System Description: ZXR10 ROS Version V4.08.34 ZXCTN 6200 Software, NMS MGNT INF
O: ZXR10 6200/V2.20/V2.10
System Capability: Bridge Router
Management Address: IPv4 - 3.3.3.3, ifIndex - 37, OID - Null
Link Aggregation: Not Enabled
Link Sd Status: NULL
----------------------------------------------------
Local Port: gei_3/2 | Interface Name
Chassis ID: ec1d7f129de0 | MAC Address
Peer Port: gei_3/1 | Interface Name
TTL: 108 | Time to live
Port Description: port name gei_3/1, port is up, port is optical, pvid 1
System Name: zxr10
System Description: ZXR10 ROS Version V4.08.34 ZXCTN 6200 Software, NMS MGNT INF
O: ZXR10 6200/V2.20/V2.10
System Capability: Bridge Router
Management Address: IPv4 - 2.2.2.2, ifIndex - 37, OID - Null
Link Aggregation: Not Enabled
Link Sd Status: NULL
6200_NE1#
```

图 7-42　show lldp entry 命令查看邻居关系示意图

使用同样的方法，创建网元 6200_NE2 和 6200_NE3。

5. 进行网元间连接，完成网络拓扑

三个网元创建完成后，全部选中，右键选择"链路自动发现"，如图 7-43 所示。

图 7-43　进入链路自动发现示意图

在链路自动发现（LLDP）界面，点击"选定网元开启 LLDP"，如图 7-44 所示。

图 7-44　链路自动发现示意图

点击"手工执行选定网元间链路自动发现"，如图 7-45 所示。

图 7-45　手工执行选定网元间链路自动发现示意图

　　手动链路自动发现结束后，需要添加链路到网管，点击"添加链路到网管"，如图 7-46 所示。链路形成，创建环形网络拓扑成功。网络拓扑如图 7-47 所示。

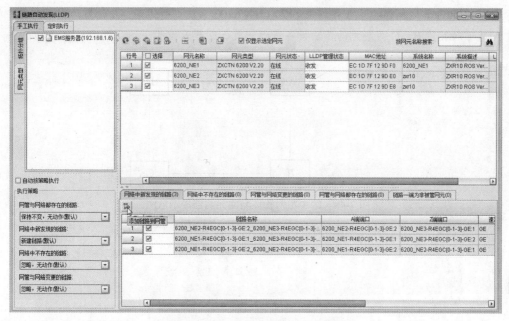

图 7-46　添加链路到网管示意图

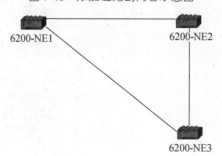

图 7-47　创建完成的环形拓扑示意图

7.3.4　任务总结

　　通过本任务的训练，应掌握以下知识及技能：

　　本次任务主要是构建传输网络，包括创建网元，为网元安装单板，并完成环形网络拓扑。

　　（1）在创建网元之前，需要对网络的基础业务做好规划，以保证网元之间，网管计算机和网元之间能够互通。

　　（2）网元创建完成后，需要进行数据同步，以保证设备和网管上的数据同步。

　　（3）单板完成安装后，需要对网元的邻居信息进行配置。

　　（4）进行链路链接时，可以使用链路自动发现 LLDP，进行网元间连接。

　　思考与拓展

　　（1）简述 6200 设备功能。

（2）简述 9004 设备功能。

（3）如图 7-48 所示，创建 A、B、C、D 4 个站二纤环形网，链路速率为 Gb/s，各站之间的距离均在 40~80 km 之间，各站业务均采用 ZXCTN 6200 系统进行传输。A 设置为网管监控中心，通过 A 站可对其他 B、C 两网元的传输设备进行配置、管理及维护。

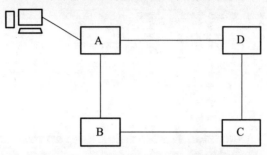

图 7-48　题 3 四网元环网网元间连接示意图

第8章　PTN网络关键技术及业务配置

【内容概述】

本章介绍 PTN 的关键技术：MPLS-TP 技术、PWE3 技术以及 MPLS-TP OAM 技术。通过关键技术的学习，掌握 PTN 的转发原理、业务承载技术及其管理机制。通过任务训练，展示了 PTN 网络的以太网业务配置过程。

【学习目标】

通过本章节学习，了解 PTN 的关键技术，掌握 PTN 的工作机制；通过分析网络业务需求来完成 PTN 网络的以太网业务配置。

【知识要点】

（1）MPLS-TP 技术。
（2）PWE3 技术。
（3）MPLS-TP OAM 技术。

8.1　MPLS-TP 技术

8.1.1　MPLS-TP 定义

MPLS-TP 是国际电信联盟（ITU-T）标准化的一种分组传送网（PTN）技术。MPLS - TP 是一种面向连接的分组交换网络技术，它利用 MPLS 标签交换路径，其数据是基于 MPLS-TP 标签进行转发，省去 MPLS 信令和 IP 复杂功能。它可以承载 IP 、以太网、ATM 、TDM 等多种业务，其不仅可以承载在 PDH/SDH/OTH 物理层上，还可以承载在以太网物理层上。它独立于客户层和控制面，并可运行于各种物理层技术，同时具有强大的传送能力（QoS、OAM 和可靠性等）。综合起来，MPLS - TP 技术有以下突出特点：

（1）MPLS 引入了传送概念的 OAM 机制，结合 2 层和 3 层协议的一种通用的分组交换传送技术。

（2）避免对三层 IP 进行不必要的处理。

（3）具有较高的网络生存性和可扩展性。

（4）具有兼容分组交换、TDM/波长技术的通用分布控制面 – GMPLS。

MPLS-TP 可以用一个简单公式表述：MPLS-TP=MPLS+OAM-IP。

MPLS-TP 是 MPLS 在传送网中的应用，它对 MPLS 数据转发面的某些复杂功能进行了简化，去掉了基于 IP 的无连接转发特性，并增加了传送风格面向连接的 OAM 和保护恢复的功能，并将 ASON/GMPLS 作为其控制平面。

8.1.2 MPLS-TP 网络结构

1. MPLS-TP 网络分层结构

MPLS-TP 分组传送网是建立端到端面向连接的分组传送渠道，将面向无连接的数据网改造成面向连接的网络。该管道可以通过网络管理系统或智能的控制面建立，该分组的传送通道具有良好的操作维护性和保护恢复能力。

MPLS-TP 作为面向连接的传送网技术，MPLS-TP 也满足 ITU-T G.805 定义的分层结构，MPLS-TP 网络从上至下可分为：MPLS-TP 通道层（TMC）、MPLS-TP 通路层（TMP）、MPLS-TP 段层（TMS）和传输媒介层，如图 8-1、图 8-2 所示。

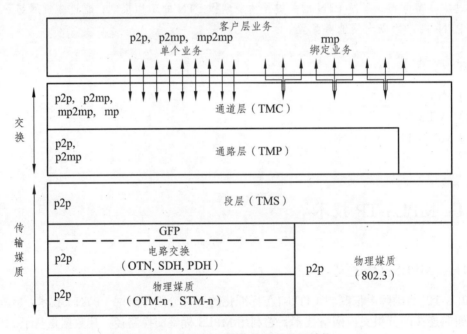

图 8-1　MPLS-TP 网络的垂直分层结构

传输媒介层：支持段层网络的传输媒质，比如光纤、无线等。

段（Section）层-TMS：表示相邻节点间的物理连接，保证通路层在两个节点之间信息传递的完整性，比如 SDH、OTH（Optical Transport Hierarchy）、以太网或者波长通道。

通路（Path）层-TMP：表示端到端的逻辑连接特性，提供传送网络隧道，将一个或多个客户业务封装到一个更大的隧道中，以便于传送网络实现更经济有效的传递、交换、OAM、保护和恢复。TMP 相当于 MPLS 中的隧道层。

通道（Channel）层-TMC：表示业务的特性，为客户提供端到端的传送网络业务，即提供客户信号端到端的传送。TMC 相当于 PWE3 的伪线层（或虚电路层）。

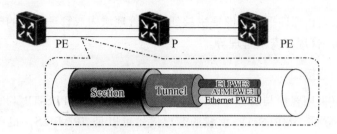

图 8-2　MPLS-TP 网络的分层结构示意图

2. MPLS-TP 网络的三个平面

MPLS-TP 网络分为层次清晰的三个层面：传送平面、管理平面和控制平面。

传送平面又叫数据转发面。传送平面进行基于 MPLS-TP 标签的分组交换，并引入了面向连接的 OAM 和保护恢复功能。控制面采用 GMPLS/ASON，进行标签分发，建立标签转发通道，其和全光交换、TDM 交换的控制面融合，体现了分组和传送的完全融合。三个平面功能划分如图 8-3 所示。

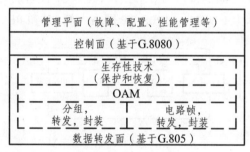

图 8-3　MPLS-TP 的三个平面功能示意图

下面分别介绍 MPLS-TP 网络的三个平面的功能。

1）MPLS-TP 数据转发面

数据转发面提供从一个端点到另一个端点的双向或单向信息传送，监测连接状态（如故障和信号质量），并提供给控制平面。数据转发面还可以提供控制信息和网络管理信息的传送。

MPLS-TP 数据平面主要功能是将多种业务信号适配到 MPLS-TP 通道中，并根据 MPLS-TP 标签进行分组转发。主要方法有通过 MPLS-TP 通道进行间接映射，或通过伪线机制封装到 MPLS-TP 传送管道，在分组网络中进行传输。同时，数据平面还完成 OAM 和保护的操作。

2）MPLS-TP 控制面

MPLS-TP 的控制平面由提供路由和信令等特定功能的一组控制元件组成，并由一个信令网络支持。控制平面元件之间的相互操作性以及元件之间通信需要的信息流可通过接口获得。控制平面的主要功能包括：通过信令支持建立、拆除和维护端到端连接的能力，通过选路为连接选择合适路由，网络发生故障时，执行保护和恢复功能。自动发现邻接关系和链路信息，发布链路状态信息（例如可用容量以及故障等）以支持连接建立、拆除和恢复。

控制平面结构不限制连接控制的实现方式，可以是集中的或全分布的。

3）MPLS-TP 管理面

管理平面执行传送平面、控制平面以及整个系统的管理功能，它同时提供这些平面之间的协同操作。MPLS-TP 管理平面能够提供端到端、管理域内或管理域间的故障管理、配置管理、性能管理、用户管理和安全管理等。

3. MPLS-TP 网络接口

MPLS-TP 网络采用客户与服务（Client/Server）的关系：MPLS-TP 与它的客户信号和控制网络都是完全独立的。MPLS-TP 承载的客户信号可以是 IP/MPLS，也可以是以太网，即 MPLS-TP 作为 Eth/IP & MPLS 的服务层网络而存在。

MPLS-TP 网络提供 UNI（User Network Interface）接口和 NNI（Network Node Interface）接口。

UNI 接口可以用来配置客户层设备（CE）到诸如 IP 路由器、ASON 交换设备等业务节点（SN）的接入链路。UNI-C 终结在用户边缘设备（CE）。UNI-C 接口主要有以太网、ATM、TDM、帧中继等。NNI 可用作单个管理域内的域内接口，也可用作两管理域之间的域间接口，包括 MoS、MoE、MoO、MoP 和 MoR。

如图 8-4 所示，CE 与 PE 之间的接口为 UNI 接口，其中 CE 设备的 UNI 接口可表示为 UNI-C，PE 设备的 UNI 接口可表示为 UNI-N。MPLS-TP 网络内部 PE 和 PE 之间的接口为 NNI 接口。

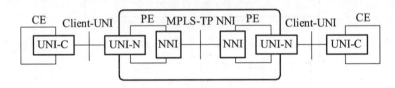

图 8-4　MPLS-TP 网络接口定义

8.1.3　MPLS-TP 中数据的转发过程

MPLS-TP 利用网络管理系统或者动态的控制平面（ASON/GMPLS），建立从 PE（Provider Edge，边缘路由器）经过 P（Provider，骨干路由器）节点到另一个 PE 的 MPLS-TP 双层标签转发路径（LSP），包括通道层和通路层，通道层仿真客户信号的特征，并指示连接特征，通路层指示分组转发的隧道。MPLS-TP LSP 可以承载在以太网物理层中，也可以在 SDH VCG 中，还可以承载在 DWDM/OTN 的波长通道上。

MPLS-TP 面向连接的特性是通过伪线（PW）技术实现的。在传送过程中，客户边缘设备 CE1（Customer Edge）与服务提供商边缘设备 PE1 相连。PE1 对要传输的原始业务进行打包封装处理，再通过伪线进行传输。在接收端，PE2 对接收到的业务进行帧校验、重新排序等处理，还原成原始业务，交给 CE2。如图 8-5 所示展示了分组业务在 MPLS-TP 网络中的转发过程。当客户 CE1 的分组业务（以太网、IP/MPLS、ATM、FR 等）到达 PE1 时，PE1 将 PTN 域外的分组数据包加上 MPLS-TP 标签 L1（双层标签）。在 PTN 网络中，经处理的数据包按照所标记标签，根据标签转发路径进行转发。数据到达核心设备 P 后，P 将标签交换成 L2（双层标签，内层标签可以不换），并根据标签转发表完成转发过程。数据包到达边缘设备 PE2 准备离开 PTN 域时，PE2 将剥离标签 L2，将分组业务送给客户 CE2，按照即将进入网络的交换方式完成后续的交换过程。

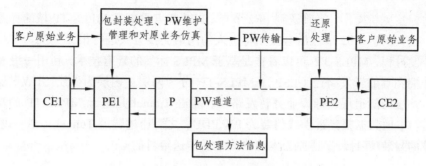

图 8-5　分组在 MPLS-TP 网络中的转发

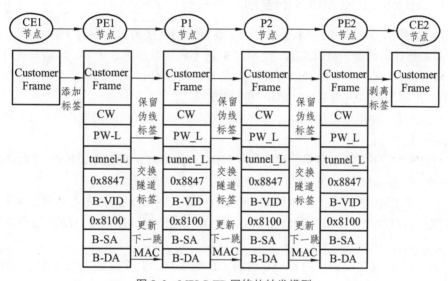

图 8-6　MPLS-TP 网络的转发模型

图 8-6 进一步说明了 MPLS-TP 的标签交换过程。在图 8-6 中，CE1、CE2 两个客户端之间的报文通过 MPLS-TP 网络传送。PE1、PE2 负责添加/剥离标签，P1、P2 进行标签交换，报文从 MPLS-TP 域外进入到 MPLS-TP 域内在边缘设备添加 30 个字节的标签，标签包括 8 个字段，各字段描述如下。

B-DA：以太网封装目的 MAC 地址。Tunnel_L 隧道标签确定转发路径，B-DA 为下一跳节点 MAC 地址，6 个字节。

B-SA：以太网封装源 MAC 地址，6 个字节。

0x8100：以太网数据帧标识，2 个字节。

B-VID：外层 VLAN tag，2 个字节。

0x8847：Pw Over MPLS-TP 标识，2 个字节。

Tunnel_L：隧道标签 Label（TMP），4 个字节。

PW_L：伪线标签（TMC），4 个字节。

CW：伪线控制字，4 个字节。

在图 8-6 中，来自 CE1 节点的报文在 PE1 节点添加上标签后传送到 P1 节点，在 P1 节点生成新的标签。新标签在原标签基础上保留伪线标签 PW_L，交换隧道标签 Tunnel_L，更新下一跳地址 B-DA。更新后标签的报文接着传送到下一站 P2 节点。在 P2 节点报文进行与 P1

节点相同的标签更新操作，接着送到 PE2 节点。PE2 节点剥离在 MPLS-TP 域的标签后向 CE2 节点传送。报文到达 CE2 节点后会按照将进入的网络交换方式进行报文交换。

整个转发过程，MPLS-TP 可以看作是基于 MPLS 标签的管道技术，利用一组 MPLS 标签来标识一个端到端的转发路径（LSP）。MPLS-TP 分为两层：内层为伪线（PW）层，标识业务的类型；外层为隧道层，标识业务转发路径。隧道 Tunnel 是基于 MPLS-TP 的端到端的标签转发通道。本地数据报经过伪线封装为 PW PDU，之后通过隧道 Tunnel 传送；边缘设备 PE 执行端业务的封装/解封装，还原为本地格式之后传送给目的 CE。

8.1.4　MPLS-TP 和 MPLS 的差别

MPLS-TP 作为 MPLS 的一个子集，为了支持面向连接的端到端的 OAM 模型，排除了 MPLS 很多无连接的特性。MPLS-TP 和 MPLS 的不同之处如下，表 8-1 也将其进行了对比。

（1）MPLS-TP 采用集中的网络管理配置或 ASON/GMPLS 控制面，MPLS 采用 IETF 定义的 MPLS 控制信令，包括 RSVP/LDP 和 OSPF 等。

（2）MPLS-TP 使用双向的 LSP，其将两个方向的单向的 LSP 绑定作为一个双向的 LSP，提供双向的连接。

（3）MPLS-TP 不支持倒数第二跳弹出（PHP），在 MPLS 网络中，PHP 可以降低边缘设备的复杂度，但是在 MPLS-TP 网络，PHP 破坏了端到端的特性。

（4）不支持 LSP 的聚合，LSP 的聚合意味着相同目的地址的流量可以使用相同的标签，其增加了网络的可扩展性，但是其增加了 OAM 和性能监测的复杂度，LSP 聚合不是面向连接的概念。

（5）MPLS-TP 支持端到端的 OAM 机制，其参考 ITU-T 定义的 MPLS-TP OAM（G.8114 和 G.8113）标准，而 MPLS 的 OAM 为 IETF 定义的 VCCV 和 Ping 等。

（6）MPLS-TP 支持端到端的保护倒换，支持线性保护倒换和环网保护，MPLS 支持本地保护技术 FRR。

表 8-1　MPLS-TP 和 MPLS 的差异对比

MPLS-TP MPLS	MPLS
采用集中的网络管理配置或 ASON/GMPLS 控制面	采用 IETF 定义的 MPLS 控制信令，包括 RSVP/LDP 和 OSPF 等
使用双向的 LSP，提供双向的连接	使用单向 LSP
不支持倒数第二跳弹出（PHP）	支持倒数第二跳弹出（PHP）
不支持 LSP 的聚合	支持 LSP 的聚合
支持端到端的 OAM 机制	OAM 机制为 IETF 定义的 VCCV 和 Ping 等
支持端到端的保护倒换，支持线性保护倒换和环网保护	支持本地保护技术 FRR

8.1.5　MPLS-TP 网络管理和网络安全性

MPLS-TP 网络管理系统能够提供以下管理功能：端到端、在管理域内或之间的故障管理、配置管理、性能管理以及安全管理等。网络的管理的其他功能，如账号管理、安全管理等。

MPLS-TP 应提供数据平面、管理平面、控制平面和 DCN 的安全性，可以通过鉴权和加密等安全机制来保证。鉴权机制用于来源验证、消息完整性和防重发攻击，加密机制防止第三方截获和破译协议消息的内容。鉴权和加密机制可以使用对称或公共密钥加密算法来实现。第一，具体的安全机制包括鉴权认证机制，用于防止怀有恶意的用户发送大量的链接发起攻击，使传送网资源耗尽，同时也可防止数据通信网自身遭受攻击。第二，可提供防重发攻击机制，防止非法用户采用记录、复制、截取或其他手段来影响正常的消息序列，从而使网络免受攻击。第三，可提供消息完整性验证机制，防止错误的或不完整的协议消息，例如设备制造商的软件错误或传输错误造成的协议消息错误，避免对网络造成冲击。第四，可提供消息的私密性机制，只在一定的实体之间交换某种信息而不让第三方得知。

8.1.6　MPLS-TP 网络的应用

MPLS-TP 作为分组传送技术，可以承载以太网业务，提供 Carrier Ethernet 业务，也可以承载 IP/MPLS 业务，作为 IP/MPLS 路由器的核心承载网。同时 MPLS-TP 可以承载在 TDM 网络（SDH/OTH）、光网络（波长）和以太网物理层上，设备形态非常灵活，应用广泛。可以应用于电信级以太网和电信级全分组承载网。MPLS-TP 在网络中的位置如图 8-7 所示。

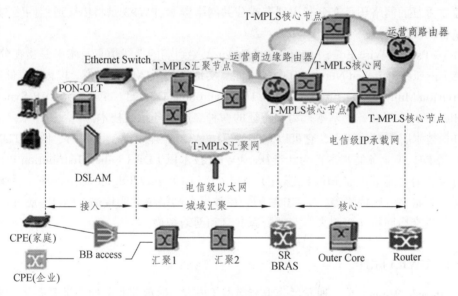

图 8-7　MPLS-TP 在网络中的应用

MPLS-TP 具有优异的性能，支持单跳和多跳的 PW，使 MPLS-TP 成为分组交换传送技术。MPLS-TP 有良好的 OAM 和生存性机制，继承了 MPLS 的 QoS 方面的优势，可以进行电路仿真，承载 E1/T1 等业务。因此，从各方面来看，MPLS-TP 可以很好的应用在城域网中，满足电信级以太网（CarrierEthernet）的要求，如表 8-2 所示。

MPLS-TP 可以承载 IP/MPLS 业务，利用 IP/MPLS over MPLS-TP 技术，将为路由器提供高效可靠的承载通道，该通道具有良好的可操作性、生存性，还可以通过分布的 GMPLS 控制面动态进行通道的建立。

表 8-2 MPLS-TP 具备的电信级以太网特征

电信级以太网特征	MPLS-TP
可扩展性	支持各种以太网接口，通过 MPLS 标签嵌套扩展
QoS	面向连接的技术，资源预留
保护	MPLS-TP 线性保护倒换和环网保护
OAM	MPLS-TP OAM（CC、AIS、RDI、LB、TEST、APS）
TDM 支持	PWE3-CES 或利用 SDH 技术

8.2 PWE3 技术

8.2.1 PWE3 概述

随着 IP 数据网的发展，IP 网络本身的可拓展、可升级以及兼容互通能力越来越强。而传统的通信网络的升级、扩展、互通的灵活性则相对较差，受限于传输的方式和业务的类型，并且新建的网络共用性也较差，不适于互通管理。因此在传统通信网的升级和拓展过程中是应考虑建立重复的网络还是充分利用现有或公共网络资源。PWE3 是将传统通信网络与现有分组网络结合而提出的解决方案之一。

PWE3（Pseudo-Wire Edge to Edge Emulation）端到端的伪线仿真技术，是指在分组交换网络 PSN（Packet Switched Network）中尽可能真实地模仿 ATM、帧中继、以太网、低速 TDM（Time Division Multiplexing）电路和 SONET（Synchronous Optical Network）/SDH（Synchronous Digital Hierarchy）等业务的基本行为和特征的一种二层业务承载技术。

PWE3 技术有明显的特点，它可以真实地模仿 ATM、帧中继、以太网、低速 TDM 电路和 SONET/SDH 等业务的基本行为和特征。PWE3 技术以 LDP（Label Distribution Protocol）为信令协议，通过隧道（如 MPLS 隧道）模拟 CE（Customer Edge）端的各种二层业务，如各种二层数据报文、比特流等，使 CE 端的二层数据在网络中透明传递。PWE3 还可以将传统的网络与分组交换网络连接起来，实现资源共享和网络拓展。

8.2.2 PWE3 原理

PW（Pseudo Wires）是一种通过分组交换网（PSN）把承载业务的关键要素从一个 PE 运载到另一个或多个 PEs 的机制。通过 PSN 网络上的一个隧道（IP/L2TP/MPLS）对多种业务（ATM、FR、HDLC、PPP、TDM、Ethernet）进行仿真，PSN 可以传输多种业务的数据净荷，这种方案里使用的隧道定义为伪线。

PW 所承载的内部数据业务对核心网络是不可见的，从用户的角度来看，可以认为 PWE3 模拟的虚拟线是一种专用的链路或电路。PE1 接入 TDM/IMA/FE 业务，将各业务进行 PWE3 封装，以 PSN 网络的隧道作为传送通道传送到对端 PE2，PE2 将各业务进行 PWE3 分解封装，还原出 TDM/IMA/FE 业务。

封装过程如图 8-8 所示。

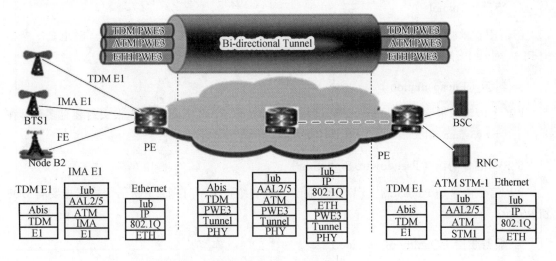

图 8-8　PWE3 的数据封装

8.2.3　PWE3 业务网络基本要素

PWE3 业务网络的基本传输构件包括：

接入链路（Attachment Circuit，AC）；

伪线（Pseudo wire，PW）；

转发器（Forwarders）；

隧道（Tunnels）；

封装（Encapsulation）；

PW 信令协议（Pseudowire Signaling）；

服务质量（Quality of Service）。

PWE3 传输构建如图 8-9 所示，下面详细解释 PWE3 业务网络基本传输构件的含义及作用。

1. 接入链路（Attachment Circuit，AC）

接入链路是指终端设备到承载接入设备之间的链路，或 CE 到 PE 之间的链路。在 AC 上的用户数据可根据需要透传到对端 AC（透传模式），也有需要在 PE 上进行解封装处理，将 payload 解出再进行封装后传输（终结模式）。

2. 伪线（Pseudo wire，PW）

伪线也可以称之为虚连接。简单地说，就是 VC 加隧道，隧道可以是 LSP、L2TP 隧道、GRE 或者 TE。虚连接是有方向的，PWE3 中虚连接的建立是需要通过信令（LDP 或者 RSVP）来传递 VC 信息，将 VC 信息和隧道管理，形成一个 PW。PW 对于 PWE3 系统来说，就像是一条本地 AC 到对端 AC 之间的一条直连通道，完成用户的二层数据透传。

3. 转发器（Forwarders）

PE 收到 AC 上传送的用户数据，由转发器选定转发报文使用的 PW，转发器事实上就是 PWE3 的转发表。

4. 隧道（Tunnels）

隧道用于承载 PW，一条隧道上可以承载一条 PW，也可以承载多条 PW。隧道是一条本地 PE 与对端 PE 之间的直连通道，完成 PE 之间的数据透传。

5. 封装（Encapsulation）

PW 上传输的报文使用标准的 PW 封装格式和技术。PW 上的 PWE3 报文封装有多种，在 draft-ietf-pwe3-iana-allocation-x 中有具体的定义。

6. PW 信令协议（Pseudowire Signaling）

PW 信令协议是 PWE3 的实现基础，用于创建和维护 PW。目前，PW 信令协议主要有 LDP 和 RSVP。

7. 服务质量（Quality of Service）

根据用户二层报文头的优先级信息，映射成在公用网络上传输的 QoS 优先级来转发。

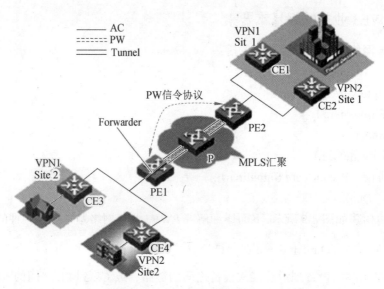

图 8-9　PWE3 基本传输构件

8.2.4　报文转发

PWE3 建立的是一个点到点通道，通道之间互相隔离，用户二层报文在 PW 间透传。对于 PE 设备，PW 连接建立后，用户接入接口（AC）和虚链路（PW）的映射关系就已经完全确定了。对于 P 设备，只需要完成依据 MPLS 标签进行 MPLS 转发，不影响 MPLS 报文内部封装的二层用户报文。

下面以 CE1 到 CE2 的 VPN1 报文流向为例，说明基本数据流走向。

如图 8-10 所示，CE1 上送二层报文，通过 AC 接入 PE1，PE1 收到报文后，由转发器选定转发报文的 PW，系统再根据 PW 的转发表项加入 PW 标签，并送到外层隧道，经公网隧道到达 PE2 后，PE2 利用 PW 标签转发报文到相应的 AC，将报文最终送达 CE2。

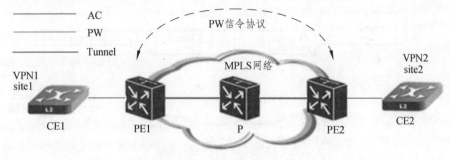

图 8-10　报文转发示意图

8.2.5　业务仿真

1. TDM 业务仿真

TDM 业务仿真的基本思想就是在分组交换网络上搭建一个"通道"，在其中实现 TDM 电路(如 E1 或 T1)，从而使网络任意一端的 TDM 设备不必担心其所连接的网络是否是一个 TDM 网络。分组交换网络被用来仿真 TDM 电路的行为称为"电路仿真"。

TDM 业务仿真示意图如图 8-11 所示。

图 8-11　TDM 业务仿真示意图

TDM 业务仿真的技术标准包括：SATOP（Structured agnostic TDM-over-packet）、结构化的基于分组的 TDM（structure-aware TDM-over-packet）、TDM over IP。

SATOP 不关心 TDM 信号（E1、E3 等）采用的具体结构，而是把数据看作给定速率的纯比特流，这些比特流被封装成数据包后在伪线上传送。结构化的基于分组的 TDM 提供了 N×DS0 TDM 信令封装结构有关的分组网络在伪线传送的方法，支持 DS0（64K）级的疏导和交叉连接应用，降低了分组网上丢包对数据的影响。TDM over IP 利用基于 ATM 技术的方法将 TDM 数据封装到数据包中。

TDM 业务分可为非结构化业务和结构化业务。下面以 TDM 业务应用最常见的 E1 业务来说明。

1）非结构化业务

对于非结构化业务，将 E1 作为一个整体来对待，不对 E1 的时隙进行解析，把整个 E1 的 2M 比特流作为需要传输的净负荷，以 256 bit（32 byte）为一个基本净荷单元的业务处理，即必须以 E1 帧长的整数倍来处理，净荷加上 VC、隧道封装，经过承载网络传送到对端，去掉 VC、隧道封装，将 2M bit 流还原，映射到相应的 E1 通道上，就完成了传送过程。如图 8-12 所示。

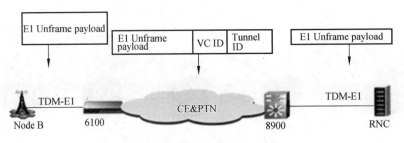

图 8-12 非结构化传送示意图

2）结构化业务

对于结构化 E1 业务，需要对时隙进行解析，只需要对有业务数据流的时隙进行传送，实际可以看成 n×64k 业务，对于没有业务数据流的时隙可以不传送，这样可以节省带宽。

此时是从时隙映射到隧道，支持多个 E1 的时隙映射到一条 PW 上，或者一个 E1 的时隙映射到一条 PW 上，以及一个 E1 上的不同时隙映射到不同的多个 PW 上，具体采用哪种方式映射根据时隙的业务需要进行灵活配置，如图 8-13 所示。

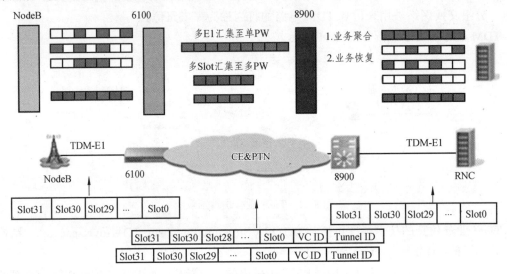

图 8-13 结构化传送示意图

2. ATM 业务仿真

ATM 业务仿真通过在分组传送网 PE 节点上提供 ATM 接口接入 ATM 业务流量，然后将 ATM 业务进行 PWE3 封装，最后映射到隧道中进行传输。节点利用外层隧道标签进行转发到目的节点，从而实现 ATM 业务流量的透明传输。

对于 ATM 业务在 IP 承载网上有以下两种处理方式：

1）隧道透传模式

隧道透传模式类似于非结构化 E1 处理，将 ATM 业务整体作为净荷，不解析内容，加上 VC、隧道封装后，通过承载网传送到对端，再对点进行解 VC/隧道封装，还原出完整的 ATM 数据流，交由对端设备处理。

隧道透传可以区分为：基于 VP 的隧道透传（ATM VP 连接作为整体净荷）、基于 VC 的隧道透传（ATM VC 连接作为整体净荷）、基于端口的隧道透传（ATM 端口作为整体净荷）。

在隧道透传模式下，ATM 数据到伪线的映射有两类不同的方式：

（1）$N:1$ 映射。

$N:1$ 映射支持多个 VCC 或者 VPC 映射到单一的伪线，即允许多个不同的 ATM 虚连接的信元封装到同一个 PW。这种方式可以避免建立大量的 PW，节省接入设备与对端设备的资源。同时，通过信元的串接封装，提高了分组网络带宽利用率。

（2）$1:1$ 映射。

$1:1$ 映射支持单一的 VCC 或者 VPC 数据封装到单一的伪线中。采用这种方式，建立了伪线和 VCC 或者 VPC 之间一一对应的关系，在对接入的 ATM 信元进行封装时，可以不添加信元的 VCI、VPI 字段或者 VPI 字段，在对端根据伪线和 VCC 或者 VPC 的对应关系恢复封装前的信元，完成 ATM 数据的透传。这样，再辅以多个信元串接封装可以进一步节省分组网络的带宽。

2）终结模式

AAL5，即 ATM 适配层 5，支持面向连接的、VBR 业务。它主要用于 ATM 网及 LANE 上传输标准的 IP 业务，将应用层的数据帧分段重组形成适合在 ATM 网络上传送的 ATM 信元。AAL5 采用了 SEAL 技术，并且是目前 AAL 推荐中最简单的一个。AAL5 提供低带宽开销和更为简单的处理需求以便获得简化的带宽性能和错误恢复能力。

ATM PWE3 处理的终结模式对应于 AAL5 净荷虚通道连接（VCC）业务，它是把一条 AAL5 VCC 的净荷映射到一条 PW 的业务。

3. 以太网业务仿真

PWE3 与以太网业务的仿真与 TDM 业务类似，下面分别按上行业务方向和下行业务方向介绍 PWE3 对以太网业务的仿真。

1）上行业务方向

在上行业务方向，按照以下顺序处理接入的以太网数据信号。

（1）物理接口接收到以太网数据信号，提取以太网帧，区分以太网业务类型，并将帧信号发送到业务处理层的以太网交换模块进行处理。

（2）业务处理层根据客户层标签确定封装方式，如果客户层标签是 PW，将由伪线处理层完成 PWE3 封装。如果客户层标签是 SVLAN，将由业务处理层完成 SVLAN 标签的处理。

（3）伪线处理层对客户报文进行伪线封装（包括控制字）后上传至隧道处理层。

（4）隧道处理层对 PW 进行隧道封装，完成 PW 到隧道的映射。

（5）链路传送层为隧道报文封装上段层封装后发送出去。

2）下行业务方向

在下行业务方向，按照以下顺序处理接入的网络信号。

（1）链路传送层接收到网络侧信号，识别端口进来的隧道报文或以太网帧。

（2）隧道处理层剥离隧道标签，恢复出 PWE3 报文。

（3）伪线处理层剥离伪线标签，恢复出客户业务，下行至业务处理层。

（4）业务处理层根据 UNI 或 UNI+CEVLAN 确定最小 MFDFR 并进行时钟、OAM 和 QoS 的处理。

（5）物理接口层接收由业务处理层的以太网交换模块送来的以太网帧，通过对应的物理接口发往用户设备。

8.3 MPLS-TP OAM 技术

8.3.1 OAM 的定义

OAM（Operation，Administration and Maintenance）是指为保障网络与业务正常、安全、有效运行而采取的生产组织管理活动，简称运行管理维护或运维管理。

ITU-T 对 OAM 的定义是：管理实体通过 OAM 对正在运行的网络进行性能监控并产生维护信息，根据这些信息评估网络的稳定性。管理实体还通过定期查询的方式检测网络故障，产生各种维护和告警信息。管理实体通过调度或者切换到其他的实体，旁路失效实体，保证网络的正常运行。运行中的网络通过 OAM 将故障信息传递给管理实体。MPLS-TP OAM 则是应用在 MPLS-TP 网络中的 OAM 机制。

8.3.2 OAM 的层次结构

MPLS-TP OAM 是 MPLS-TP 将原有的 OAM 进行分层管理控制，如段层、隧道层、伪线层、业务层和接入链路层，使 MPLS-TP OAM 具备像 SDH 一样的分层架构和端到端管理维护能力，实现快速故障检测和故障定位。MPLS-TP OAM 将分别针对这些层进行层次化的 OAM，实行分层监控。PTN 网络仿照 SDH 的设计达到电信级标准，OAM 功能由硬件实现，可实现固定 3.3 ms OAM 协议报文监控。

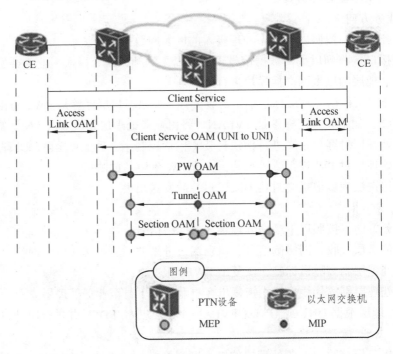

图 8-14　MPLS-TP OAM 结构示意图

如图 8-14 所示为 MPLS-TP OAM 结构示意图。OAM 中的 ME（Maintenance Entity）表示一个需要管理的实体，也就是 OAM 要检测的段落，表示两个 MEP（管理实体组端点）之间的联系。在 MPLS-TP 中，基本的 ME 就是 MPLS-TP 路径。ME 之间可以嵌套，但不允许两个以上的 ME 之间存在交叠。

MEG（Maintenance Entity Group）是管理实体组，由一组满足条件的 ME 组成，这些 ME 必须在同一个管理域、同一个 MEG 层次和相同的点到点或点到多点 MPLS-TP 连接，这样 OAM 就可以在固定的范围内进行工作。对于点到点 MPLS-TP 连接，一个 MEG 包括一个 ME。而对于点到 N（N>1）点连接，一个 MEG 包括 N 个 ME。

MEP 是维护实体组的端点，生成和终结 OAM。

MIP 是维护实体组 MEG 的中间节点，不能生成 OAM 分组，但能够对某些 OAM 分组选择特定的动作，对途经的 MPLS-TP 帧可透明传输。MEP 和 MIP 由管理平面或控制平面指定。

MEL（MEG Level）是维护实体组等级。当多 MEG 嵌套时，采用 MEL 用于区分各 MEG OAM 分组，通过在源方向增加 MEL 和在宿方向减少 MEL 方式处理隧道中的 OAM 分组。

回到层级的概念，如图 8-14 所示，PW OAM（伪线层 OAM）就是用来监控伪线上各种业务的，比如是不是连接好，性能如何等，实现业务的端到端管理。Tunnel OAM（隧道层 OAM）则是监控隧道的，一条隧道里面有多条伪线，OAM 要保证隧道不会因为业务条数增加而性能下降，对 LSP 层实现监控和保护功能。而 Section OAM（段层 OAM）的作用角度更高，需要保护一整个段层，这个功能能够充分节省带宽，为环网保护提供有力保障。

8.3.3　OAM 的功能

MPLS-TP 的 OAM 主要有 3 个功能：故障管理、性能管理和保护倒换。

MPLS-TP 网络中的 OAM 功能可分为告警相关 OAM 功能、性能相关 OAM 功能以及其他的 OAM 功能。

OAM 技术中的故障管理和性能管理功能如表 8-3 所示。

表 8-3　OAM 功能列表

OAM 技术	故障管理	性能管理
功能	故障检测、故障验证、故障定位和故障通告等	性能监视、性能分析、性能管理控制、性能下降时启动网络故障管理系统等
目的	配合网管系统提高网络可靠性和可用性	维护网络服务质量和网络运营效率
主要方法	连续性检查（CC） 告警指示（AIS） 远程缺陷指示（RDI） 链路追踪（LT） 环回检测（LB） 锁定（LCK） 测试（TST） 客户信令失效（CSF）	帧丢失测量（LM） 帧时延测量（DM） 帧时延抖动测量（DVM）

1. 故障管理 OAM

OAM 功能是能够通过产生告警的方式有效定位故障，具体功能如下：

（1）连续性检测（Connectivity Check，CC）：两端 MEP 周期性发送 CV 报文，检查连接是否正常。当检测到异常后，能够产生连通性丢失（Loss of Connection，LOC）、不期望的 MEG（Mismerge）、不期望的 MEP（Unexpected MEP）和不期望的周期（Unexpected Perio）几种告警。

（2）告警指示（Alarm Indication Signal，AIS）：当服务层路径失效时，将信号通知到客户层，同时抑制客户层告警事件发生。

（3）远端缺陷指示（Remote Defect Indication，RDI）：用于近端检测到信号失效之后，向远端反馈一个远端缺陷指示信号。反馈的方法就是近端向远端发送 RDI 报文，告知远端传输出错。

（4）环回链路检测（Loopback，LB）：用来检测从 MEP 到 MIP 或者对端 MEP 之间的双向连通性。在双向点到点 MPLS-TP 隧道上，LB 功能还可以用于 MEP 之间在线或离线模式诊断。LB 环回检测使用 LBM 和 LBR 报文来完成链路检测和诊断功能。

（5）锁定（Lock，LCK）：用于故障排查，管理人员锁定某个 MEP（该设备上 MEP 绑定的接口也被锁定）。当业务流到达此设备后被丢弃，此时 MEP 会发送 Lock 报文，用于通知远端 MEP。近端正常业务将中断，远端 MEP 判断业务中断是预知的，还是由于故障引起的。具有源锁定和目的锁定两种锁定模式。

（6）测试（Test）：用于单向按需的中断业务或非中断业务诊断测试，其中包括对带宽吞吐量、帧丢失、比特错误的检验。该功能通过在 MEP 插入具有特定吞吐量、帧尺寸和发送模式的带有测试信号信息的 TST 帧来实现。

2. 性能管理 OAM

性能管理 OAM 功能是维护网络服务质量和提高网络运营效率，具体功能如下。

（1）帧丢失测量（Loss Measurement，LM）：用于统计点到点 MPLS-TP 连接入口及出口发送和接收业务帧的数量差查看是否有丢包。双端 LM 是一种主动性能监视 OAM 功能，其信息在 CV 帧中携带。在点到点的维护实体中，源 MEP 向目的 MEP 周期性地发送带有双端 LM 信息的 CV 帧，实现目的节点中的帧丢失测量。每个 MEP 均能够终结这些双端 LM 帧以实现近端和远端帧丢失测量。单端 LM 是一种按需性能监视 OAM 功能，测量过程通过源 MEP 向目的 MEP 周期性地发送请求 LMM 帧和接收反馈的应答 LMR 帧来实现。

（2）时延测量（Delay Measurement，DM）：是一种 OAM 功能，用于测量帧时延和帧时延抖动。通过在诊断时间间隔内由源 MEP 和目的 MEP 间周期性地传送 DM 帧来执行。时延测量具有 2 种实现方式：单向 DM 由源 MEP 发送请求 DM 帧，在目的 MEP 处完成单向帧时延或单向帧时延抖动的测量。双向 DM 由源 MEP 发送请求 DM 帧，并在接收到目的 MEP 反馈的应答 DM 帧后，通过对帧中时间差的计算，在源 MEP 处实现整个帧时延的测量。

3. 其他 OAM 功能包括保护倒换功能和其他维护信息的传递。

（1）自动保护倒换（Automatic Protection Switching，APS）：用于在故障发生并满足倒换条件时，在维护端点间通过发送报文，传递故障条件及保护倒换状态的信息，以协调保护倒换操作，实现线性及环网保护的功能，这也是 OAM 的一个重要功能。

（2）管理通信通道（Management Communication Channel，MCC）：用于在维护端点间实现管理数据的传送，包括远端维护请求、应答、通告，以实现网管管理。

（3）信令通信通道（Signaling Communication Channel，SCC）用于在维护端点间实现控制平面信息的传送，包括信令、路由及其他控制平面相关信息。

8.3.4　MEG 嵌套

在 MEG 嵌套的情况下，使用 MEL 区分嵌套的 MEG。每个 MEG 工作在 MEL=0 层次。所有 MEG 的所有 MEP，生成的 OAM 分组 MEL=0，且所有 MEG 的所有 MEP 仅终止 MEL=0 的 OAM 分组。所有 MEG 的 MIP 仅对 MEL=0 的分组选择动作。

为了区分嵌套的 MEG，对于某个 MEG，从任何一个 MEP 进入的 OAM 分组，MEL 值加 1。对于所有 MEL 值大于 0 的 OAM 分组，从该 MEG 的任何一个 MEP 离开时，MEL 值减 1。通过这种 MEL 处理方式，不需要手工指定每个 MEG 的 MEL，每层仅需要生成和处理 MEL=0 的 OAM 分组。出现嵌套时，低层 MEG 将接入的上层 MEG 的 OAM 分组隧道化，即源 MEP 将 MEL 值加 1，宿 MEP 将 MEL 值减 1。

如果输入 OAM 分组的 MEL 值等于 7，MEP 直接丢弃，避免 MEL 层次越限。

MEG 嵌套和 MPLS-TP 标记堆叠互相独立。每层 MPLS-TP 标记最多可能存在独立的 8 个 MEL 层次。

如图 8-15 所示，给出了一个 MEG 嵌套的示例。

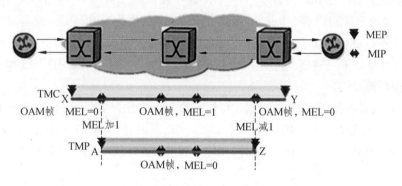

图 8-15　MEG 嵌套示例图

MPLS-TP channel 层表示的是 PW 信息，标志一条 VC 通道，MPLS-TP path 表示一个 MPLS-TP 隧道，即 LSP。MPLS-TP section 标志一个 MPLS-TP 的子层网络，保护的是属于链路层的检测。在 MPLS-TP OAM 中分别对应着 TMC、TMP、TMS 三个层面的 OAM 检测。

8.3.5　OAM 分组格式

1. OAM 帧结构

OAM 分组由 OAM PDU 和外层的转发标记栈条目组成。转发标记栈条目内容同其他数据分组一样，用来保证 OAM 分组在 MPLS-TP 路径上的正确转发。每个 MEP 或 MIP 仅识别和处理本层次的 OAM 分组。

通用的 OAM PDU 格式如图 8-16 所示。

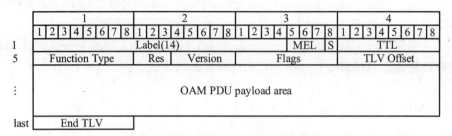

图 8-16　通用的 OAM PDU 格式

Label、MEL、S、TTL 字段组成的 4 个字节就是 OAM 专用标签，在各种 OAM 报文中都会带上该标签，定义如下：

Label（14）：20 位标记值，值为 14，RFC3032 中定义了四个保留的标签值，其中标签值 14 被推荐用于 OAM；

MEL：3 位比特值表示 MEG 层次，范围为 0~7；

S：1 位 S 位，值为 1。表示标记栈底部；表示由 OAM 模块来处理的报文；

TTL：8 位 TTL 值，取值为 1 或 MEP 到指定 MIP 的跳数+1。

Function Type、Res、Version、Flags、TLV Offset 字段组成的 4 个字节是 MPLS-TP OAM 报文的头字段，在各种 OAM 报文中都会带上头字段。Function Type 是 OAM 消息类型，8 位，表示 OAM 功能类型。Version、Flags、TLV Offset 字段根据具体的 OAM 报文（比如 CV，RDI，FDI 等报文）来决定字段内容。Res 是保留字段，3 位，值为 000。

另外，部分 OAM PDU 需要指定目标 MEP 或 MIP，即 MEP 或 MIP 标识，根据功能类型的不同，可以是如下三种格式之一：48 位 MAC 地址、13 位 MEG ID、13 位 MEP/MIP ID 和 128 位 IPV6 地址。

对于 MEP 或者 MIP 的分组的识别，可以采取如下方法。若目标为 MEP 的 OAM 分组，MEP 识别并处理接收的 MEL 值为 0 的 OAM 分组，不识别 OAM 分组标记栈条目中的 TTL。MEP 向另一个 MEP 发送 OAM 分组时，MEL 置为 0，并将 OAM 标记栈条目中的 TTL 值置为 1。

若目标为 MIP 的 OAM 分组，MIP 应该透传 OAM 标记栈条目中 TTL 值为 1 的 OAM 分组。MIP 对于收到的 MEL 值为 0 的 OAM 分组，如果 OAM 分组中的数据平面标识指明是在 MIP，则处理该 OAM 分组。

2. OAM 的标签嵌套

MPLS-TP OAM 可以实现分层管理，TMS、TMP、TMC 三个层次管理由不同层次的标签实现。其帧结构支持 OAM 标签的嵌套，如图 8-17 所示。

图 8-17 中，标签含义同前述。在 TMC、TMP、TMS 不同管理层上 MPLS-TP 的标签是嵌套的，不同层次的标签实现对于不同层次的管理，使得网络管理更为有序。其分层管理功能由 SDH 继承而来。

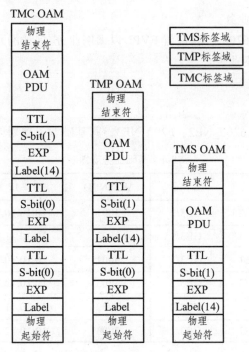

图 8-17　MPLS-TP 帧结构

8.4　任务：以太网业务配置

8.4.1　任务描述

A、B、C 3 个站组成二纤环形网，链路速率为 Gb/s，各站之间的距离均在 40~80 km，各站业务均采用 ZXCTN 6200 系统进行传输。A 站为中心站，加电开通各站 ZXCTN 6200，A、B、C 三站之间能正常进行通信，A 设置为网管监控中心，通过 A 站可对其他 B、C 两网元的传输设备进行配置、管理及维护。设备间连接示意图如图 8-18 所示。

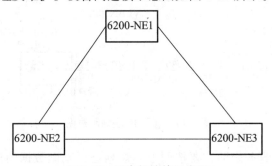

图 8-18　设备间连接示意图

业务要求：

（1）网元 6200_NE1 和 6200_NE2 配置 EPL 以太网业务，保证网元 6200_NE1 和 6200_NE2

之间能够传输 EPL 以太网业务。

（2）网元 6200_NE1 和 6200_NE2 配置 EVPL 以太网业务，保证网元 6200_NE1 和 6200_NE2 之间能够传输 EVPL 以太网业务。

8.4.2　任务分析

创建网元 6200_NE1、6200_NE2、6200_NE3，其基础业务规划如表 8-4 所示。

表 8-4　基础业务规划表

本端网元	对端网元	端口号	VLAN ID	接口 IP 地址	管理 IP 地址
6200_NE1	6200_NE2	GE3/2	3001	10.10.10.1/30	1.1.1.1/32
	6200_NE3	GE3/1	3002	10.10.11.1/30	
6200_NE2	6200_NE1	GE3/1	3001	10.10.10.2/30	2.2.2.2/32
	6200_NE3	GE3/2	3003	10.10.12.2/30	
6200_NE3	6200_NE1	GE3/2	3002	10.10.11.2/30	3.3.3.3/32
	6200_NE2	GE3/1	3003	10.10.12.1/30	

以 6200_NE1 为例，其对端网元分别为 6200_NE2、6200_NE3，对应端口号分别为 GE3/2、GE3/1。6200_NE1 至 6200_NE2 的 VLAN ID 规划为 3001，6200_NE1 至 6200_NE3 的 VLAN ID 规划为 3002。6200_NE1 至 6200_NE2 的接口 IP 规划为 10.10.10.1/30，6200_NE2 至 6200_NE1 的接口 IP 规划为 10.10.10.2/30，两个 IP 地址在一个网段。6200_NE1 至 6200_NE3 的接口 IP 规划为 10.10.11.1/30，6200_NE3 至 6200_NE1 的接口 IP 规划为 10.10.11.2/30，两个 IP 地址在一个网段。网络的拓扑规划如图 8-19 所示。

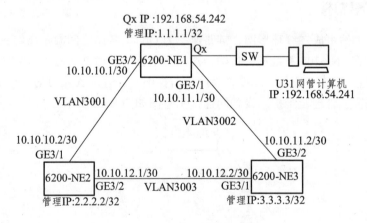

图 8-19　网元 IP 规划示意图

在进行配置以太网业务之前，要按照上述规划进行基础数据的配置。并按照"基础数据配置"→"隧道配置"→"伪线配置"→"以太网业务配置"的流程，完成以太网业务的配置。

8.4.3 任务实施

1. EPL 以太网业务配置

1）基础数据配置

基础数据配置按照"以太网端口基本属性配置"→"VLAN 接口配置"→"三层接口/子接口配置"→"ARP 配置"→"静态 MAC 地址配置"的流程进行配置。

选中网元，右键单击"网元管理"，进入网元管理。

（1）以太网端口基本属性配置。

单击"网元操作"→"基础配置"→"基础数据配置"。单击"以太网端口基本属性配置"，选择单板 R4EGC[0-1-3]，顺序选择端口 1 和 2，"使用"栏选择"启用"，"光电类型"选择"光接口"，"VLAN 模式"选择"干线"，如图 8-20 所示。

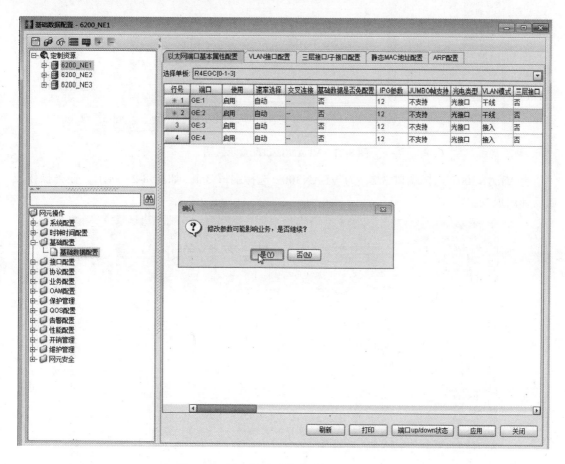

图 8-20 以太网端口基本属性配置示意图

（2）VLAN 接口配置。

选择标签"VLAN 接口配置"，单击"增加"创建 VLAN 接口"3001"和"3002"，分别点击"确定"，如图 8-21 所示。

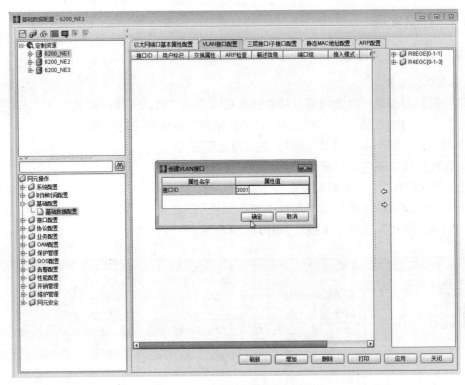

图 8-21　VLAN 接口配置示意图

　　为 VLAN3001 选择端口 3/2，为 VLAN3002 选择端口 3/1，如图 8-22 所示。业务操作成功后弹出成功提示。

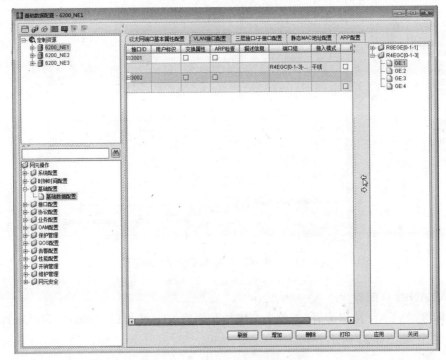

图 8-22　VLAN3002 选择 3/1 端口

（3）三层接口/子接口配置。

选择标签"三层接口/子接口配置"→"三层接口"→"增加"，"绑定端口类型"选择"VLAN 端口"，"VLAN 端口 3001"。"IP 地址"按照规划设置为 10.10.10.1，"子网掩码"设置为 255.255.255.252，如图 8-23 所示。操作成功，点击"确定"。

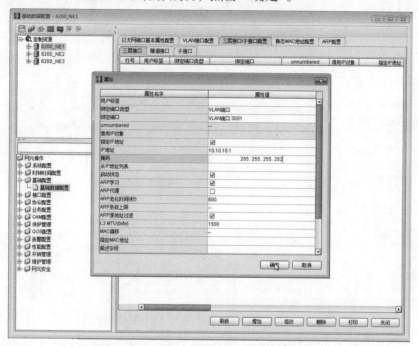

图 8-23 VLAN 端口 3001 配置接口 IP 地址示意图

同样的方法添加 VLAN 端口 3002 及其接口 IP 地址，如图 8-24 所示。

属性名字	属性值
用户标签	
绑定端口类型	VLAN端口
绑定端口	VLAN端口:3002
unnumbered	--
借用IP对象	
指定IP地址	☑
IP地址	10.10.11.1
掩码	255.255.255.252
从IP地址列表	
启动状态	☑
ARP学习	☑
ARP代理	☐
ARP老化时间(秒)	600
ARP条目上限	--
ARP源地址过滤	☑
L3 MTU(byte)	1500
MAC偏移	--
指定MAC地址	
描述字段	

确定　取消

图 8-24 VLAN 端口 3002 配置接口地址示意图

（4）ARP 配置。

选中 6200_NE1，单击"ARP 配置"，选中 VLAN3001，点击"自动"，如图 8-25 所示。

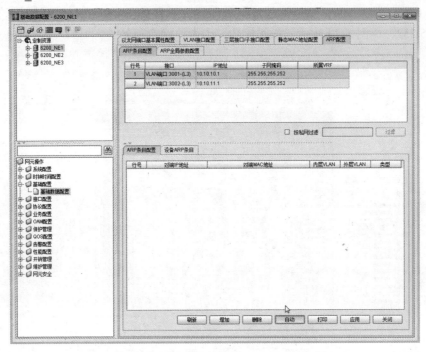

图 8-25　对端口 VLAN3001 进行 ARP 配置示意图

在"RP 条目设置"里出现对端 IP 地址和对端 MAC 地址，单击"应用"，如图 8-26 所示。对 VLAN 端口 3002 执行同样的操作。

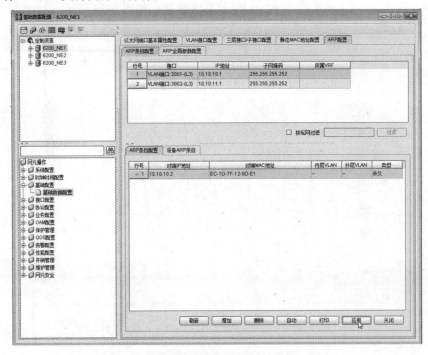

图 8-26　ARP 条目设置示意图

（5）静态 MAC 地址配置。

单击"静态 MAC 地址配置"→"MAC 地址配置"，单击"自动"，单击"应用"，如图 8-27 所示。

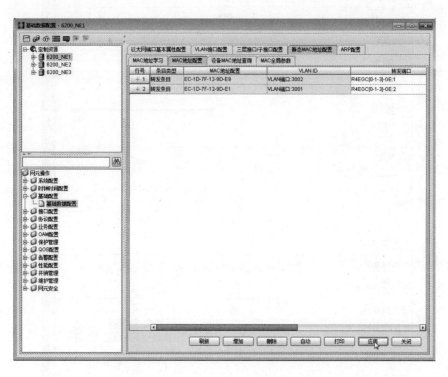

图 8-27　静态 MAC 地址配置示意图

按照之前的规划对 6200_NE2 和 6200_NE3 进行如上基础业务配置。

至此，基础数据的配置完成。

2）隧道配置

选中 6200_NE1 右键单击[工具]→[Telnet]，进行隧道开启使能配置，输入指令如下：

zxr10#con ter

zxr10（config）#hostname 6200_NE1

6200_NE1（config）#tmpls oam enable

6200_NE1（config）#mpls traffic-eng tunnels

6200_NE1（config）#exit

6200_NE1（config）#write

选中 6200_NE2 右键单击[工具]]→[Telnet]，进行隧道开启使能配置，输入如上指令。

为方便后续 6200_NE3 的业务配置，对 6200_NE3 按照上述指令进行隧道开启使能配置。

选中网元 6200_NE1 和 6200_NE2，点击[业务]→[新建]→[新建静态隧道]，进入隧道配置界面。依图选择"组网类型""保护类型""终结属性""组网场景""A 端点"选择"6200_NE1"，"Z 端点"选择"6200_NE2"，"用户标签"设置为"Tunnel 1-2"，如图 8-28 所示。点击"静态路由"→"计算"，计算静态路由，如图 8-29 所示。路由建立成功如图 8-30 所示。

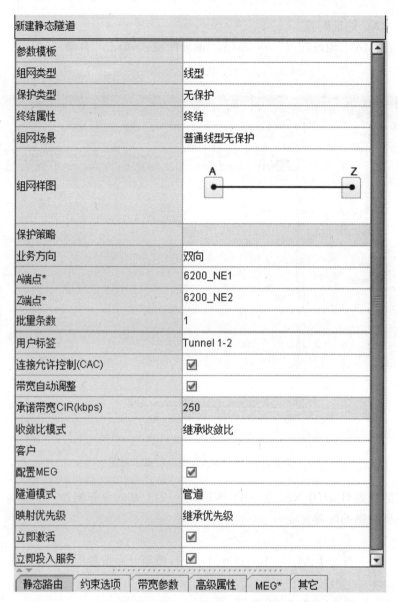

图 8-28　静态隧道配置示意图

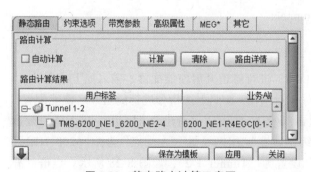

图 8-29　静态路由计算示意图

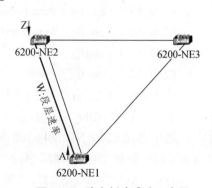

图 8-30　路由创建成功示意图

单击"业务"→"业务视图",进入业务视图,单击"视图导航"→"全网业务",可查看已配置业务拓扑图,点击 6200_NE1 至 6200_NE2 的连线,查看已配置的隧道,如图 8-31 和图 8-32 所示。

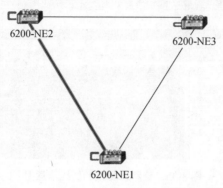

图 8-31　6200_NE1 至 6200_NE2 的连线示意图

行号	用户标签	告警状态	服务层告…	A网元	A端点	Z网元	Z端点
1	Tunnel 1-2	无告警	无告警	6200_NE1	R4EGC[0-1-3]-G…	6200_NE2	R4EGC[0-1-3]-GE:1…

图 8-32　查看已配置好的隧道示意图

3)伪线配置

单击"业务"→"新建"→"新建伪线",进入伪线配置界面,依次对"创建方式""业务方向""用户标签""A1 端点""Z1 端点""承诺带宽"等多项内容进行配置,如图 8-33 所示。

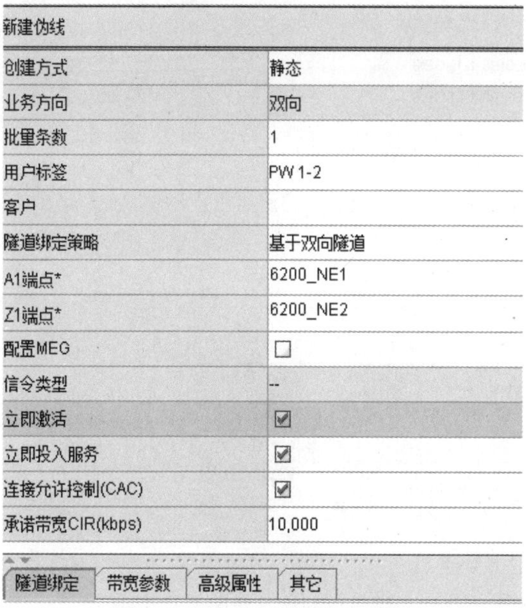

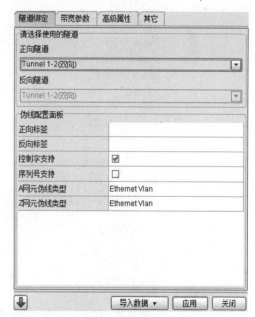

图 8-33　伪线配置示意图　　　　　图 8-34　隧道绑定示意图

单击"隧道绑定",进行隧道绑定,在选择使用的隧道时,选择前面建立的隧道 Tunnel 1-2,

如图 8-34 所示，新建伪线成功。

查询已配置伪线，如图 8-35 所示。

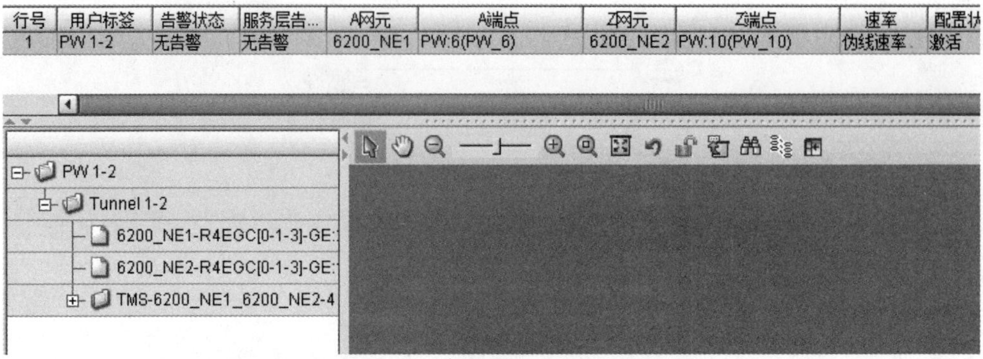

行号	用户标签	告警状态	服务层告...	A网元	A端点	Z网元	Z端点	速率	配置状...
1	PW 1-2	无告警	无告警	6200_NE1	PW:6(PW_6)	6200_NE2	PW:10(PW_10)	伪线速率	激活

图 8-35　查看已配置的伪线示意图

4）EPL 以太网业务配置

单击"业务"→"新建"→"新建以太网专线业务"，进入以太网专线业务配置界面，依图依次配置"业务类""应用场景""A 端点""Z 端点""用户标签"。单击标签"用户侧接口配置"，6200_E1 选择 8 口，6200_E2 选择 8 口，如图 8-36 所示。

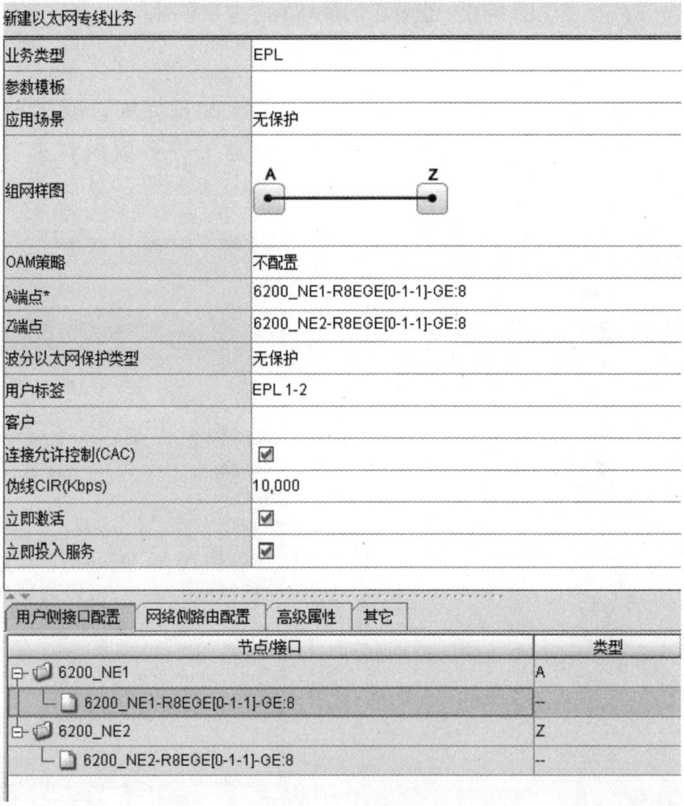

图 8-36　EPL 以太网专线业务基本配置及用户侧接口配置示意图

单击"网络侧路由配置"标签，配置所经隧道为 Tunnel 1-2，如图 8-37 所示。单击"伪线配置"为"PW 参数"，进入伪线配置界面，修改"隧道策略""隧道选择""用户标签""创建方式"，如图 8-38、图 8-39 所示。新建以太网专线业务成功。

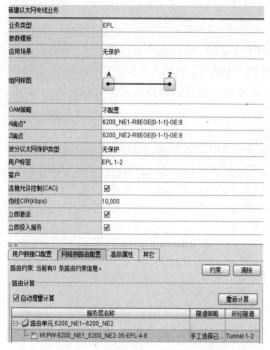

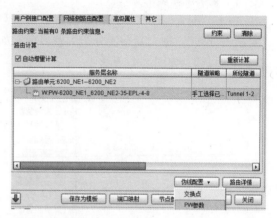

图 8-37　网络侧路由配置示意图

图 8-38　PW 参数配置入口示意图

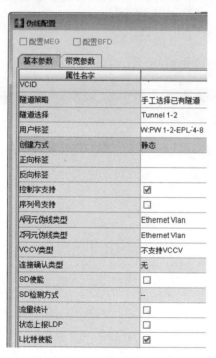

图 8-39　伪线配置示意图

　　用户侧接口如上分别选择 6200_NE1 和 6200_NE2 的 8 口，因此将两台计算机分别接 6200_NE1 和 6200_NE2 的 8 口，将其 IP 地址设为一个网段，进行验证，如果互 ping 成功，则 EPL 业务配置成功。

2. EVPL 以太网业务配置

EVPL 业务的 UNI 口可以存在复用，设备的一个 UNI 口可以接入多个用户，多个用户之间按 VLAN 区分。中兴 ZXCTN 6000 V2.0 以上的版本需要先配置"复杂流分类"。基础数据业务已经配置完毕，因此 EVPL 业务配置按照"复杂流分类配置→隧道配置→伪线配置→EVPL 以太网业务配置"的流程进行配置。

1）复杂流分类配置

单击"配置"→"承载公共配置"→"网元管理"，进入网元管理界面。选中网元，单击"复杂流分类"，进入复杂流分类配置界面，如图 8-40 所示。按照规划，修改 SVLAN 的值，点击"确定"，如图 8-41 所示。

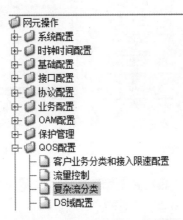

图 8-40　复杂流分类入口示意图

图 8-41　复杂流分类配置

2）隧道配置

进入新建静态隧道配置界面，进行静态隧道配置。依次修改"组网类型""保护类型""终结类型""A 端点""Z 端点""用户标签"，如图 8-42 所示。接下来单击"静态路由"→"计算"，静态隧道创建成功，如图 8-43、图 8-44 所示。

图 8-42　隧道配置示意图

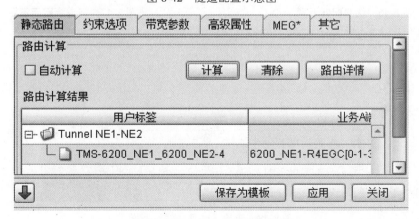

图 8-43　静态路由计算示意图

查看已经建好的静态隧道，如图 8-45 所示。

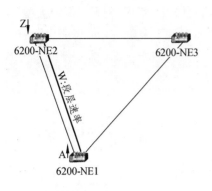

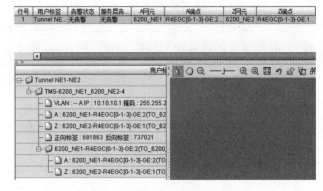

图 8-44　路由建立成功示意图　　　　　　图 8-45　查看已建好的隧道示意图

3）伪线配置

进入伪线配置界面，依次配置"创建方式""业务方向""用户标签""A1 端点""A2 端点"、"承诺带宽 CIR"，单击"隧道绑定"，进行隧道绑定，如图 8-46、图 8-47 所示。新建伪线成功即可查看已配置好的伪线，如图 8-48 所示。

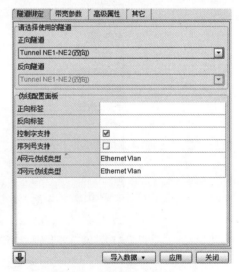

图 8-46　伪线配置示意　　　　　　　　　图 8-47　隧道绑定示意图

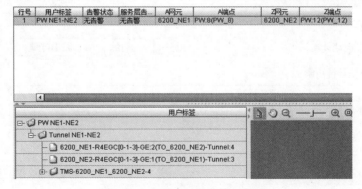

图 8-48　查看已创建伪线示意图

4）EVPL 以太网业务配置

单击"业务"→"新建"→"新建以太网专线业务"，进入以太网业务配置界面。"业务类型"选择"EVPL"，其他依次配置"应用场景""A 端点""Z 端点""用户标签""伪线 CIR"。单击"用户侧接口配置"，选择 7 端口作为用户侧接口，如图 8-49 所示。进入"用户侧接口配置"标签，单击"节点参数配置"，如图 8-50 所示。在节点参数配置界面，"接入类型"选择"端口+流分类"，如图 8-51 所示。若将设备端口直接连计算机进行验证，"接入类型"选择"端口"。

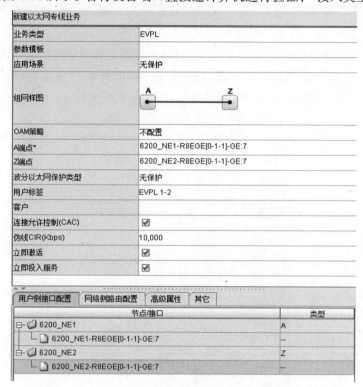

图 8-49　EVPL 专线业务基本配置及用户侧接口配置示意图

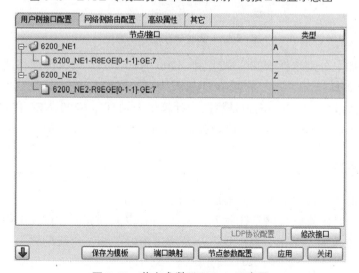

图 8-50　节点参数配置入口示意图

节点业务类型	EVPL		
客户侧普通成员之间互通	--		
Spoke成员间是否互通	--		

行号	对象	接入类型	流分类规则
1	6200_NE1-R8EGE[0-1-1]-GE:7	端口+流分类	SVLAN-20
2	6200_NE1-6200_NE2-W-PW-2	--	--

图 8-51 节点参数配置示意图

接下来进入"网络侧路由配置"标签，进行路由配置选择"伪线配置"为"PW 参数"，进入伪线配置界面。在 PW 参数配置界面，依次配置"隧道策略""隧道选择""用户标签""创建方式"等多项内容，如图 8-52 所示。至此以太网业务配置成功。

基本参数	带宽参数
属性名字	
VCID	
隧道策略	手工选择已有隧道
隧道选择	Tunnel NE1-NE2
用户标签	W:PW NE1-NE2
创建方式	静态
正向标签	
反向标签	
控制字支持	☑
序列号支持	☐
A网元伪线类型	Ethernet Vlan
Z网元伪线类型	Ethernet Vlan
VCCV类型	不支持VCCV
连接确认类型	无
SD使能	☐
SD检测方式	--
流量统计	☐
状态上报LDP	☐
L比特使能	☑

图 8-52 伪线参数配置示意图

用户侧接口如上分别选择 6200_NE1 和 6200_NE2 的 7 口，因此将两台计算机分别接 6200_NE1 和 6200_NE2 的 7 口，将其 IP 地址设为一个网段，进行验证，如果互 ping 成功，则 EVPL 业务配置成功。注意：因为是将两台计算机分别直连 6200_NE1 和 6200_NE2 的 7 口进行验证时，未经过交换机，所以在进行验证时，图 8-48 中"接入类型"应选择"端口"。

8.4.4 任务总结

通过本任务的训练，应掌握以下知识及技能：

本次任务主要是配置以太网专线业务，包括 EPL 以太网业务，以及 EVPL 以太网业务。以太网业务的配置按照"基础数据配置"→"隧道配置"→"伪线配置"→"以太网业务配置"的流程进行。

（1）在配置以太网业务之前，需要对网络的基础业务进行配置，配置流程如下："以太网端口基本属性配置"→"VLAN 接口配置"→"三层接口/子接口配置"→"ARP 配置"→"静态 MAC 地址配置"。

（2）配置 EPL 以太网业务，需要在基础数据配置完成后，依次进行"隧道配置"→"伪线配置"→"EPL 以太网业务配置"。

（3）配置 EVPL 以太网业务，多个用户之间按 VLAN 区分，需要先配置"复杂流分类"，然后进行"隧道配置"→"伪线配置"→"EVPL 以太网业务配置"的流程进行配置。

（4）可以将设备直连计算机进行验证，EVPL 进行验证时，"接入类型"选择"端口"。

思考与拓展

（1）简述 MPLS-TP 网络的分层结构。

（2）简述 MPLS-TP 基于标签的工作原理。

（3）简述 PWE3 的三种仿真技术。

（4）简述 OAM 的层次结构。

（5）创建四网元环网，完成网元间业务配置，拓扑结构如图 8-53 所示。

业务要求：

（1）网元 A（6200_NE1）和 C（6200_NE2）配置 EPL 以太网业务，保证网元 6200_NE1 和 6200_NE2 之间能够传输 EPL 以太网业务。

（2）网元 A（6200_NE1）和 C（6200_NE2）配置 EVPL 以太网业务，保证网元 6200_NE1 和 6200_NE2 之间能够传输 EVPL 以太网业务。

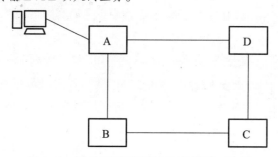

图 8-53　题 5 四网元环网网元间连接示意图

第 9 章　PTN 网络保护、同步技术及网络保护配置

【内容概述】

本章介绍 PTN 的网络保护机制，从端口保护到线网保护、双归保护以及环网保护等都做了讲解。介绍了 PTN 分组传送网中所用的几种同步技术，设备的时钟源配置等。通过任务训练，展现了 PTN 网络保护的配置过程。

【学习目标】

通过本章节学习，了解 PTN 的保护方式，掌握 PTN 保护方式的分类及其应用；通过分析网络结构及其特性，进行 PTN 网络保护规划及配置；掌握分组传送网同步技术，网元时钟源的选择方法及时钟倒换原则。

【知识要点】

（1）PTN 保护方式。
（2）端口保护。
（3）线网保护。、
（4）双归保护。
（5）环网保护。
（6）PTN 的同步技术。

9.1　网络生存性及 PTN 保护方式分类

1. 网络的生存性

网络生存性是指在网络发生故障后能尽快利用网络中空闲资源为受影响的业务重新选路，使业务继续进行，减少因故障而造成的社会影响和经济损失，使网络维护一个可以接受的业务水平的能力。

网络生存性包括广义网络生存性和狭义的网络生存性。其中广义的网络生存性又可分为故障检测、故障定位、故障通知、故障恢复。狭义的网络生存性分为保护机制和恢复机制。

保护机制是利用节点之间预先分配的带宽资源对网络故障进行修复的机制，一般在工作路径建立的同时建立保护路径。

恢复机制是指不进行预先的带宽资源预留，当发生故障后，再利用节点之间的可用资源动态地进行重路由来代替故障路由的机制。

在第五章介绍了 SDH 传输网的保护及其配置，本章节主要介绍 PTN 网络的保护及其配置。

2. PTN 保护方式分类

PTN 保护方式分为网络保护（网络-网络接口（NNI）的保护）、接入链路保护（用户-网络接口（UNI）的保护）和设备级保护 3 类。如图 9-1 所示，网络保护包括线性保护和环网保护，线性保护又分为路径 1+1/1∶1 线性保护、子网连接保护（SNCP）等，环网保护则分为单环保护、环相交保护、环相切保护等；接入链路保护包括以太网链路聚合（LAG）保护和链路 1+1/1∶1 主备保护，链路线性 1+1/1∶1 保护又分为以太网链路的 1∶1 主备保护和 STM-N 链路的 1+1 / 1∶1 MSP 保护，而双归保护是线性保护和接入链路保护的功能组合，设备级保护指网元内部关键板卡的冗余保护。

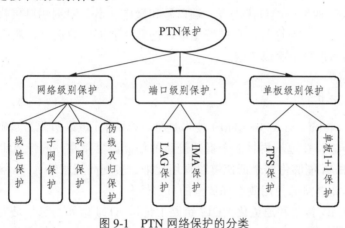

图 9-1　PTN 网络保护的分类

9.2　端口保护

端口保护包括了链路聚合（Trunk）保护和 IMA 保护。

9.2.1　链路聚合保护

链路聚合（Link Aggregation）又称 Trunk，是指将多个物理端口捆绑在一起，成为一个逻辑端口，以实现增加带宽及出/入流量在各成员端口中的负荷分担，设备根据用户配置的端口负荷分担策略决定报文从哪一个成员端口发送到对端的设备。

链路聚合采用 LACP（Link Aggregation Control Protocol）实现端口的 Trunk 功能，该协议是基于 IEEE 802.3ad 标准的实现链路动态汇聚的协议。LACP 协议通过 LACPDU（Link Aggregation Control Protocol Data Unit）与对端交互信息。

链路聚合可以实现的功能包括控制端口到聚合组的添加、删除；实现链路带宽增加，链路双向保护；提高链路的故障容错能力。支持的链路聚合保护如图 9-2 所示。

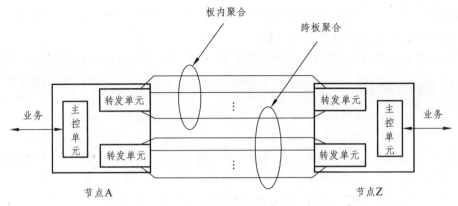

图 9-2　链路聚合保护示意图

当本地端口启用 LACP 协议后，端口将通过发送 LACP PDU 向对端端口通告自己的系统优先级、系统 MAC 地址、端口优先级、端口号和操作 Key。对端端口接收到这些信息后，将这些信息与其他端口所保存的信息进行比较以选择能够汇聚的端口，从而双方可以对端口加入或退出某个动态汇聚组达成一致。

9.2.2　IMA 保护

IMA（Inverse Multiplexing for ATM）技术是将 ATM 信元流以信元为基础，反向复用到多个低速链路上来传输，在远端再将多个低速链路的信元流复接在一起恢复出与原来顺序相同的 ATM 信元流。IMA 能够将多个低速链路复用起来，实现高速宽带 ATM 信元流的传输，并通过统计复用，提高链路的使用效率和传输的可靠性。

IMA 适用于在 E1 接口和通道化 VC12 链路上传送 ATM 信元，它只是提供一个通道，对业务类型和 ATM 信元不做处理，只为 ATM 业务提供透明传输。当用户接入设备后，反向复用技术把多个 E1 的连接复用成一个逻辑的高速率连接，这个高的速率值等于组成该反向复用的所有 E1 速率之和。ATM 反向复用技术包括复用和解复用 ATM 信元，完成反向复用和解复用的功能组称为 IMA 组。

IMA 保护是指，如果 IMA 组中一条链路失效，信元会把负载分担到其他正常链路上进行传送，从而达到保护业务的目的。

IMA 传输过程如图 9-3 所示。

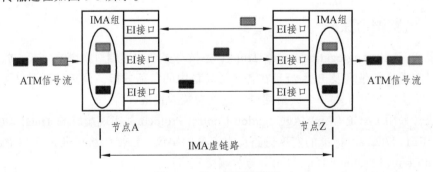

图 9-3　IMA 保护示意图

IMA 组在每一个 IMA 虚连接的端点处终止。在发送方向上，从 ATM 层接收到的信元流以信元为基础，被分配到 IMA 组中的多个物理链路上。而在接收端，从不同物理链路上接收到的信元，以信元为基础，被重新组合成与初始信元流一样的信元流。

9.3　线网保护

路径保护用于保护一条 MPLS-TP 连接，是一种专用的端到端保护结构。路径保护可分为链网保护和环网保护。链形网保护通过保护通道来保护工作通道上传送的业务。当工作通道故障的时候，业务倒换到保护通道。线网保护又可细分为 1+1 线网保护和 1:1 线网保护。

9.3.1　线网保护原理

1. APS 定义

APS 协议用于两个实体之间倒换信息协同决策的协议，它能使得使用该协议的两个实体通过 APS PDU 协同切换信息从而调整各自的位置，实现工作路径到保护路径的切换。

APS 用于在双向保护倒换时协调源宿双方的动作，使得源宿双方通过配合共同完成保护锁定、手工倒换、倒换延时、等待恢复等功能。

2. APS 保护模式

APS 有两种保护模式，返回模式和非返回模式。返回模式是指自动保护倒换后，业务在保护路径上传送；若工作路径恢复正常，业务自动返回到工作路径上传送。非返回模式是指保护倒换后，当工作路径恢复正常，业务不会自动返回到工作路径，而需要人为手动地将业务返回到工作路径上。

3. APS 保护倒换的特征

（1）倒换时间不大于 50 ms，用于路径保护和子网连接保护的 APS 算法应尽可能的快。

（2）倒换的传输时延依赖于路径的物理长度和路径上的处理能力。对于双向保护倒换操作，传输时延应该考虑；对于单向保换倒换，由于不需要传送 APS 信令，不存在信令的传输时延。

（3）1+1 路径保护和 SNC 保护应该支持单向倒换；1:1 路径保护和 SNC 保护应该支持双向倒换。

（4）在操作方式上 1+1 单向保护倒换支持返回模式和非返回模式，1:1 保护倒换应该支持返回模式。

（5）可以手动操作，使用外部发起的命令人工控制保护倒换。支持的外部命令有：清除、保换锁定、强制倒换、人工倒换及练习倒换。

9.3.2　线性 1+1 保护

在 1+1 结构中，保护连接是每条工作连接专用的，工作连接与保护连接在保护域的源端进行桥接。业务在工作连接和保护连接上同时发向保护域的宿端，在宿端，基于某种预先确定的准则，例如缺陷指示，选择接收来自工作或保护连接上的业务。为了避免单点失效，工作连接和保护连接应该走分离的路由。单向 1+1 路径保护结构如图 9-4 所示。

1+1 MPLS-TP 路径保护的倒换类型是单向倒换，即只有受影响的连接方向倒换至保护路径，两端的选择器是独立的。1+1 MPLS-TP 路径保护的操作类型可以是非返回或返回的。

1+1 MPLS-TP 路径保护倒换后连接状态如图 9-5 所示。

在单向保护倒换操作模式下，保护倒换由保护域的宿端选择器完全基于本地（即保护宿端）信息来完成。工作业务在保护域的源端永久桥接到工作和保护连接上。若使用连接性检查包检测工作和保护连接故障，则它们同时在保护域的源端插入到工作和保护连接上，并在保护域宿端进行检测和提取。需注意无论连接是否被选择器所选择，连接性检查包都会在上面发送。

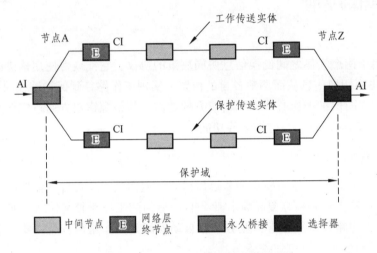

图 9-4　单向 1+1 路径保护倒换结构

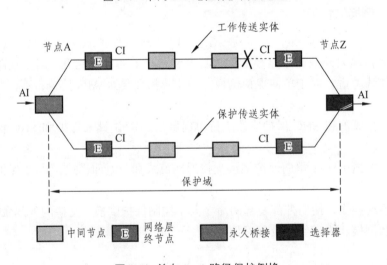

图 9-5　单向 1+1 路径保护倒换

如果工作连接上发生单向故障（从节点 A 到节点 Z 的传输方向），此故障将在保护域宿端节点 Z 被检测到，然后节点 Z 选择器将倒换至保护连接。

9.3.3　线性 1 ： 1 保护

在 1 ： 1 结构中，保护连接是每条工作连接专用的，被保护的业务在正常情况下由工作连接传送，保护连接可以传送额外业务，当工作连接故障，则保护连接丢弃额外业务，传送工作业务。为了避免单点失效，工作连接和保护连接应该分离路由。

1 ： 1 MPLS-TP 路径保护的倒换类型是双向倒换，即源端和宿端均倒换至保护路径。双向倒换需要自动保护倒换协议（APS）用于协调连接的两端。双向 1 ： 1MPLS-TP 路径保护的操作类型应该是可返回的。

1 ： 1 MPLS-TP 路径保护倒换结构如图 9-6 所示。在双向保护倒换模式下，基于本地或近端信息和来自另一端或远端的 APS 协议信息，保护倒换由保护域源端选择桥接器和宿端选择器共同来完成。

若使用连接性检查包检测工作连接和保护连接故障，则他们同时在保护域的源端插入到工作连接和保护连接上，并在保护域宿端进行检测和提取。需要注意的是，无论连接是否被选择器选择，连接性检查包都会在上面发送。

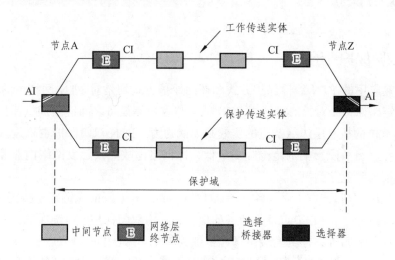

图 9-6　双向 1 ： 1 路径保护倒换结构（单向表示）

若在工作连接 Z-A 方向上发生故障，则此故障将在节点 A 检测到，然后使用 APS 协议触发保护倒换。

如图 9-7 所示，协议流程如下：当节点 A 检测到故障，节点 A 选择器桥接倒换至保护连接 A-Z（即，在 A-Z 方向，工作业务同时在工作连接 A-Z 和保护连接 A-Z 上进行传送），并且节点 A 并入选择器倒换至保护连接 A-Z；继而从节点 A 到节点 Z 发送 APS 命令请求保护倒换。当节点 Z 确认了保护倒换请求的优先级有效之后，节点 Z 并入选择器倒换至保护连接 A-Z（即，在 Z-A 方向，工作业务同时在工作连接 Z-A 和保护连接 Z-A 上进行传送）；随后 APS 命令从节点 Z 传送至节点 A 用于通知有关倒换的信息；最后，业务流在保护连接上进行传送。

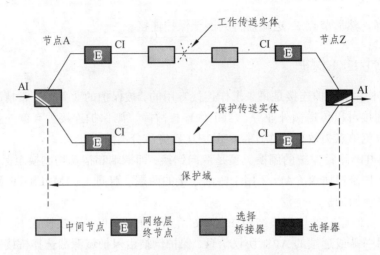

图 9-7　双向 1∶1 路径保护倒换（工作连接 Z-A 故障）

9.4　双归保护

9.4.1　双归保护介绍

在现网成熟应用的 PTN 线性保护方式和环网保护方式均是对 PTN 网络内的网元/链路提供保护，接入链路保护是对核心网边缘 PTN 节点与客户侧设备之间链路提供保护，对于处于 PTN 网络咽喉部位的核心层边缘节点的实效则无能为力。PTN 双归保护主要是为了保护 PTN 核心层边缘设备，将故障影响的范围降到最低，即网络内故障仅触发网络内业务倒换，接入侧故障仅触发接入侧业务倒换。

两个 PE 设备（双归节点）通过各自的 AC（Attachment Circuit）链路连接到同一个 CE 设备上，实现承载网络两端 PE 节点接入业务的保护，称为双归保护。传统保护方式的倒换最小颗粒一般为 LSP，双归方案把倒换最小颗粒精细到 PW。核心层边缘节点 PTN 上承载大量业务，部分业务可能通过该 PTN 设备转发给对端客户侧设备，部分业务可能直接在本地下载，一条 LSP 中可能同时承载以上两种业务，以 PW 作为最小倒换颗粒可实现更精细化倒换，将故障影响范围降低。

在 PTN 网络中，每条伪线只规划承载特定的一条业务，业务只在属于自己的伪线上传输，伪线与业务一一对应。伪线双归保护指在通信网络设备之间通过备用伪线来保护主用伪线上传送的业务。当主用伪线发生故障、对端单点失效或者用户侧链路故障，需要启动备用伪线，即伪线双归保护，将业务不间断地传递下去，保证了传输。这里需要说明的是，一般从简化网络倒换的角度出发，伪线双归保护只有在配置的隧道保护失效的情况下才会启动，使得业务倒换至备用伪线。

伪线双归保护是通过保护伪线来保护工作伪线上传送的业务。当工作伪线故障、对端单点失效或者用户侧链路故障，业务将倒换至保护伪线。工作伪线和业务伪线走分离路由。双归保护分为两种实现方式：1+1 双归保护和 1：1 双归保护。1+1 双归保护的业务可以双发选收，也可双发双收，1：1 双归保护的业务单发单收。

9.4.2　双归保护分类介绍

1. 1+1 双归保护

在 1+1 双归保护模式下，保护伪线是每条工作伪线专用的，工作伪线与保护伪线在保护域的源端进行桥接。业务在工作伪线和保护伪线上同时发向两条伪线的对端。在工作伪线的对端，接收业务；在保护伪线对端，根据预置的约束准则选择接收或不接收业务。PTN 设备支持的 1+1 双归保护如图 9-8 所示。

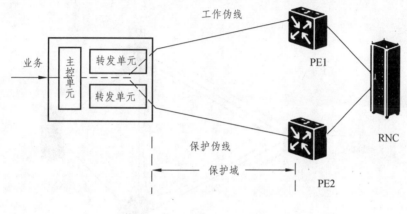

图 9-8　双归保护示意图

2. 1：1 双归保护

在 1：1 双归保护模式下，保护伪线是每条工作伪线专用的。业务在工作伪线或保护伪线上传送。在工作伪线或保护伪线的对端，接收业务。PTN 设备支持的 1：1 双归保护如图 9-9 所示。

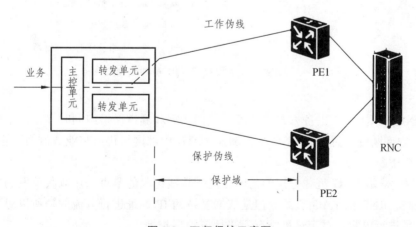

图 9-9　双归保护示意图

9.4.3 伪线双归保护应用场景

伪线双归保护场景如图 9-10 所示，业务需要在基站和 RNC 之间进行传送，中间的各个接入层和汇聚层设备来保证业务的传送。假设从 P1 到 P2 的伪线为主用伪线，从 P1 到 P3 的伪线为备用伪线。主用伪线和备用伪线分别有自己的工作隧道和保护隧道，正常工作时，业务在主用伪线的工作隧道上进行传送，当 P1 到 P2 的路径上发生故障时，首先要启用隧道保护，将工作隧道上的业务都切换到保护隧道上进行传送，这样业务路径就从基站-P1-P2-RNC 切换到了基站-P1-P3-P2-RNC。若双归节点失败，如 P2 掉电，就会触发伪线双归保护。这种情况下，基站与 RNC 的业务通过备用伪线传送，当 P2 失效或 P2 与 RNC 之间的链路出现故障时，P1 将会收到 CSF 告警指示，从而触发保护倒换，业务由工作伪线倒换到保护伪线，此时的业务路径就是基站-P1-P3-RNC。业务回到 RNC 有两条路径可以到达。

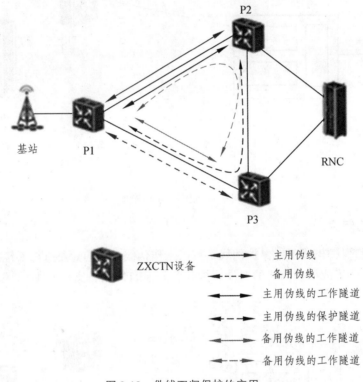

图 9-10　伪线双归保护的应用

对于 RNC 采用 LAG 主备方式的情况：主伪线需和隧道保护组同时存在，主要是为了防止 PTN 网络内部断纤，而此时 RNC 不会倒换；PTN 内部网络仍可将业务倒换至主接收节点，保证业务不会中断。

对于 RNC 采用 LAG 负载分担的情况：进行伪线选收的节点采用双收单发的实现方式；对于某个基站，RNC 的 LAG 负载分担是依据基站的 IP 地址进行分流的。所以对于某个基站的业务流也是进行单收。对于这种情况不采用隧道保护即可。

对于 RNC 采用 LAG 负载分担的情况：进行伪线选收的节点采用双收单发的实现方式；

对于某个基站，RNC 的 LAG 负载分担是依据基站的 IP 地址进行分流的。所以对于某个基站的业务流也是进行单收。对于这种情况不采用隧道保护即可。

若伪线双归的主伪线要绑定隧道保护组，那么这组隧道保护组必须配置为 1：1 的 LSP 保护。

9.5　环网保护

9.5.1　环网保护原理

环网保护是一种链路保护技术，该保护的对象是链路层，在 MPLS-TP 技术中保护段层的失效和劣化。

1. 环网保护的原理

MPLS-TP OAM 进行环网上的邻居间的保护。当 MPLS-TP OAM 检测到邻居之间发生故障后，通知本节点的 APS 模块同时向环的两个方向发送 APS 切换报文。当环上的节点收到 APS 切换报文后，发现目的节点不是本节点，则直接将报文转发给自己的另一个邻居；当节点发现目的节点是自己，并检查源节点是自己的邻居节点，则知道自己和源节点之间的联通发生了故障；于是 APS 模块通知 MPLS-TP OAM 模块进行切换。

2. 环网保护的特征

环网保护可针对服务层失效、以及 MPLS-TP 层失效或性能劣化（由 MPLS-TP 段的 OAM 检测）等事件进行保护。其被保护的实体是点到点连接以及点到多点的连接。环网保护倒换时间必须在 50 ms 内完成。环网保护并不是对于所有类型业务都保护。在任何单点失效事件下正常的业务均能被保护，而对非预清空的无保护业务不进行任何保护操作，并且除非其通道发生故障，否则也不会被清空。对于单点失效，保护环将恢复所有通过失效位置的被保护业务，若多点失效，保护环尽量恢复所有被保护的业务。环网保护同时支持返回型倒换，支持双端倒换。

3. PTN 的环网保护方式

PTN 提供 Wrapping（环同）和 Steering（源操控）两种环网保护方式。二者的主要差别是：当环网出现故障时，Wrapping 方式下，业务在与故障相邻的两侧节点进行环回；Steering 方式下，业务在源宿节点进行反向（改变发送方向）。基于 MPLS-TP 的 PTN 环网保护与弹性分组环（RPR）的 Wrapping 和 Steenng 保护的主要差异在于引入了工作路径和保护路径的标签分配机制，G.8132 规范的标签分配机制需进一步优化来简化环网保护标签的配置。

4. 环网保护的优点

目前，PTN 网络的线性 1：1 LSP 保护已在现网大量应用，PTN 环网保护尚未应用，主要原因是 G.8132 国际标准尚未完成，一方面需进一步开发支持跨环保护功能，另一方面是现有标签分配机制较复杂，需采用标签堆栈、标签共享等机制来简化配置。目前，中国移动正在组织 PTN 厂家讨论完善环网保护机制，待标准化工作完成后，可在业务量较大的城域传送网试点应用 PTN 环网保护，以此来弥补线性保护的不足。

首先，线性保护主要针对点到点业务进行端到端保护，所有需保护的工作 LSP 均应配置保护 LSP，为保证 50 ms 倒换时间，工作和保护 LSP 上均运行 3.33 ms 或 10 ms 的 CC/CV，对线路带宽的消耗较大，在 PTN 大量采用环形组网的现状下，没有充分利用环网资源。环网保护只需配置一条所有业务共享的保护路径，降低了保护配置工作量，并且启用段层 OAM 的 CC/CV，大量节约了 OAM 带宽，提高了网络带宽利用率。

其次，线性保护无法应对多重故障，在工作路径出现故障仍未恢复，业务倒换到保护路径后，一旦再次出现故障则无法实现保护。而环网保护在多点失效情况下，仍可对业务进行有效保护。

再次，线性保护增加了核心节点的 OAM 和 APS 处理压力。核心节点一般下带几百到上千个基站等接入节点，每个接入节点配置端到端的 LSP 线性保护，一个核心节点就需支持上千个 LSP 保护组，给核心节点增加了较大的 OAM 和 APS 处理压力。而环网保护为段层保护机制，环上相邻节点之间运行段层 OAM，与承载业务和接入节点数量无关，环内故障只触发该环业务倒换，不影响其他子网上的业务。

9.5.2 Wrapping 保护

Wrapping 是一种本地保护机制，它基于故障点两侧相邻节点的协调来实现业务流在这两节点上的流量反向，从而完成保护倒换。当发生故障时，无论是链路故障还是节点故障，其相邻节点均会知道业务流不能继续沿原路径传送，为了保证业务流顺利传送到故障点下游相邻节点，故障链路（或故障节点）上游相邻节点需要把从该故障链路经过的所有业务流反向从保护路径进行传送。故障链路下游相邻节点检测到工作路径故障时，该节点知道业务流会因为工作接收路径损坏而倒换到保护接收路径上。因此，该节点同样会执行倒换动作，从保护路径接收业务，再倒换到工作路径上，将业务流从工作路径上传出该点，传送到环的出口节点流出，具体如图 9-11 所示。

每一条工作路径都有一条与其方向相反的封闭环路作为保护路径。保护路径的标签分配必须和工作路径的标签分配相关联，以便业务流能够在工作路径和保护路径之间进行倒换，达到保护业务流的目的。

工作标签分配：A[W1]→B[W2]→C[W3]→D。

保护标签分配：A[P1]→F[P2]→E[P3]→D[P4]→C[P5]→B[P6]→A。

工作和保护标签的关联关系：[W1]<—>[P6]，[W2]<—>[P5]，[W3]<—>[P4]。

当节点 B 和 C 之间发生故障时，B、C 两点通过环网互发 APS 请求，节点 B 发生倒换，将业务流标签由工作标签[W1]交换为保护标签[P6]，业务流沿环反向传送至节点 C；节点 C 将业务流标签由保护标签[P4]交换为工作标签[W3]，业务流由节点 C 流至节点 D，最终流出该环。最终业务流路径及标签应用为：A[W1]→B→B[P6]→A[P1]→F[P2]→E[P3]→ D[P4]→C[W3]→D。

Wrapping 倒换需故障链路相邻两节点 B 和 C 进行协调，完成业务流的保护倒换。

节点失效可以等效为该失效节点两侧相邻链路同时失效。

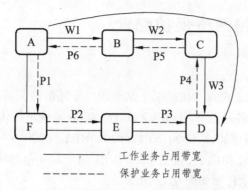

（a）正常状态下的 Wrapping 保护

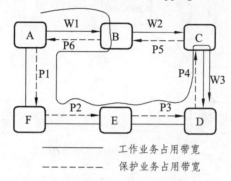

（b）故障状态下的 Wrapping 保护

图 9-11　Wrapping 保护

9.5.3　Steering 保护

Steering 方式下发生故障时，受故障影响的业务流的源宿节点会把业务流直接由工作路径倒换到相应的保护路径进行传送，具体如图 9-12 所示。

工作标签分配：A[W1]→B[W2]→C[W3]→D。

保护标签分配：A[P1]→F[P2]→E[P3]→D。

当节点 B 和 C 之间发生故障时，B、C 两点通过环网互发 APS 请求，节点 A 和 D 分析 APS 请求，并确定以节点 A、D 为源宿节点的业务流将受到该故障影响，于是节点 A 发生倒换，给业务流分配保护标签[P1]，使业务流沿着与工作路径相反的方向传送至节点 D，最终流出环网。最终业务流路径及标签应用为：A[P1]→F[P2]→E[P3]→D。

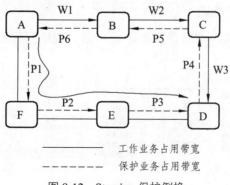

图 9-12　Steering 保护倒换

9.6 任务：传输网络保护配置

9.6.1 任务描述

6200_NE1、6200_NE2、6200_NE3 三个站组成二纤环形网，链路速率为 GEb/s，各站之间的距离均在 40~80 km，各站业务均采用 ZXCTN 6200 系统进行传输。6200_NE1 站为中心站，加电开通各站 ZXCTN 6200，6200_NE1、6200_NE2、6200_NE3 三站之间能正常进行通信，6200_NE1 设置为网管监控中心，通过 6200_NE1 站可对其他两网元的传输设备进行配置、管理及维护。设备间连接示意图如图 9-13 所示。

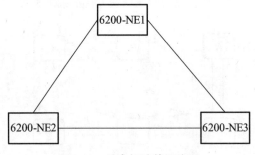

图 9-13　设备间连接示意图

任务要求：

对网元 6200_NE1、6200_NE2 上的以太网业务进行隧道保护，当工作隧道发生故障时，业务直接切换到保护隧道。

9.6.2 任务分析

隧道保护是端点到端点的全路径保护，用于工作路径发生故障时，业务直接倒换到保护路径传输。

网元 6200_NE1、6200_NE2 工作隧道为 6200_NE1-6200_NE2，为保证网络能够自愈，创建保护隧道 6200_NE1-6200_NE3-6200_NE2。保护隧道创建完成后，进行伪线配置、业务配置。通过强制倒换，验证隧道保护是否配置成功。强制倒换后，可清除倒换。

9.6.3 任务实施

1. 创建工作隧道和保护隧道

单击"业务"→"新建"→"新建静态隧道"，进入隧道配置界面，"保护类型"选择"线型保护"，如图 9-14 所示。

图 9-14　静态隧道配置示意图

A 端选择 6200_NE1，Z 端选择 6200_NE2，并修改用户标签为 NE1_NE2，未加隧道保护的网络拓扑如图 9-15 所示。

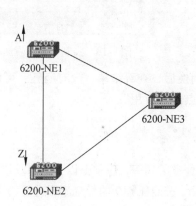

图 9-15　未加隧道保护的网络拓扑示意图

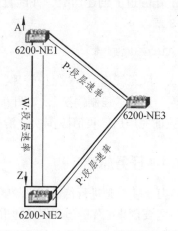

图 9-16　工作隧道和保护隧道示意图

进行路由计算，并点击"应用"，隧道保护拓扑如图 9-16 所示，其中蓝色为工作隧道，黄色为保护隧道。

2. 创建隧道保护组

创建隧道保护组，启动 APS 协议，如图 9-17 所示。

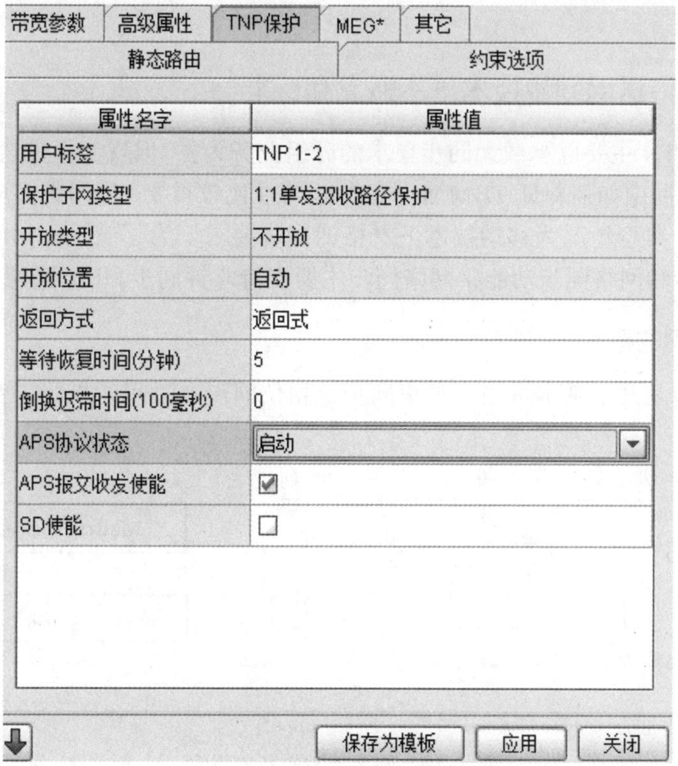

带宽参数	高级属性	TNP保护	MEG*	其它
静态路由			约束选项	

属性名字	属性值
用户标签	TNP 1-2
保护子网类型	1:1单发双收路径保护
开放类型	不开放
开放位置	自动
返回方式	返回式
等待恢复时间(分钟)	5
倒换迟滞时间(100毫秒)	0
APS协议状态	启动
APS报文收发使能	☑
SD使能	☐

保存为模板　　应用　　关闭

图 9-17　隧道保护组配置示意图

3. 在工作隧道上创建业务

在工作隧道上创建伪线，并配置业务，具体方法参见第 8 章。

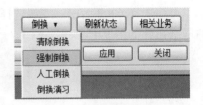

图 9-18　强制倒换示意图

4. 保护倒换测试

进入"网元管理"→"保护管理"→"隧道保护"，在"倒换"选择"强制倒换"，如图 9-18 所示。强制倒换后，查看结果，没有断纤，可以看到全通。验证完毕后，可清除倒换。清除倒换成功后，点击"应用"。

9.6.4　任务总结

本次任务主要是进行传输网络的隧道保护。通过本任务的训练，应掌握以下知识及技能：

（1）需要创建工作隧道和保护隧道，隧道创建完毕后，按照任务 9 的配置流程进行伪线配置、业务配置。配置完成后，可以使用强制倒换来验证隧道保护，验证完成后，需清除倒换。

（2）除隧道保护，其他保护方式包括环网保护，伪线保护，路由保护，请读者自行拓展学习。

9.7　PTN 同步技术

9.7.1　分组传送网同步技术基本概念和标准

分组传送网 PTN 主要以承载无同步要求的分组业务为主，但现实中依然存在大量的 TDM 业务，在分组传送网中如何保证 TDM 业务的同步特性比较重要，同时很多应用场景需要传送网提供同步功能，典型情况为移动技术下严格的同步要求。为了满足不同的应用场景，PTN 需要实现业务同步和网络同步功能，网络同步中要支持时钟同步和时间同步。

1. 分组同步网的概念

同步技术中涉及几个基本术语：频率同步、相位同步、时间同步。三者之间的关系如图 9-19 所示。

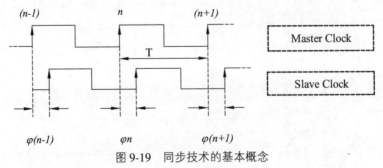

图 9-19　同步技术的基本概念

频率同步：通常称为时钟同步，Slave Clock 与 Master Clock 之间的频率差小于某个范围；

相位同步：任何时刻，Slave Clock 与 Master Clock 之间的相位差 φ_n 小于某个范围；时间同步：任何时刻，Slave Clock 与 Master Clock 所代表的绝对时间差小于某个范围。

如果 Slave Clock 与 Master Clock 之间满足频率同步,但两个时钟间的相位差 φ_n 是不确定，φ_n 的范围从零到整个时钟周期 T 之间，如果 φ_n 趋于 0，则表示 Slave Clock 与 Master Clock 之间达到相位同步的要求，但此时 Slave Clock 与 Master Clock 的时间起点可能不同，如果两者的时间起点相同，则满足时间同步要求。因此，一般来说，如果 Slave Clock 与 Master Clock 之间达到相位同步，则两者之间满足频率同步，如果 Slave Clock 与 Master Clock 之间达到时间同步，则两者之间满足相位同步和频率同步。

2. 分组传送网同步相关标准

基于电路交换的传统网络，由于数据流是恒定速率的，因此可以很容易地从数据流中恢复出所需的时钟信息，并保持源和宿之间的同步状态。对于分组传送网，多基于存储转发或类似技术，并且突发业务可能会导致网络出现拥塞等情况，影响业务均匀传送，这样业务在经过网络传送时，如果直接从业务流中恢复时钟，则源和宿之间可能会出现缺乏同步、延迟范围大等现象，因此，对于分组传送网络，需要特定技术方法来实现同步。当前，分组网络上同步相关标准如下：

ITU-T G.8261 分组交换网络同步定时问题（Timing and Synchronization Aspects of Packet Networks）。

ITU-T G.8262 同步以太网设备时钟（EEC）定时特性（Timing characteristics of synchronous ethernet equipment slave clock（EEC））。

ITU-T G.8263 分组交换设备时钟（PEC）与分组交换业务时钟（PSC）的定时特性（Timing characteristics of packet based equipment clocks（PEC）and packet based service clocks（PSC））。

ITU-T G.8264 分组交换网络的定时分配（Timing distribution through packet networks）。

ITU-T G.8265 分组交换网络的相位和时间分配（Time and phase distribution through packet networks）。

IEEE 1588 V2 精确时钟协议（PTP）（Precision Clock Synchronization Protocol for Networked Measurement and Control Systems）。

9.7.2　分组传送网同步技术

同步相关标准和建议描述了分组网络上实现同步的多种方案和指标要求，这里重点对方案进行介绍。在分组网络上可选取的同步技术包括：同步以太网技术、TOP 技术、IEEE 1588 V2 技术。下面分别介绍。

1. 同步以太网技术

传统以太网是一个异步系统，各网元之间不处于严格的同步状态也能正常工作，但实际上在物理层，设备都会从以太网端口进入的数据流中提取时钟，然后对业务进行处理，由于网元之间、端口之间无明确的同步要求，导致整个网络也是不同步的。

为了实现网络同步，可以参考 SDH 技术的实现方式实现同步以太网。

在以太网端口接收侧，从数据流中恢复出时钟，将这个时钟信息送给设备统一的锁相环

PLL 作为参考。在以太网端口发送侧，统一采用系统时钟发送数据。

同步以太网方式如图 9-20 所示。

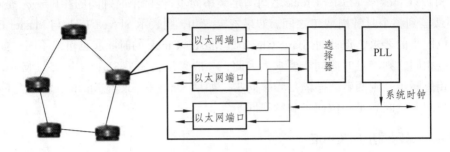

图 9-20　同步以太网技术

2. TOP 技术

TOP（Timing Over Packet）技术是一种频率同步技术，就是将时钟频率先承载在专门的 TOP 报文中，需要的时候将其从报文中分离出来，从而实现时钟频率在 PSN 上的透传。只需要在 TOP Server 和 TOP Client 节点支持 TOP 报文的处理即可，TOP 报文在经过中间节点时，和其他业务报文一样转发即可。实现时钟频率到报文转换功能的设备为 TOP Server，实现报文转换为时钟频率的设备为 TOP Client。

TOP 有两种工作模式，差分模式和自适应模式，差分模式应用于 TOP Server 和 TOP Client 所在的网络已经同步或者所在的节点存在共用时钟，但是需要将客户的业务时钟透传；自适应模式应用于 TOP Server 和 TOP Client 所在的网络不同步情况下的业务时钟由 TOP Server 到 TOP Client 的同步过程

1）差分方式

差分方式下，报文在进入网络时，记录下业务时钟与参考时钟 PRC 之间的差别，形成差分时钟信息，并传递到网络出口处。在网络出口的地方，根据参考时钟、差分时钟信息恢复出业务时钟。

整个 PTN 网络可以不在同步状态，但需要在网络入口和出口位置提供参考时钟 PRC。两端的设备 Server 和 Client 共用频率同步时钟，报文穿透的 PSN 网络同步异步都可以。在 Server端，业务时钟（Service clock）频率和共用时钟（Common clock）频率的差 Δf 被编码并且承载在报文中，到 Client 端，再用这个共用时钟在包网络的远端（接收端）节点恢复出业务时钟。因为 Server 和 Client 都有一个基准时钟，所以只要频率的差值在一定的时间内能够传送到 Client端，业务时钟就能够恢复出来。时钟频率几乎不受网络的延时抖动的影响。如图 9-21 所示。

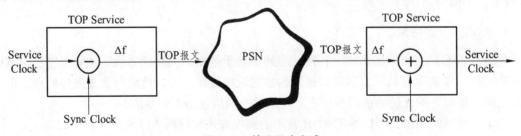

图 9-21　差分同步方式

2）自适应方式

自适应方式不需要网络处于同步状态，业务通过网络传送后直接从分组业务流中恢复出时钟信息。在网络出口处，根据业务流缓存的情况调整输出的频率。如果业务缓存逐渐增加，则将输出频率加快，如果业务缓存逐步减少，则将输出频率减慢。

自适应时钟频率恢复的难点在于找到 Server 和 Client 两个非同步网络间的 PSN 的延时抖动变化规律，并消除掉，以达到时钟频率同步的目的。

自适应同步方式如图 9-22 所示。

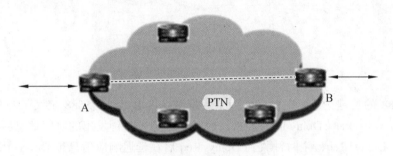

图 9-22　自适应同步方式

3. IEEE 1588 V2 协议

IEEE 1588 V2 是一种精确时间同步协议，简称 PTP（Precision Time Protocol）协议，它是一种主从同步系统。其核心思想是采用主从时钟方式，对时间信息进行编码，利用网络的对称性和延时测量技术，实现主从时间的同步。

在系统的同步过程中，主时钟周期性发布 PTP 时间同步协议及时间信息，从时钟端口接收主时钟端口发来的时间戳信息，系统据此计算出主从线路时间延迟及主从时间差，并利用该时间差调整本地时间，使从设备时钟保持与主设备时钟一致的频率与相位。

IEEE 1588 协议支持如下几种工作模式。普通时钟：只有一个端口支持 1588 协议；边界时钟：有多个端口支持 1588 协议；透明时钟：节点不运行 1588 协议，但需要对时间戳进行修正，在转发时间报文时将本点处理该报文的时间填写在修正位置。某种管理节点为在上述模式基础上增加网管接口功能。

IEEE 1588 将整个网络内的时钟分为两种，即普通时钟（OC）和边界时钟（BC）。其中，边界时钟通常用在确定性较差的网络设备（如交换机和路由器）上。

从通信关系上又可把时钟分为主时钟和从时钟，理论上任何时钟都能实现主时钟和从时钟的功能，但一个 PTP 通信子网内只能有一个主时钟。整个系统中的最优时钟为最高级时钟（GMC），有着最好的稳定性、精确性、确定性等。根据各节点上时钟的精度和级别以及 UTC（Universal Time Constant）的可追溯性等特性，由最佳主时钟算法（BMC）来自动选择各子网内的主时钟；在只有一个子网的系统中，主时钟就是最高级时钟 GMC。每个系统只有一个 GMC，且每个子网内只有一个主时钟，从时钟与主时钟保持同步。支持 IEEE 1588 V2 协议，实现时钟和时间同步。

IEEE 1588 时钟的传送过程如图 9-23 所示。

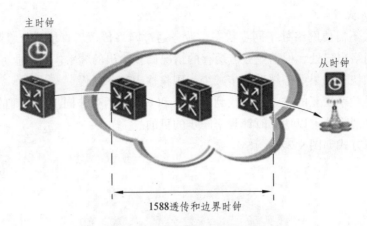

图 9-23　1588 时钟传送示意图

IEEE 1588 的关键在于延时测量。为了测量网络传输延时，1588 定义了一个延迟请求信息 Delay Request Packet（Delay Req）。从属时钟在收到主时钟发出的时间信息后 T3 时刻发延迟请求信息包 Delay Req，主时钟收到 Delay Req 后在延迟响应信息包 Delay Request Packet（Delay Resp）加时间戳，反映出准确的接收时间 T4，并发送给从属时钟，故从属时钟就可以非常准确地计算出网络延时。

$$Delay= [\ T2 - T1 + T4 - T3\ ]\ /2$$
$$Offset= [\ T2 - T1 - T4 + T3\ ]\ /2$$

其中：T2 - T1 = Delay + Offset

T4 - T3 = Delay - Offset

根据 Offset 和 Delay，从节点就可以修正其时间信息，从而实现主从节点的时间同步。以上过程如图 9-24 所示。

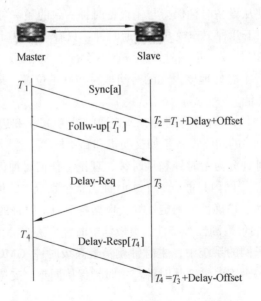

图 9-24　1588 方式下的延时测量

9.7.3　网元时钟源

稳定的时钟是网元正常工作的基础。网元的时钟源用来协调网元各部分之间、上游和下游网元之间同步工作，为网元的各功能模块、各芯片提供稳定、精确的工作频率，使业务能正确、有序的传送，对网络设备同步是非常重要的。

在网络中保持各个网元的时钟尽量同步是极其重要的。各个网元通过一定的时钟同步路径跟踪到同一个时钟基准源，从而实现整个网络的同步。通常一个网元获得时钟基准源的路径并非只有一条。如图 9-25 所示，NE3 既可以跟踪 NE2 方向的时钟，也可以跟踪 NE4 方向的时钟，这两个时钟源都来源于同一个基准时钟源 BITS。

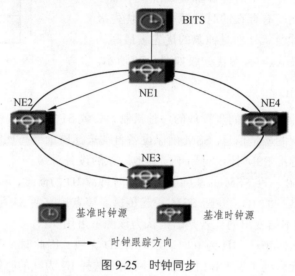

图 9-25　时钟同步

1. 时钟工作模式

时钟的同步方式包括伪同步和主从同步。当前，通信网络一般采用主从同步方式。而在主从同步方式中，节点从时钟通常有三种实际工作模式。

1）正常工作模式——跟踪锁定上级时钟模式

指本地时钟同步于输入的基准时钟信号。此时从站跟踪锁定的时钟基准是从上一级站传来的，可能是网中的主时钟，也可能是上一级网元内置时钟源下发的时钟，也可是本地区的 GPS 时钟。

2）保持模式

当所有定时基准丢失后，从时钟进入保持模式，此时从站时钟源利用定时基准信号丢失前所存储的最后频率信息作为其定时基准而工作。这种方式可以应付长达数天的外定时中断故障。

3）自由运行模式——自由振荡模式

当从时钟丢失所有外部基准定时或处于保持模式太长，则时钟模块由保持工作模式进入到自由振荡工作模式。此种模式的时钟精度最低。

2. 定时方式

时钟源有以下四种定时方式。

（1）外部时钟源：从网元的外时钟接口提取的 2 M 定时信号。

（2）线路时钟源：从线路板接收到的信号中提取的定时信号。

（3）支路时钟源：从支路板或以太网板接收到的信号中提取的定时信号。

（4）内部定时源：设备内部晶振产生的定时源，以便在外部源丢失时可以使用内部自身的定时源。

3. 优先级

优先级是网元设备在不启动 SSM 协议时，时钟源选择和倒换的主要依据。每一个时钟源都被赋予一个唯一的优先级。网元设备在所有存在的时钟源中选择优先级最高的时钟源作为跟踪源。外部时钟源的优先级最高，内部定时源的优先级最低。时钟源优先级如图 9-26 所示。

图 9-26　时钟优先级协议

4. 协议和时钟源 ID

标准 SSM 协议是网络进行同步管理的一种机制，装载 S1 字节的 1～4 位比特中，它允许在节点之间交换时钟源的质量信息。SSM 确保设备自动选择质量最高且优先级最高的时钟源，防止产生时钟互锁。标准 SSM 协议可用于同其他厂家的设备对接。

扩展 SSM 协议是在标准 SSM 的基础上提出了时钟源 ID 的概念，利用 S1 字节的 5～8 位比特，为时钟源定义唯一的 ID，并随 SSM 一起传送。节点接收到 S1 字节后，检验位于高 4 位的时钟源 ID 是否是本站发出的，若是，则认为该源不可用。

时钟 ID 取值为 0x1～0xf。ID 为 0 时表示时钟 ID 无效，因此时钟源不设置 ID 时，时钟 ID 默认值为 0。在网元启动扩展 SSM 协议时，网元不选择 ID 为 0 的时钟源作为当前时钟源。时钟源 ID 的最基本作用是区别本节点的定时信息和其他节点的定时信息，防止跟踪本节点发送的相反方向定时信号而导致全网构成定时环路。

时钟 ID 的设置原则：外接的 BITS 都需分配时钟 ID；有外接 BITS 节点，其内部时钟源都需分配时钟 ID；由链或环网进入另一环网的节点，其内部时钟源都需分配时钟 ID。由链或环网进入另一环网的节点，时钟跟踪级别有线路时钟源时，此进入另一环的线路时钟源应分配时钟 ID。

9.7.4　时钟源的保护倒换

1. 时钟保护

当网络发生光路中断或节点失效等业务自愈倒换，选择备用路由实现保护时，同步定时也需要选择新的路由以实现全网尽量继续跟踪基准主定时的过程。时钟保护就是当全网其中一个时钟基准源失效时，全网会选择新的路由跟踪另一个时钟基准源的过程。

如在图 9-25 中，网元 NE3 跟踪 NE2 时钟。如果 NE2 与 NE3 之间的光纤中断，时钟丢失，NE3 能自动倒换，去跟踪 NE4 的时钟。当时钟自动保护倒换发生时，所倒换的时钟源可能与网元先前跟踪的时钟源都是源于同一个基准时钟源，也可能是另一个质量稍差的时钟基准源（例如备用 BITS）。

2. 时钟保护倒换的基本原则

配置了时钟源优先级别后，网元首先选择质量级别最高的时钟作为同步源，并将此同步源信息（即 S1 字节）传递给下游网元。时钟源的倒换遵循如下原则。

（1）如果存在相同质量级别的多个时钟源，则选择优先级最高的，并将此同步源信息（即 S1 字节）传递给下游网元。

（2）若网元 B 当前跟踪的时钟同步源是网元 A 的时钟，则网元 B 的时钟对于网元 A 来说为不可用同步源。

（3）如果启动了时钟 ID，那么网元不选择与本网元时钟 ID 相同的时钟作为同步源，也不选用时钟 ID 为 0 的时钟作为同步源。

思考与拓展

（1）线网 1+1 保护与 1：1 保护有什么区别？

（2）环网 Wrapping 保护与 Steering 保护有什么区别？

（3）举例说明双归保护的应用场景。

（4）PTN 网络有哪几种同步技术？

（5）A、B、C、D 四个站组成二纤环形网，链路速率为 GEb/s，各站之间的距离均在 40~80 km，各站业务均采用 ZXCTN 6200 系统进行传输。A 设置为网管监控中心，通过 A 站可对其他两网元的传输设备进行配置、管理及维护。设备间连接示意图如图 9-27 所示。要求对网元 A、C 上的以太网业务进行隧道保护，当工作隧道发生故障时，业务直接切换到保护隧道。

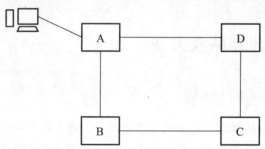

图 9-27　题 4 四网元环网设备间连接示意图

第 10 章　传输网络故障处理方法

【内容概述】

本章提供 SDH 以及 PTN 网络的常用故障的处理思路和方法,对传输网理论知识进行扩充。

【学习目标】

通过本章节的学习,增强对网络管理的认知,强化告警分析及故障处理能力,掌握故障排除处理方法。

【知识要点】

(1)故障处理思路。
(2)SDH 故障分析处理方法。
(3)PTN 故障分析处理方法。

10.1　故障处理思路及方法

10.1.1　故障处理的基本步骤

排除故障时,有对应的技巧。由于传输设备自身的应用特点——站与站之间的距离较远,因此在进行故障排除时,最关键的一步就是将故障点准确定位到单站。在将故障点准确地定位到单站后,就可以集中精力来排除该站的故障。

在排除故障时,应先排除外部的可能因素,如光纤断、交换故障或电源问题等,再考虑传输设备的问题。其次,要尽可能准确地定位故障站点,再将故障定位到单板。线路板的故障常常会引起支路板的异常告警,因此先考虑排除线路故障,再考虑排除支路故障,在分析告警时,应先分析高级别告警,再分析低级别告警。

如对 SDH 设备的通信类故障进行分析时,由于此类故障是传输设备侧或交换机侧故障导致通信业务的中断或者大量误码产生。其处理流程如图 10-1 所示。

发生故障后,启动备用通道保证现有通信业务的正常进行。定位故障后,对故障进行定界和定性,确定究竟是传输侧故障还是交换侧故障。定位故障点应当采取测试法,建议使用环回操作。环回可以通过在 DDF 架上做硬件环回实现,也可以通过传输设备做软件环回实现,同时接入误码仪测试通道环中信号的优劣。如果用软件在传输设备上实现环回,必须分清支路环回和 AU 环回、终端侧环回和线路侧环回。

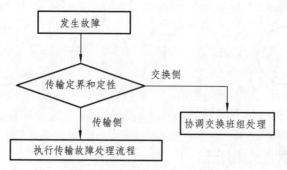

图 10-1　通信类故障处理流程

在确定故障发生于传输侧还是交换侧后，按照相应的故障处理流程排除故障。故障分类流程如图 10-2 所示。

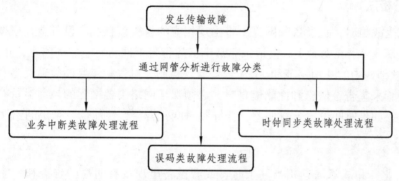

图 10-2　故障分类流程图

对于业务中断类故障，因其故障原因有 3 个：供电电源、光纤光缆等外部故障原因，操作不当，以及单板失效或性能劣化对应的设备原因。故其处理流程为，在本端网元选择故障通道中的支路收发端口接入误码仪，采用测试法逐级环回，定位故障网元，应遵循以下两个原则。

1）高阶通道、管理单元环回原则

依次从本端网元的故障光方向做故障 AU 的终端侧环回、临近网元的近端光路故障 AU 的线路侧环回、临近网元的远端光路故障 AU 的终端侧环回、次临近网元的近端光路故障 AU 的线路侧环回、次临近网元的远端光路故障 AU 的终端侧环回、……、末端网元的近端光路故障 AU 的线路侧环回、末端网元的对应支路的线路侧环回。

2）低阶通道环回原则

依次将本端该支路时隙在临近网元、次临近网元、……、末端网元的光路时隙直通配置更改为时隙下支路。从临近网元新配的支路做线路侧环回、次临近网元新配的支路做线路侧环回、……、末端网元的对应支路做线路侧环回。如图 10-3 所示。

观察设备指示灯的运行情况，分析设备故障。如某块单板红、绿指示灯均熄灭，而其他板正常，则可能该单板失效或故障，更换该单板。分析网管的告警和性能。根据故障反映出来的告警和性能定位故障单板并加以更换。

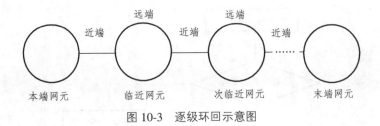

图 10-3　逐级环回示意图

10.1.2　故障处理的常用方法

故障处理的常见方法有观察分析法、测试法、插拔法、替换法、配置数据分析法、更改配置法、仪表测试法以及经验处理法。

1. 观察分析法

当系统发生故障时，在设备和网管上将出现相应的告警信息。在设备上，根据告警灯运行情况来及时发现故障。在网管上，会记录非常丰富的告警事件和性能数据信息，分析这些信息，并结合 SDH 帧结构中的开销字节和 SDH 告警原理机制，可以初步判断故障类型和故障点的位置。在通过网管采集告警信息和性能信息时，必须保证网络中各网元的当前运行时间设置和网管的时间一致。如果时间设置上有偏差，会导致对网元告警、性能信息采集的错误和不及时。

2. 测试法

当组网、业务和故障信息相当复杂时，或者设备出现没有明显的告警和性能信息上报的特殊故障时，可以利用网管提供的维护功能进行测试，判断故障点和故障类型。

比如进行环回操作前，首先需要确定环回的网元、单板、通道、方向。因为同时出问题的通道大都具有一定的相关性，在选择环回通道时，应该从多个有故障的网元中选择一个网元，从多个有故障的业务通道中选择一个业务通道，对所选择的业务通道逐个方向进行环回操作加以分析。

在进行环回操作测试时，先将故障业务通道的业务流程进行分解，画出业务路由图，将业务的源和宿、经过的网元、所占用的通道和时隙号罗列出来，然后逐段环回，定位故障网元。故障定位到网元后，经过线路侧和支路侧环回定位出可能存在故障的单板。最后结合其他处理办法，确认故障单板，并予以更换。环回操作不需要对告警和性能做深入的分析，是定位故障点最常用、最有效的方法，缺点是会影响业务。

3. 插拔法

当故障定位到某块单板时，可以通过重新插拔单板和外部接口插头的方法，来排除接触不良或单板状态异常的故障。值得注意的是，拔插单板时应严格按照规范操作，以免由于操作不规范导致板件损坏等其他问题出现。

4. 替换法

替换法就是用一个工作正常的物件去替换一个被怀疑工作不正常的物件，从而达到定位故障、排除故障的目的。这里的物件，可以是一段线缆、一块单板或一端设备。替换法适用于以下情况。

（1）排除传输外部设备的问题，如光纤、中继电缆、交换机、供电设备等。

（2）故障定位到单站后，排除单站内单板的问题。

（3）解决电源、接地问题。

替换法操作简单，对维护人员要求不高，是比较实用的方法，缺点是要求有可用备件。

5. 配置数据分析法

由于设备配置变更或维护人员的误操作，可能会导致设备的配置数据遭到破坏或改变，导致故障发生。对于这种情况，在故障定位到网元单站后，可以通过查询设备当前的配置数据和用户操作日志进行分析。

配置数据分析法可以在故障定位到网元单站后，进一步分析故障，查清真正的故障原因。但该方法定位故障的时间相对较长，对维护人员的要求较高，只有熟悉设备、经验丰富的维护人员才能使用。

6. 更改配置法

更改配置法是通过更改设备配置来定位故障的方法，适用于故障定位到单个站点后，排除由于配置错误导致的故障。可以更改的配置包括时隙配置、板位配置、单板参数配置。需要注意的是，更改设备配置之前，应备份原有配置，同时详细记录所进行的操作，以便于故障定位和数据恢复。

由于更改配置法操作起来比较复杂，对维护人员的要求较高，因此仅用于在没有备板的情况下临时恢复业务，或用于定位指针调整问题，一般情况下不推荐使用。

7. 仪表测试法

仪表测试法是指利用工具仪表定量测试设备的工作参数，一般用于排除传输设备外部问题以及与其他设备的对接问题。

通过仪表测试法分析定位故障比较准确，可信度高，缺点是对仪表有要求，同时对维护人员的要求也比较高。

10.2　SDH 故障分析与处理

SDH 的网络管理能力强，是因为在帧结构中安排了丰富的开销比特，使网络的 OAM 能力大大加强。而这些开销比特在遇到故障时所表现出来的就是告警事件和性能事件，下面介绍常见的告警事件和性能事件及相应的处理方法。

10.2.1　常见告警分析与处理

1. 告警分类

告警分为通信类告警、同步类告警以及设备告警。通信类告警指的是直接影响业务层的告警，指示通信信号在一定的层面上发生了中断或者信号劣化。同步类告警指的是时钟相关故障产生的告警。设备告警是指有设备内部故障直接产生的告警，包括电源故障、单板故障、单板脱位、网络配置和设备上安装的硬件不一致而产生的告警。

2. 告警严重程度

告警信息按严重程度可分为紧急、主要、次要和警告 4 种，依次代表告警严重程度由高到低。每条告警信息都具有一个默认的告警严重程度，在网管系统中可以根据需要修改告警的严重程度。

3. 告警级别

传输设备中的告警级别如下：

（1）通信中断类告警级别比通信误码类告警级别高。

（2）再生段的告警级别比复用段的告警级别高。

（3）复用段的告警级别比高阶通道的告警级别高。

（4）高阶通道的告警级别比低阶通道的告警级别高。

由于高级别的告警常常会导致低级别的告警，因此故障发生时，必须首先对高级别的告警进行处理，并观察低级别的告警是否消失；如果没有消失，再对低级别的告警进行处理；如果消失，说明低级别的告警是由高级别的告警引起的。

4. 常见告警

ZXMP S320 常见告警如表 10-1 所示。

表 10-1　ZXMP S320 常见告警一览表

告警监测点	告警名称	告警级别
物理层	2 M 电信号丢失	紧急
	34 M 电信号丢失	紧急
	155 M 光信号丢失	紧急
	622 M 光信号丢失	紧急
再生段层	帧丢失	紧急
	帧失步	紧急
	再生段信号劣化	次要
	B1 SES/ES 性能超值	主要
	B1 UAS/BBE 性能超值	主要
复用段层	复用段信号劣化	次要
	B2 误码过限	主要
	B2 SES/ES 性能超值	主要
	B2 UAS/BBE 性能超值	主要
	B2 BBE/FEBBE 性能超值	主要

续表

告警监测点	告警名称	告警级别
复用段层	复用段告警指示信号	次要
	复用段远端缺陷指示	次要
	复用段保护倒换事件	次要
	不可用时间开始	主要
高阶通道层告警（AU4/AU3/TU3）	VC3/VC4 高阶通道未装载	紧急
	VC3/VC4 高阶通道信号劣化	次要
	VC3/VC4 高阶通道跟踪标识失配	紧急
	VC3/VC4 信号标识失配	紧急
	VC3/VC4 高阶通道净荷失配	紧急
	B3 SES/ES 性能超值	主要
	B3 BBE/FEBBE 性能超值	主要
	B3 FEES/FESES 性能超值	主要
	复帧丢失	紧急
	B3 UAS/FEUAS 性能超值	主要
	AU4/AU3/TU3 PJE 性能超值	紧急
	AU4/AU3/TU3 保护倒换事件	次要
低层物理层（TU12/TU11）	TU12/TU11 通道告警指示信号	主要
	TU12/TU11 指针丢失	紧急
	V5 SES/ES 性能超值	主要
	V5 BBE/FEBBE 性能超值	主要
	V5 FEES/FESES 性能超值	次要
	TU12 通道保护倒换事件	次要
	V5 UAS/FEUAS 性能超值	主要
	TU12/TU11 PJE 性能超值	主要

10.2.2　常见性能分析与处理

传输系统的性能对整个通信网的通信质量起着至关重要的作用。影响 SDH 传输网传输性能的主要传输损伤包括误码、定时抖动和漂移。

1. 误 码

所谓误码就是经接收再生后，数字流的某些比特发生了差错，使传输信息的质量发生了损伤。一般用长期平均误比特率来衡量信息传输质量，即以某一特定观测时间内错误比特数与传输比特总数之比作为误比特率。

误码对各种业务的影响主要取决于业务的种类和误码的分布。语音通信中，随机误码的效果不过是听筒中的咯咯声，对通话质量的影响一般可以容忍，而数据通信中信息本身几乎没有冗余度，只要数据库错一个比特，整个数据块就报废了，而且数据块中错一个比特或是错多个比特串效果相同。因此，可以认为语音通信能够容忍随机分布的误码，而数据通信则相对能容忍突发误码分布。

传统的误码性能的度量（G.821）是 64 kb/s 的通道在 27 500 km 全程端到端连接的数字参考电路的误码性能，它是以比特的差错为基础的。当传输网的传输速率越来越高时，以比特为单位衡量系统的误码性能越有其局限性。

目前，高比特率通道的误码性能是以"块"为单位进行度量的（B1、B2、B3 检测的均是误码块），由此产生的以"块"为基础的一组参数。这些参数的含义如下：

1）误 块

当某一块中的比特发生传输差错时，称此块为"误块"。

2）误块秒（ES）和误块秒比（ESR）

当某一秒中发现一个或多个误码块时称该秒为 ES。在规定测量时间段内出现的误块秒总数与总的可用时间的比值称之为 ESR。

3）严重误块秒（SES）和严重误块秒比（SESR）

某一秒内包含有不少于 30% 的误块或者至少出现一缺陷时认为该秒为 SES。

在测量时间段内出现的 SES 总数与总的可用时间之比称为 SESR。

严重误块秒一般是由于脉冲干扰产生的突发误块，所以 SESR 往往反映出设备抗干扰的能力良好与否。

4）背景误块（BBE）和背景误块比（BBER）

扣除不可用时间和 SES 期间出现的误块称之为 BBE。BBE 数与在一段测量时间内扣除不可用时间和 SES 期间内所有块数后的总块数之比称 BBER。

若测量时间较长，那么 BBER 反映的是设备内部产生的误码情况，这往往与设备采用器件的性能稳定性有关。

5）缺 陷

当异常出现的密度已达到使执行某项所需功能的能力发生有限度中断时，即认为出现了缺陷。主要网络缺陷表现为信号丢失（LOS），帧定位丢失（LOF），指针丢失（LOP），各级告警指示和信号标记失配等。

2. 定时抖动

1）定时抖动

定时抖动（简称抖动）被定义为数字信号的特定时刻（例如最佳抽样时刻）相对其理想参考时间位置的短时间偏离。所谓短时间偏离是指变化频率高于 10 Hz 的相位变化，而将低于 10 Hz 的相位变化成为漂移。定时抖动对网络的性能损伤表现在以下几个方面：

（1）对数字编码的模拟信号，在解码后数字流的随机相位抖动使恢复后的样值具有不规则的相位，从而造成输出模拟信号的失真，形成所谓抖动噪声。

（2）在再生器中，定时的不规则性使有效判断点偏离接收眼图的中心，从而降低了再生器的信噪比余度，甚至发生误码。

（3）在 SDH 网中，类似于同步复用器等配有缓存器的网络单元，过大的输入抖动会造成缓存器的溢出或取空，从而产生滑动损伤。抖动对各类业务的影响不同。数字编码的语音信号能够耐受很大的抖动，允许均方根抖动达 1.4 μs。然而，由于人眼对相位变化的敏感性，数字编码的彩色电视对抖动的容忍性就差得多。

2）抖动的性能指标

抖动性能指标有输入抖动容限、输出抖动容限、映射抖动和结合抖动、抖动转移特性等。

（1）输入抖动容限。

输入抖动容限分为 PDH 输入口（支路口）和 STM-N 输入口（线路口）两种输入抖动容限。对于 PDH 输入口，输入抖动容限指在使设备不产生误码的情况下，该支路输入口所能承受的最大输入抖动值。为满足传输网中的 SDH 网元传送 PDH 业务的需要，该 SDH 网元的支路输入口必须能包容 PDH 支路信号的最大抖动，即该支路口的抖动容限能承受所传输的 PDH 信号的抖动。

线路口（STM-N）输入抖动容限定义为能使光设备产生 1dB 光功率代价的正弦峰–峰抖动值。该参数是用来规范当 SDH 网元互连在一起接收 STM-N 信号时，本级网元的输入抖动容限应能包容上级网元产生的输出抖动。

（2）输出抖动容限。

与输入抖动容限类似，也分为 PDH 支路口和 STM-N 线路口两种输出抖动容限。定义为在设备输入端信号无抖动的情况下，输出端口信号的最大抖动。SDH 设备的 PDH 支路端口的输出抖动应保证在 SDH 网元传输 PDH 业务时，输出 PDH 信号的抖动应该在接收此信号设备的承受范围内，STM-N 线路端口的输出抖动应保证接收此 STM-N 信号的对端 SDH 网元能承受。

（3）映射抖动和结合抖动。

在 PDH/SDH 网络边界处有指针调整和映射会产生 SDH 的特有抖动，为规范这种抖动采用映射抖动和结合抖动来描述这种抖动情况。映射抖动指在 SDH 设备的 PDH 支路端口处输入不同频偏的 PDH 信号，在 STM-N 信号未发生指针调整时，SDH 设备的 PDH 支路端口处输出 PDH 支路信号的最大抖动。结合抖动指在 SDH 设备线路端口处输入符合 G.783 规范的指针测试序列信号，此时 SDH 设备发生指针调整，适当改变输入信号频偏，这时设备的 PDH 支路端口处测得的输出信号的最大抖动就为设备的结合抖动。

（4）抖动转移函数——抖动转移特性。

抖动转移函数被定义为设备输出的 STM-N 信号的抖动与设备输入的 STM-N 信号的抖动的比值随抖动的频率的变化关系，此特性是规范设备输出 STM-N 信号的抖动对输入 STM-N 信号抖动的抑制能力（亦即抖动增益），以控制线路系统的抖动积累。

3. 漂 移

漂移被定义为数字信号的特定时刻（例如最佳抽样时刻）相对其理想参考时间位置的长时间偏移。这里所谓长时间偏移，是指变化频率低于 10 Hz 的相位变化。引起漂移的一个最普遍的原因是环境温度变化，它导致光缆传输特性发生变化，从而引起传输信号延时的缓慢变化，因而可以将漂移简单地理解为信号传输延时的慢变化，这种传输损伤靠光缆线路系统本身是无法彻底解决的。在光同步线路系统中还有一类漂移是由于指针调整与网同步结合所产生的，这种类型的漂移可通过采取一些额外措施来降低。

漂移引起传输信号比特偏离时间上的理想位置，致使输入信号比特偏离时间上的理想位置，最终使输入信号比特在判决电路中不能被正确识别，从而产生误码。减小这类误码的一种方法是靠传输线与终端设备之间接口中添加缓存器来重新对数据进行同步。

具体操作是利用从接收信号中提取的时钟将数据写入缓存器，然后用一个同样的基准时钟对缓存器进行读操作，使不同相位的各路数据流强制同步。当然，为了不发生溢出和取空，缓存器容量必须大于最大可能的输入峰-峰漂移，这在实际中是不现实的，因而工程上一般选择缓存器的容量使其能够容纳在一天之内可能出现的传输延时的变化，而允许那些极低频率的大幅度指标的一部分。

可见，较小的漂移可以被缓存器吸收，而那些大幅度漂移最终将转化为滑动。

10.2.3　SDH 设备维护操作

1. 环 回

环回是使信息从网元的发端口发送出去再从自己的收端口接收回来的操作，是在检查传输通路故障时常用的手段。

通过环回操作可以在分离通信链路的情况下逐级确认网元的故障点，检测节点和传输线路的工作状态，帮助快速准确地定位故障点网元，甚至故障点单板，同时可以方便设备的开通和调试。

环回信号可以是光信号或电信号。环回分为硬件环回和软件环回，下面分别介绍：

1）硬件环回

硬件环回是指使用物理方法连接一路信号的收发端口。从信号流向的角度来讲，硬件环回方向一般都是向设备内方向，因此也称之为硬件自环。

2）软件环回

软件环回是指利用网管软件实现的环回，不仅可以设定相当于硬件环回的光信号或电信号自环，还可以设定线路环回或单一信道的环回。两种类型单板的软件环回都包括线路侧环回和终端侧环回，但是定义不相同。线路板向线路口方向环回称线路侧环回，反方向称终端侧环回；支路板向支路口反向环回称终端侧环回，反方向称线路侧环回，如图 10-4 所示。

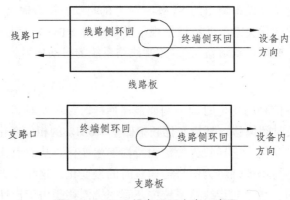

图 10-4　SDH 设备环回方向示意图

2. 光功率测试

光功率测试包括发送光功率测试和接收光功率测试两种。

在测试发送光功率时，要注意将光功率计的接收光波长设置为与被测光线路板的发送光波长相同；将尾纤的一端连接到所要测试光线路板的发光口，将尾纤的另一端连接到光功率计的测试输入口。待光功率稳定后，读出光功率值，即为该光线路板的发送光功率。如图 10-5 所示为测试发送光功率示意图。

在测试接收光功率时，要注意将光功率计的接收光波长设置为与被测发送光波长相同。在本站选择连接相邻站发光口的尾纤，此尾纤正常情况下一段连接在本站光线路板的收光口上，将此尾纤的另一端连接到光功率计的测试输入口。待光功率稳定后，读出光功率值，即为该光线路板的实际接收光功率。如图 10-5 所示为测试接收光功率示意图。

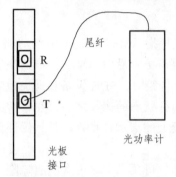

图 10-5　测试发送光功率示意图

无论对于测试发送光功率还是测试接收光功率，都需要特别注意以下几点。

进行光功率测试时，一定要保证尾纤连接头清洁，保证光线路板面板上法兰盘和光功率计法兰盘的连接装置耦合良好。

测试前应测试尾纤的衰耗，确认使用的尾纤是传输性能良好的尾纤。对于设备光线路板使用单模和多模光接口的情况，应根据情况使用不同的尾纤测试。如有必要，可认为光纤连接器和测试光纤的衰减是已知值，对光功率计读出的平均发送光功率进行修正。如需提高测试精度，可通过多次测试取平均值，然后再用光纤连接器和测试光纤的衰减对平均值进行修正。

3. 误码测试

SDH 设备可以实现的误码测试包括使用误码仪进行测试和软件测试两种方法。

（1）使用误码仪测试。使用误码仪进行测试时，有在线测试和离线测试两种方法。误码仪测试点为设备提供给用户的业务接入点，如 2 M、155 M 等物理接口。

在线测试方法：选定一条正在使用的业务通道，在该通道对应接口相连接的 DDF 或者 ODF 的监测接头上直接接入误码仪，进行在线误码监视。正常情况下应无误码。

离线测试方法：首先选定一条业务通道，找到此业务通道在本站的 PDH/SDH 接口和在对端站的 PDH/SDH 接口；然后，在对端站的 PDH/SDH 接口利用网管软件做线路侧环回或者在 DDF 架上做硬件环回；最后在本站相应的 PDH/SDH 接口挂表测试误码。正常情况下应无误码。

（2）网管软件测试。利用网管软件执行"插入误码"命令，可在信号通路中强制插入误码，如果插入成功，在通路对端应查询到相应的误码性能值。插入误码操作可以用来判断通道的状况。根据插入点的不同，插入误码也有所不同，如表 10-2 所示。

表 10-2　插入误码的类型

误码类型	误码插入点
B1	RS
B2	MS
B3	VC3、VC4、VC4-nc、VC3-nc
V5	VC12、VC11

人工插入的 B2/B3/V5 误码对业务无影响，仪表不会检测到误码，仅能从网管终端查询；如果插入点为高阶 VC3 通道虚容器，且配置为双向业务，则插入点单板应检测到等量的远端误码。

4. 告 警

告警包括设备声音告警、机柜指示灯告警、单板指示灯告警等。

在日常维护中，设备的告警声更容易引起维护人员的注意，因此在日常维护中应该保证设备告警时能够发出声音。发生告警时，SDH 设备和列头柜应能发出告警声音。

机柜指示灯作为监视设备运行状态的途径之一，在日常维护中具有非常重要的作用。应定期检查列头柜、设备告警门板上的指示灯是否正常，保证指示灯的状态可以正确反映设备是否有告警以及告警的级别。

机柜顶部指示灯的告警状态仅可预示本端设备的故障隐患或者对端设备存在的故障。因此，在观察机柜指示灯后，还需进一步观察设备各单板的告警指示灯，了解设备的运行状态。各单板告警灯的状态所对应的告警如表 10-3 所示。

表 10-3　各单板告警灯的状态所对应的告警

指示灯	名称	状 态	
		亮	灭
红灯	紧急或主要告警指示灯	设备有紧急或主要告警，一般伴有声音告警	设备无紧急或主要告警
黄灯	一般告警指示灯	设备有一般告警	设备无一般告警
绿灯	电源指示灯	设备供电电源正常	设备供电电源中断

单板正常工作时，单板指示灯应该只有绿灯闪烁。当单板指示灯有红灯、黄灯亮时，应及时通知中心站的网管操作人员查看设备、单板的告警信息和性能信息。

10.2.4　故障处理应用实例

【案例 1】

有一台设备在运行中突然所有光板上报"帧丢失"和"接收信号丢失"告警。

【故障分析】

当设备上报光接收信号丢失或帧丢失告警时，可首先怀疑光板的问题，采用自环光板的方法确定故障点在本端还是在远端。由于 SDH 信号调制以同步为前提，时钟故障也可导致以上告警，所以也不能忽略时钟板的问题。自环定位故障网元后，更换光板，但告警依旧，确定不是该网元光板的故障。更换时钟板，故障排除。

【总结】

故障的真正原因是 SC 板故障后，系统内无可用的定帧时钟，光板发出的信号无法成帧，最终导致上报帧丢失或接收信号丢失告警。

【案例 2】

赤峰本地传输接入网新建设备，由 A、B、C、D 四站点组建成链形网，如图 10-6 所示。A 为网关网元，A 站点到 D 站点有 2 条 2 Mb/s 的电路测试业务，光路上无告警，但 E300 网管登录、管理不到 C 站点和 D 站点（A、B、C、D 均为 ZXMPS320 设备）。

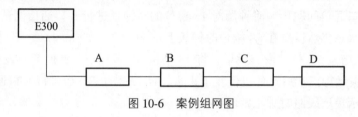

图 10-6　案例组网图

【故障分析】

此案例可以根据故障处理思路进行如下分析。

（1）先排除外部故障，如设备掉电、光纤性能劣化、损耗过高等硬件造成的故障。E300 网络可以管理到 A 站点，则可以排除 Qx 口与 NCP 连接，由于管理网元数量较少，可以排除网管管理数量过多造成 ECC 管理不到的问题，同时由于站点 A 到 B 有 2 Mb/s 的测试业务，但是 A 站点并没有任何低阶信号的告警，从 E300 网管上观察业务正常，并没有 TU_AIS 类告警，所以可以排除 C 站点与 D 站点的设备掉电及业务配置不当所产生的故障。

光路上无告警，即 B 站点 4-OIB1 无 RS_LOS 告警，所以可以排除 B 站点与 C 站点的光纤连接问题，即 B、C 站点光路连接正常。A 站点 4-OIB1 无任何远端误码告警（HP_REI、LP_REI）即可以排除 A 站点到 D 站点的误码问题，即两站点间光路无损耗。

（2）电路、光路、业务配置无任何问题，E300 网管管理不到 C 站点与 D 站点可以初步定为在 ECC 故障问题，即可以定位为 B、C、D 站点的 NCP 故障。为什么考虑 B 站点，因为 C、D 站点通过 B 站点与 E300 网管通信，但不能排斥由于 B 站点 NCP 单板通信阻塞导致 E300 网管对 C、D 站点管理不到。由于 D 站点是通过 C 站点与 A 站点及 B 站点进行 ECC 通信的，所以 C 站点存在 ECC 故障，由于 ECC 通信是由 NCP 单板来管理的，所以 C 站点 ECC 故障点是在 NCP 单板上。

（3）对故障点进行排除。可以前往 C 站点进行 NCP 单板复位的工作，如果经过复位后 E300 网管可以对链上所有站点进行管理，则说明故障得以解决。此外还可以在 E300 上对 B 站点进行 NCP 单板的复位工作，如果问题不能够解决，则需要更换 C 站点 NCP 单板。

【总结】

（1）ECC 故障问题可以参考网管连接故障及故障定位的思路来进行。

（2）排除故障要按照由重到轻的顺序进行，可以参考排除故障的步骤来进行。

（3）重点注意处理 ECC 时复位 NCP 板与复位光板之间的差别。

【案例3】

某局由 4 端设备组成一个 2.5 G 复用段保护环，中心局点使用内时钟，其他 3 端设备从中心局提取线路时钟。一局方反映和中心局之间有光路连接的某站点一直有指针调整事件发生。

【故障分析】

到网管上进行检查，发现 13 槽位的 SC 板上报时钟源丢失的警告，检查时钟情况，发现该站点一直处于内时钟状态，而 14 槽位的 SC 板无任何告警。一般来说线路时钟丢失，两块时钟板应该同时上报告警，但是现在只有一块时钟板上报告警，显得有点不正常，将时钟板进行强制切换，告警现象不变，检查时钟源，发现仍然工作在 13 槽位的时钟板上，怀疑 13 槽位的时钟板 S 口通信问题影响时钟源对 13 槽位的时钟板进行 S 口通信测试，发现不提取时钟，然后将强制状态仍然设置在 13 槽位时钟板上。

首先复位 13 槽位 SC 板，没有效果，将 13 槽位 SC 板拔出，此时业务发生中断，将新的单板插入，等单板运行正常后业务也恢复了正常，对 13 槽位 SC 板进行 S 口通信测试，正常，检查时钟源，显示提取线路时钟正常。

【总结】

对于交叉板和时钟板，在网管中默认的强制状态是清除状态，但是往往由于一些误操作，将强制状态设置为某块固定的单板，这样就会发生插拔单板的时候业务中断的现象。

【案例4】

某地传输接入网一条链形组网，是由 A、B、C、D 四站点组建成，如图 10-7 所示。A 为网关网元，A-D 站点原有 3 条 2 Mb/s 的电路业务，A 站点至 B、C 站点分别各有 5 条 2 Mb/s 的电路业务，（A、B、C、D 均为 ZXMPS320 设备）。某天，某小区进行宽带扩容，需要在这条链形网上增加 A 至 D 站点 3 条 2 Mb/s 电路业务，突然发现原本 A 站点至 C、D 站点的 2 Mb/s 电路都出现了故障，并在相应站点上报 TU12-AIS 和不可用秒 UAS 告警。

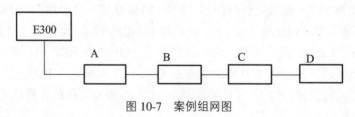

图 10-7　案例组网图

【故障分析】

此案例可以根据故障处理思路进行如下分析。

（1）首先观察 E300 网管发现网管上只有低阶告警 TU12-AIS 和不可用秒 UAS 告警，没有光线路上的告警及误码告警，并且网管可以监控到所有网元，所有排除线路中断，光缆衰耗过大的故障。

（2）由于网管监控到的是低阶 AIS 类告警，且光线路无任何告警，则可以将故障定位在设备的交叉板、支路板、支路板接口、2 Mb/s 同轴电缆、DDF 端子、底层数据设备。由于 A

站点至 B 站点的原有业务无任何告警，且无 B 站点至 C、D 站点的业务，所以可以排除 A、B 站点及其底层数据设备出现故障问题。因为本次新扩容业务是 A 站点至 D 站点间的业务，且原 A 站点至 C、D 站点的业务全部出现了问题，则可以将故障点定位在 C、D 两个站点，由于 D 站点的业务需要通过 C 站点，所以 C 站点出现故障的可能性最大，但不排除 C、D 两站点同时发生支路板故障或底层数据设备故障、支路板接口故障等。

（3）由于是 AIS 类告警，并且已经将故障点定位在了 C、D 站点，则可以考虑用逐级环回进行测试。① 先通知 C、D 两站点的工程师，分别在 DDF 架上将对应 A 站点的业务进行线路环回（硬件环回），如 TU12-AIS 告警消失，则说明 C、D 站点的底层数据设备同时出现了问题。② 如告警没有消失，需要继续环回，分别在 C、D 两个站点的支路板上进行线路环回（软件环回），看告警是否消失。如果消失则说明 C、D 站点的支路接口或 2 Mb/s 同轴电缆出现了问题。如果是其中的 2 Mb/s 电路接口出现了问题，可以用 SDH 分析仪来进行故障定位，也可以向客户申请进行板位及业务调整来判断是 2 Mb/s 电缆问题还是支路板接口的问题。③ 如果进行支路板软件环回问题还没有解决，那故障点就可以定位在 C 站点与 D 站点之间。此时可以在 C 站点对 D 站点进行终端环回（在 C 点 4-OIB1 软件环回），如 D 站点 TU12-AIS 告警消失则说明故障点为 C 站的交叉板，可以对 C 站点进行软件复位、或更换 C 站点的交叉板来解决故障。

【总结】

（1）2 Mb/s 故障问题可以参考业务中断故障定位的思路来进行。

（2）排除故障要按照由重到轻的顺序进行，可以参考排除故障的步骤来进行。

（3）重点注意处理 2 Mb/s 电路业务时故障定位，逐级环回的应用及应用的位置。

10.3　PTN 故障分析与处理

10.3.1　网络性能查看及故障定位

PTN 与 SDH 同为光传输网络，其网络的测试方法及故障处理思路相类似，应用于 SDH 网络的光功率检测、环回检测均可应用于 PTN 网络。PTN 的故障定位可参照 SDH 故障定位方法，应先排除外部的可能因素，如光纤断、交换故障或电源问题等，再考虑传输设备的问题。定位故障的顺序：站点→单板→端口。线路板的故障常常会引起支路板的异常告警，因此在故障定位时，先考虑线路，再考虑支路；在分析告警时，应先分析高级别告警，再分析低级别告警。PTN 性能查看与故障定位方法参照前述 SDH 方法。

10.3.2　PTN 查看配置方法

PTN 网络是基于分组交换的网络，可通过指令查看配置，以此来帮助检查设备故障，下面就介绍几种配置查看方法。

1. 查看 VLAN 配置（表 10-4）

表 10-4　查看 VLAN 配置

项目	查看 VLAN 配置
检查内容	查看 vlan、ip 设置是否与规划要求以及实际应用相符合，避免由于这些问题导致监控、业务通信出现异常
正常情况	1. show vlan，主要关注 NNI 端口的 Pvid 是否为 1，若为 1 则要修改之，防止由于 vlan 成环，产生广播风暴，导致业务中断 6100# sho vlan VLAN　　Name　　　　　PvidPorts　　　　　UntagPorts　　　　TagPorts —— 1　　　VLAN0001　　　fei_1/1-8 19　　VLAN0019　　　gei_1/10　　　　　　　　　　　　gei_1/10 20　　VLAN0020　　　gei_1/9　　　　　　　　　　　　 gei_1/9 36　　VLAN0036　　　　　　　　　　　　　　　　　　 gei_1/9 67　　VLAN0067　　　　　　　　　　　　　　　　　　 gei_1/10 80　　VLAN0080 4019　VLAN4019　　　　　　　　　　　　　　　　　　 gei_1/10 4020　VLAN4020　　　　　　　　　　　　　　　　　　 gei_1/9 2．show interface vlan xxxx 查看协议是否 up，ip 地址是否配置正确 6100# sho interface vlan 4019 vlan4019 is up，line protocol is up Byname is none Description is none ARP Timeout：00：10：00 Internet address is 219.0.0.101/24 IP MTU 1500 bytes 　MRU 1500 bytes　　　　BW 1000000 Kbits 3．show ip interface brief 查看 Vlan、IP 地址是规划设计的一致 6100#sho ip interface　brief Interface　　IP-Address　　　Mask　　　　　　Admin　Phy　Prot　Description qx_1/13　　unassigned　　　unassigned　　　up　　down　down　none lct_1/14　　192.168.20.101　255.255.255.0　　up　　up　　up　　none loopback1　6.6.6.6　　　　255.255.255.255　up　　up　　up　　none vlan19　　　19.0.0.101　　　255.255.255.0　　up　　up　　up　　none vlan20　　　20.0.0.101　　　255.255.255.0　　up　　up　　up　　none vlan36　　　36.0.0.6　　　　255.255.255.0　　up　　up　　up　　none vlan67　　　67.0.0.6　　　　255.255.255.0　　up　　up　　up　　none vlan4019　　219.0.0.101　　255.255.255.0　　up　　up　　up　　none vlan4020　　220.0.0.101　　255.255.255.0　　up　　up　　up　　none vlan4089　　189.168.0.6　　255.255.255.0　　up　　up　　up　　none
异常情况	NNI 端口的 Pvid 为 1
异常情况处理	若为 1 则要修改之，防止由于 vlan 成环，产生广播风暴，导致业务中断

2. 查看 telnet 时间设置（表 10-5）

表 10-5　查看 telnet 时间设置

项目	查看 telnet 时间设置
检查内容	查看 telnet（absolute-timeout）绝对超时时间是否为 0，避免参数为默认值 1 440，导致网元 24 h 出现一次网元断链告警；查看 telnet（idle-timeout）相对超时时间是否为 30，避免参数设置大于 30，有大量空闲 telnet 链接占用 TCP 链接资源
正常情况	Show running-config | include telnet　查看 telnet line 配置的参数 6100# sho running-config | include telnet line telnet idle-timeout 30 line telnet absolute-timeout 0
异常情况	telnet 相对超时时间和绝对超时时间分别不是 30，0
异常情况处理	设置 telnet 相对超时时间和绝对超时时间分别为 30，0 6100（config）#line telnet idle-timeout 30 6100（config）#line telnet absolute-timeout 0 6100（config）#end 6100# sho running-config | include telnet line telnet idle-timeout 30 line telnet absolute-timeout 0

3. 查看 snmp-server packetsize（表 10-6）

表 10-6　查看 snmp-server packetsize

项目	查看 snmp-server packetsize
检查内容	查看 snmp-server packetsize 是否为最大的 8192，如果不是修改之，防止由此引起无法查询网元性能和告警信息的情况
正常情况	6100# sho running-config | include snmp-server packetsize snmp-server packetsize 8192
异常情况	Packetsize 不为 8192
异常情况处理	修改 packetsize 6100（config）#snmp-server packetsize 8192

4. 查看 jumbo 打开情况（表 10-7）

表 10-7　查看 jumbo 打开情况

项目	查看 Jumbo 打开情况
检查内容	检查端口的巨帧功能是否打开，如果没有建议将 NNI 端口全部打开，UNI 根据需要打开

正常情况	6100# sho running-config | begin interface gei_1/9
	
	interface gei_1/9
	
	  out_index 11
	
	  negotiation auto
	
	  jumbo-frame enable
	
	  mcc-bandwidth 100
	
	  mcc-vlanid 4020
	
	  switchport mode trunk
	
	  switchport trunk native vlan 20
	
	  switchport trunk vlan 20
	
	  switchport trunk vlan 36
	
	  switchport trunk vlan 4020
	
	  switchport trunk vlan 4089
	
	  switchport qinq normal

异常情况	NNI 口 Jumbo 未打开，查询不到端口下 Jumbo-frame enable
异常情况处理	在端口下，用命令 Jumbo-frame enable 打开，或者在网管上到设备端口上设置打开

5. 查看业务保护配置（表 10-8）

表 10-8　查看业务保护配置

项目	查看业务保护配置
检查内容	查看是否有配置业务保护路径，隧道保护配置信息是否齐全

正常情况	6100# sho running-config | begin tunnel group
	
	tunnel group 1
	
	  group type protect
	
	  group mode tmpls
	
	  group working-tunnel 4095
	
	  group protect-tunnel 4094
	
	  protect next-hop 36.0.0.3
	
	  protect type 1by1
	
	  protect working-meg 3
	
	  protect protect-meg 4
	
	  protect mode revertive wtr 1
	
	  protect active-state active

异常情况	查询结果中显示信息与上面正常情况相比较缺少保护类型、模式、下一跳等即为不齐全
异常情况处理	删除保护组，重新配置，或者直接修改

6. 查看 OAM 配置（表 10-9）

表 10-9　查看 OAM 配置

项目	查看 OAM 配置
检查内容	查看是否有配置 TMPLS OAM，配置是否齐全
正常情况	1. Show running-config | begin pwe3　查看伪线 OAM 配置是否齐全 6100# sho running-config | begin pwe3 pwe3 PW_6125_1 1 　vcid 1 pwtype ethernet-vlan local-label 104 remote-label 104 　*pw-control-word enable 　pw-sequence enable ! pwe3 PW_6125_2 2 　vcid 2 pwtype ethernet-vlan local-label 105 remote-label 105 　pw-control-word enable 　pw-sequence enable 　tmpls oam meg 2 　tmpls oam enable 　*tmpls oam meg-id 2 　*tmpls oam meg mode ended 　*tmpls oam meg speed fast 　*tmpls oam local-mep 26 type bidirectional 　*tmpls oam peer-mep 21 type bidirectional 　*tmpls oam cv 　*tmpls oam cv period 3.33ms 　*tmpls oam cv phb ef 　*tmpls oam cv cc 　*tmpls oam lm on-demand source-mep 26 phb ef report-interval 1 send-interval 1000 send-time 200 　*tmpls oam dm mode two-way phb ef report-interval 1 send-interval 1000 send-time 200 2. Show running-config | begin tms x 查看段层 OAM 配置是否齐全 tms 9 　local-port gei_1/9 peer-port 20.0.0.102 　*tmpls oam meg 99 　*tmpls oam enable 　*tmpls oam meg-id 99 　*tmpls oam meg mode ended 　*tmpls oam meg speed fast 　*tmpls oam local-mep 2 type bidirectional 　*tmpls oam peer-mep 1 type bidirectional 　*tmpls oam cv 　*tmpls oam cv period 3.33ms 　*tmpls oam cv phb ef 　*tmpls oam cv cc
异常情况	查询出来 OAM 配置跟以上不一致即有异常
异常情况处理	需要修改配置，保持一致

思考与拓展

（1）故障处理的常用方法有哪些？

（2）在故障处理时环回有什么作用？PTN 可以用环回检测方法吗？

（3）简述 PTN 故障分析时有哪些指令，各指令都有什么作用？

参考文献

[1] 李方健，等. SDH 光传输设备开局与维护[M]. 北京：科学出版社，2010.

[2] 李立高. 光缆通信工程[M]. 北京：人民邮电出版社，2004.

[3] 王韵，等. 光传输网络技术-SDH 与 DWDM[M]. 北京：人民邮电出版社，2013.

[4] 宋欣. 光传输技术及应用[M]. 北京：清华大学出版社，2012.

[5] 明艳，等. 光传输技术实训教程[M]. 北京：人民邮电出版社，2013.

[6] 许圳彬，等. SDH 光传输技术与应用[M]. 北京：人民邮电出版社，2012.

[7] 杜文龙，等. 光传输网络组建与维护项目化教程[M]. 北京：机械工业出版社，2012.

[8] 乔桂红，等. 光纤通信[M]. 3 版. 北京：人民邮电出版社，2014.

[9] 刘增基. 光纤通信[M]. 西安：西安电子科技大学出版社，2008.

[10] 沈建华，等. 光纤通信系统[M]. 北京：机械工业出版社，2014.

附录缩略语

ADM	Add-Drop Multiplexer	分插复用器
AI	Adapted Information	适配信息
AIS	Alarm Indication Signal	告警指示信号
AP	Access Point	接入点
APID	Access Point Identifier	接入点识别符
APS	Automatic Protection Switching	自动保护倒换
ASON	Automatic Switched Optical Newwork	自动交换光网络
ATM	Asynchronous Transfer Mode	异步转移模式
AUG	Administration Unit Group	管理单元组
BA	Booster Amplifier	功率放大器
BBE	Background Block Error	背景误块
BBER	Background Block Error Ratio	背景误块差错比
BC	Boundary Clock	边界时钟
BER	Bit Error Ratio	误比特率
BITS	Building Intergrated Timing Supply	大楼综合定时系统
BML	Business Management Layer	事务管理层
BSC	Base Station Control	基站控制器
CAC	Connect Accept Control	连接接纳控制
CAPEX	Captial Expense	初期建设成本
CAR	Committed Access Rate	承诺接入速率
CBR	Constant Bit Rate	固定比特率
CC	Continuity and Connectivity Check	连续性和连通性检测功能
CDM	Code Division Multiplexing	码分复用
CE	Customer Equipment	用户设备
CES	Circuit Emulation Services	电路仿真业务
CMI	Coded Mark Inversion	编码信号反转码
C-n	Container-n	n 阶容器
CoS	Class of Service	业务分类
CPE	Customer Premises Equipment	客户端设备
CQ	Customer Queuing	定制队列
CSF	Client Signal Fail	客户信号丢失
DB	Data Base	数据库

DBMS	Data Base Management System	数据库管理系统
DCC	Data Communications Channel	数据通信通路
DCE	Digital Circuit-terminating Equipment	数据电路端接设备
DCF	Data Communications Function	数据通信功能
DCN	Data Communications Network	数据通信网
DDN	Digital Data Network	数字数据网
DLCI	Data Link Connection Identifier	数据链路连接标识
DLL	Dynamic Link Libraries	动态链接库
DM	Delay Variation Measurement	时延变化测量功能
DTE	Data Terminal Equipment	数据终端设备
DWDM	Dense Wavelength-division Multiplexing	密集波分复用
DXC	Data Cross Connect	数字交叉连接设备
E2E	End to End	端到端
ECC	Embedded Control Channel	嵌入控制通路
EM	Element Management	网元管理
EML	Element Management Layer	网元管理层
EMS	Element Management System	网元管理系统
EOS	Ethernet Over SDH	基于 SDH 网络的以太网
ES	Error Second	误码秒
ESD	Electronic Static Discharge	静电放电
ESR	Error Second Ratio	误码秒比
FCS	Frame Checking Sequences	帧校验序列
FDM	Frequency Division Multiplexing	频分复用
FDD	Frequency Division Duplexing	频分双工
FDDI	Fiber Distributed Data Interface	光纤分布式数据接口
FE	Fast Ethernet	快速以太网
FEBBE	Far End Background Block Error	远端背景误码块
FEC	Forwarding Equivalence Class	转发等价类
FEC	Forward Error Correction	前向纠错
FEES	Far End Errored Second	远端误码秒
FESES	Far End Severely Errored Second	远端严重误码秒
FLM	Frame Loss Measurement	帧丢失测量功能
FR	Frame Relay	帧中继
GE	Gigabit Ethernet	千兆或吉比特以太网
GFP	Generic Framing Procedure	通用成帧规程协议
GPS	Global Position System	全球定位系统
GSM	Global System of Mobile Communication	全球移动通信系统
GUI	Graphical User Interface	图形用户界面
HEC	Header Error Check	头校验

HDLC	High-Level Data Link Control	高级数据链路控制（协议）
HPC	Higher order Path Connection	高阶通道连接
HW	High Way	母线
IMA	Inverse Multiplexing ATM	ATM 反向复用技术
IP	Internet Protocol	网间互联协议
ITU-T	International Telecommunications Union-Telecommunication Standardization Sector	国际电信联盟-电信标准部
L2	Layer 2	OSI 第二层（链路层）
LAG	Link Aggregation Group	链路聚合组
LAN	Local Area Network	局域网
LAPD	Link Access Procedure On D-channel	通路链路接入规程
LAPS	Link Access Procedure for SDH	SDH 链路访问规程
LB	Loopback	环回功能
LCAS	Link Capacity Adjustment Scheme	链路容量调制方案
LCT	Local Craft Terminal	本地维护终端
LDP	Label Distribution Protocol	标签分发协议
LER	Label Switching Edge Router	边缘标签交换路由器
LMSP	Linear Multiplex Section Protection	线性复用段保护
LOF	Loss Of Frame	帧丢失
LOP	Loss Of Pointer	指针丢失
LOS	Loss Of Signal	信号丢失
LSP	Label Switching Path	标签交换路径
LSR	Label Switching Router	标签交换路由器
LTE	Long Term Evolution	长期演进技术
LPC	Lower order Path Connection	低阶通道连接
MAC	Media Access Control	介质访问控制
MAN	Metropolitan Area Network	城域网
MEP	MEG End Point	MEG 端点
MIP	MEG Intermediate	Point MEG 中间节点
MPLS	Multi-Protocol Label Switching	多协议标签交换
MPLS-TE	MPLS Traffic Engineering	MPLS 流量工程
MPLS-TP	Multi-Protocol Label Switch -Transport Profile	多协议标签交换-传送框架
MS	Multiplex Section	复用段
MS-AIS	Multiplex Section-Alarm Indication Signal	复用段告警指示信号
MS-SPRing	Multiplex Section-Shared Protection Ring	复用段共享保护环
MSOH	Multiplex Section Over Head	复用段开销
MSP	Multiplex Section Protection	复用段保护
MSTP	Multiple Service Transmit Platform	多业务传送平台

NE	Network Element	网元
NEF	Network Element Function	网元功能
NEL	Network Element Layer	网元层
NML	Network Manager Layer	网络管理层
NMS	Network Management System	网络管理系统
NNI	Network- Network Interface	网络节点接口
NSF	None Stop Forwarding	不中断转发
NTP	Network Time Protocol	网络时钟协议
OAM	Operation And Maintenance	操作与维护
OC	Ordinary Clock	普通时钟
OCC	Optical Channel Carrier	光通路载波
Och	Optical Channel	光通路
ODU	Optical Channel Data Unit	光通路数据单元
ODUk	Optical Channel Data Unit-k	k 阶光通路数据单元
OFS	Out of Frame Second	帧失步秒
OMS	Optical Multiplex Section	光复用段
OMU	Optical Multiplex Unit	光复用单元
OOF	Out of Frame	帧失步
OPEX	Operational Expenses	运营成本
OPU	Optical Channel Payload Unit	光通路净荷单元
OPUk	Optical Channel Payload Unit-k	k 阶光通路净荷单元
OS	Operation System	操作系统
OSC	Optical Surveillance Channel	光监控信道
OSF	Operation System Function	操作系统功能
OSI	Open System Interconnection	开放系统互联
OTS	Optical Transmission Section	光传输段
OTU	Optical Channel Transport Unit	光通路传输单元
OTUk	Optical Channel Transport Unit-k	k 阶光通路传输单元
OTN	Optical Transport Network	光传送网
P2P	Peer to Peer	对等
PBT	Provider Backbone Transport	运营商骨干传送
PCM	Pulse Code Modulation	脉冲编码调制
PDH	Plesiochronous Digital Hierarchy	准同步数字系列
PE	Provider Edge	运营商网络边界
PL	Packet Loss	帧丢失
PLR	Packet Loss Ratio	帧丢失率
POH	Path Over Head	通道开销
PPP	Point to Point Protocol	点到点协议
PQ	Priority Queuing	优先级队列

PRC	Primary Reference Clock	一级基准时钟
PTN	Packet Transport Network	分组传送网
PTP	Precision Time Protocol	精确时间协议
PVC	Permanent Virtual Circuit	永久虚电路
QA	Q Adaptor	Q 适配器
QAF	Q Adaptor Function	Q 接口适配功能
QoE	Quality of Experience	用户体验
QoS	Quality of Service	业务质量
QoS	Quality of Service	服务质量
RDI	Remote Defect Indication	远端缺陷指示
REI	Remote Error Indication	远端差错指示
REG	Regenerator	再生器
RFI	Remote Failure Indication	远端失效指示
RIP	Routing Information Protocol	路由信息协议
RS	Regenerator Section	再生段
RSOH	Regenerator Section Over Head	再生段开销
RSVP	Resource Reservation Protocol	资源预留协议
SDH	Synchronous Digital Hierarchy	同步数字体系
SEC	SDH Equipment Clock	SDH 设备时钟
SES	Severely Errored Second	严重误码秒
SESR	Severely Errored Second Ratio	严重误码秒比
SETS	Synchronous Equipment Timing Source	同步设备定时源
SLA	Service Level Agreement	服务等级协议
SMF	Single Mode Fiber	单模光纤
SMCC	Sub-network Management Control Center	子网管理控制中心
SML	Service Mamagement Layer	业务管理层
SMN	SDH Mamagement Network	SDH 管理网
SMS	SDH Mamagement Sub-Network	SDH 管理子网
SNC	Subnetwork Connection	子网连接
SNCP	Sub-Network Connection Protection	子网连接保护
SOH	Section Over Head	段开销
SPRing	Shared Protection Ring	共享保护环
SR	Service Router	全业务路由器
SSM	Synchronous State Message	同步状态消息
STM-N	Synchronous Transport Module Level-N	N 阶同步传送模块
TC	Transparent Clock	透明时钟
TCA	Traffic Conditioning Agreement	流量调整协定
TCM	Tandem Connection Monitor	串联连接监控
TCO	Total Cost of Ownership	总使用成本